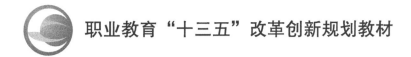职业教育"十三五"改革创新规划教材

CentOS系统管理
与服务器配置

王洪涛　王　珂　主　编

郑　茵　戴微微　朱　岩　副主编

清华大学出版社

北　京

内 容 简 介

本书是职业教育"十三五"改革创新规划教材,依据高职高专网络技术专业人才培养方案的要求,并参照相关的国家职业技能标准编写而成。

本书以基于 Red Hat Linux 提供的可自由使用源代码的企业级 Linux 发行版本 CentOS 6 操作系统为平台,选取面向工作岗位的项目案例,采用项目导向、任务驱动的方式组织内容。本书主要内容包括 CentOS 的安装与基本操作、CentOS 的文件结构与常用命令、CentOS 的文件与设备管理、CentOS 的用户和用户组管理、CentOS 的进程与服务管理、CentOS 的软件包管理、CentOS 的网络配置、Samba 服务器的配置与管理、DHCP 服务器的配置与管理、DNS 服务器的配置与管理、FTP 服务器的配置与管理、Web 服务器的配置与管理、邮件服务器的配置与管理、CentOS 的安全配置。

本书可作为高职高专计算机网络技术专业及相关专业学生的教材,也可作为岗位培训用书。

图书在版编目(CIP)数据

CentOS 系统管理与服务器配置/王洪涛,王珂主编.—北京:清华大学出版社,2019 (2023.1重印)
(职业教育"十三五"改革创新规划教材)
ISBN 978-7-302-49304-4

Ⅰ.①C… Ⅱ.①王…②王… Ⅲ.①Linux 操作系统—职业教育—教材 Ⅳ.①TP316.85

中国版本图书馆 CIP 数据核字(2018)第 004556 号

责任编辑:孟毅新
封面设计:张京京
责任校对:刘 静
责任印制:刘海龙

出版发行:清华大学出版社
  网 址:http://www.tup.com.cn,http://www.wqbook.com
  地 址:北京清华大学学研大厦 A 座   邮 编:100084
  社 总 机:010-83470000   邮 购:010-62786544
  投稿与读者服务:010-62776969,c-service@tup.tsinghua.edu.cn
  质量反馈:010-62772015,zhiliang@tup.tsinghua.edu.cn
  课件下载:http://www.tup.com.cn,010-62770175-4278
印 装 者:天津鑫丰华印务有限公司
经 销:全国新华书店
开 本:185mm×260mm 印 张:20   字 数:483 千字
版 次:2019 年 1 月第 1 版   印 次:2023 年 1 月第 3 次印刷
定 价:66.00 元

产品编号:075027-02

　　本书是职业教育"十三五"改革创新规划教材,依据高职高专网络技术专业人才培养方案的要求,并参照相关的国家职业技能标准编写而成。通过本书的学习,可以掌握 CentOS 系统的基本知识,CentOS 系统的管理和服务器的搭建与维护。本书在编写过程中吸收企业技术人员参与,紧密结合工作岗位,与职业岗位对接;选取的案例贴近生活、贴近项目实际;将项目理念贯彻到内容选取、教材体例等方面。

　　本书在编写时贯彻教学改革的有关精神,严格依据高职高专网络技术专业人才培养方案的要求,具有以下特色。

　　(1)突出实践技能的培养。本书注重"做中学,做中教"的职业教育教学特色,通过项目式教学,将项目的实施过程以图片的形式体现,并配以文字说明相关配置操作要求,将知识融入项目中,以图代文、图文并茂、形象直观,内容呈现感强,便于学习。

　　(2)突出理论知识和实践知识的有效整合。每个项目的安排,除了具体实践技能操作外,还通过知识准备和项目实施等内容将相关理论与实践结合,注重理论知识与实践知识的有效整合。

　　(3)贴近学生、教师需求。本书针对网络技术专业的学生,在编写中注重项目的选择,贴近生活,激发学生的兴趣,易于教师教学组织、教学实施与教学评价,整体的设计贴近学生、教师的需求。

　　本书建议学时为 68 学时,具体学时分配见下表。

项　　目	建议学时
项目 1　CentOS 的安装与基本操作	4
项目 2　CentOS 的文件结构与常用命令	6
项目 3　CentOS 的文件与设备管理	4
项目 4　CentOS 的用户和用户组管理	4
项目 5　CentOS 的进程与服务管理	4
项目 6　CentOS 的软件包管理	4
项目 7　CentOS 的网络配置	4
项目 8　Samba 服务器的配置与管理	6
项目 9　DHCP 服务器的配置与管理	4

续表

项　　目	建议学时
项目 10　DNS 服务器的配置与管理	6
项目 11　FTP 服务器的配置与管理	6
项目 12　Web 服务器的配置与管理	6
项目 13　邮件服务器的配置与管理	6
项目 14　CentOS 的安全配置	4
项目 14 总计	68

　　本书由王洪涛、王珂担任主编,郑茵、戴微微、朱岩担任副主编,参加编写工作的还有耿楠楠、刘志宝。本书在编写过程中参考了大量的文献资料,在此向文献资料的作者致以诚挚的谢意。由于编者水平有限,书中难免有不足之处,恳请广大读者批评指正。

编　者

2018 年 11 月

Contents 目　录

项目 1　CentOS 的安装与基本操作

项目 2　CentOS 的文件结构与常用命令

项目 3　CentOS 的文件与设备管理

项目 4　CentOS 的用户和用户组管理

项目 5　CentOS 的进程与服务管理

项目 6　CentOS 的软件包管理

项目 7 CentOS 的网络配置

项目 8 Samba 服务器的配置与管理

项目 9 DHCP 服务器的配置与管理

项目 10　DNS 服务器的配置与管理

项目 11　FTP 服务器的配置与管理

项目 12　Web 服务器的配置与管理

项目 13　邮件服务器的配置与管理

项目 14　CentOS 的安全配置

CentOS的安装与基本操作

学习目标

1. 知识目标
- 掌握 CentOS 的基础知识。
- 掌握 VMware 的安装与使用。
- 掌握 CentOS 的基本操作。

2. 能力目标
- 能够安装与使用 VMware。
- 能够安装 CentOS。
- 能够进行 CentOS 的基本操作。

3. 素质目标
- 掌握 CentOS 的安装方法。
- 掌握 CentOS 的基本操作。

1.1 项目场景

随着信息化及数据业务的快速大规模发展,学院现有的服务器在高可靠性、安全性及系统稳定性等方面出现了很多问题,为了解决这些问题,学院决定升级改造服务器的操作系统。

经过技术人员的分析,决定采用 Linux 操作系统。但 Linux 的发行版本比较多,由于 CentOS 是一个基于 Red Hat Linux 提供的可自由使用源代码的企业级 Linux 发行版本,并且不需要支付服务费用,因此我们选用了 CentOS。

为了能够管理和使用 CentOS 系统,首先学习 CentOS 的基础知识。

1.2 知识准备

1.2.1 Linux 起源

Linux 是一个诞生于网络、成长于网络且成熟于网络的"奇特"的操作系统。1991 年,当时还是芬兰大学生的 Linus Torvalds(见图 1-1)萌发了开发一个自由的 UNIX 操作系统的想法。当年,Linux 就诞生了,为了不让这个羽翼未丰的操作系统夭折,Linus Torvalds 将自己的作品 Linux 通过 Internet 发布。从此一大批知名的、不知名的计算机黑客、编程人员便加入开发,一场声势浩大的运动应运而生,Linux 逐渐成长起来。

Linux 一开始是要求所有的源码必须公开,并且任何人均不得从 Linux 交易中获利。然而这种纯粹的自由软件的理想对于 Linux 的普及和发展是不利的,于是 Linux 开始转向 GPL,成为 GNU 阵营中的主要一员。

图 1-1　Linus Torvalds

Linux 凭借优秀的设计、不凡的性能,加上 IBM、Intel、CA、CORE、Oracle 等国际知名企业的大力支持,市场份额逐步扩大,逐渐成为主流操作系统之一。

1.2.2 Linux 简介

Linux 是一套自由、开放源代码的类 UNIX 操作系统,一个基于 POSIX 和 UNIX 的多用户、多任务、支持多线程和多 CPU 的操作系统。它能运行主要的 UNIX 工具软件、应用程序和网络协议,可支持 32 位和 64 位硬件。Linux 继承了 UNIX 以网络为核心的设计思想,是一个性能稳定的多用户网络操作系统。

Linux 有许多不同的版本,但它们都使用了 Linux 内核。Linux 可安装在各种计算机硬件设备中,如手机、平板电脑、路由器、视频游戏控制台、台式计算机、大型机和超级计算机。

严格来讲,Linux 这个词本身只表示 Linux 内核,但实际上人们已经习惯了用 Linux 来形容整个基于 Linux 内核并且使用 GNU 工程各种工具和数据库的操作系统。Linus Torvalds 被称作 Linux 之父,他是著名的计算机程序员、黑客,Linux 内核的发明人及该计划的合作者。他利用个人时间及器材创造出了这套当今全球最流行的操作系统内核之一,现受聘于开放源代码开发实验室 OSDL(Open Source Development Labs, Inc.),全力开发 Linux 内核。

1.2.3 Linux 的内核版本

Linux 内核使用 3 种不同的版本编号方式。

第一种方式用于 1.0 版本之前(包括 1.0)。

内核版本编号由数字组成,第一个版本是 0.02,紧接着是 0.03、0.10、0.11、0.12、0.95、0.96、0.97、0.98、0.99 和之后的 1.0。

第二种方式用于 1.0～2.6 的版本。

内核版本编号由 3 部分构成——"A. B. C",A 代表主版本号,B 代表次主版本号,C 代表较小的末版本号。只有在内核发生很大变化时(历史上只发生过两次,1994 年的 1.0,1996 年的 2.0),A 才变化。可以通过数字 B 来判断 Linux 是否稳定。偶数的 B 代表稳定版,奇数的 B 代表开发版。C 代表一些 Bug 修复,安全更新,新特性和驱动的次数。以版本 2.4.0 为例,2 代表主版本号,4 代表次版本号,0 代表改动较小的末版本号。在版本号中,序号的第二位为偶数的版本表明这是一个可以使用的稳定版本,如 2.2.5;而序号的第二位为奇数的版本一般有一些新的东西加入,是个不一定很稳定的测试版本,如 2.3.1。这样稳定版本来源于上一个测试版升级版本号,而一个稳定版本发展到完全成熟后就不再发展。

第三种方式从 2004 年的 2.6.0 版本开始。

内核版本编号使用 time-based 的方式,不再使用偶数代表稳定版,奇数代表开发版这样的命名方式。例如,3.7.0 代表的不是开发版,而是稳定版。

内核是 Linux 操作系统的重要组成部分,每次内核新版本的发布都受到 Linux 爱好者的关注,下面列出了 Linux 内核发展的重要事件。

1991 年:Linus Torvalds 公开了 Linux 0.02 内核。

1994 年:Linux 1.0 版内核发行,Linux 转向 GPL 版权协议。

1999 年:Linux 2.2 版内核发行;Linux 简体中文发行版相继问世。

2003 年:Linux 2.6 版内核发布,其性能、安全性和驱动程序的改进是 2.6 内核的关键。

2011 年:Linux 3.0 版内核发布。

2012 年:Linux 3.2 版内核发布。

2016 年:Linux 内核发展到了 4.7 版本,并且拥有数百个 Linux 发行版本。

1.2.4　Linux 发行版

Linux 主要作为 Linux 发行版(通常被称为 distro)的一部分而使用。这些发行版由个人、松散组织的团队以及商业机构和志愿者组织编写。它们通常包括了其他的系统软件和应用软件,以及一个用来简化系统初始安装的安装工具和让软件安装升级的集成管理器。大多数系统还包括了像提供 GUI 界面的 XFree86 之类的曾经运行于 BSD 的程序。一个典型的 Linux 发行版包括 Linux 内核、一些 GNU 程序库和工具、命令行 Shell、图形界面的 X Window 操作系统和相应的桌面环境,如 KDE 或 GNOME,并包含数千种从办公套件、编译器、文本编辑器到科学工具的应用软件。

由于发展的 Linux 公司实在太多了,如著名的 Red Hat、OpenLinux、Mandrake 、Debian、SuSE 等,所以很多人都很担心,如此一来每个 distribution(安装套件)是否都不相同呢? 这就不需要担心了,由于各个 distribution 都是架构在 Linux Kernel 下来发展属于自己公司风格的 distribution,因此大家都遵守 Linux Standard Base (LSB 的规范,也就是说,各个 distribution 其实都差不多,用到的都是 Linux Kernel,只是各个 distribution 里面所使用的各套件可能并不完全相同而已)。

主要的发行版有 Ubuntu、Fedora、Debian、Slackware、Gentoo、CentOS RedHat。

1.2.5　Linux 的特性

1. 开放性

开放性是指遵循世界标准规范,特别是遵循开放系统互联(OSI)国际标准。凡遵循国际标准所开发的硬件和软件,都能彼此兼容,可方便地实现互联。

2. 多用户

多用户是指操作系统可以被不同的用户各自拥有并使用,即使每个用户对自己的资源(如文件、设备)有特定权限,而互不影响,Linux 和 UNIX 都具有多用户特性。

3. 多任务

多任务是现代计算机最主要的一个特点,它是指计算机同时执行多个程序,而且各个程序的运行相互独立。Linux 操作系统调试每一个进程平等地访问 CPU。由于 CPU 的处理速度非常快,其结果是启动的应用程序看起来好像在并行运行。事实上,从 CPU 执行的一个应用程序中的一组指令到 Linux 调试 CPU,与再次运行这个程序之间只有很短的时间延迟,用户是感觉不出来的。

4. 友好的用户界面

Linux 向用户提供两种界面——用户界面和系统调用界面。Linux 的传统用户界面基于文本的命令行界面,即 Shell。它既可以联机使用,又可以存储在文件上脱机使用。Shell 有很强的程序设计能力,用户可方便地使用它编写程序,从而为用户扩充系统功能提供了更高级的手段。Linux 还提供了图形用户界面,它利用鼠标、菜单和窗口等设施,给用户呈现一个直观、易操作、交互性强的友好图形化界面。

5. 设备独立性

设备独立性是指操作系统把所有外部设备统一当作文件来看,只要安装它们的驱动程序,任何用户都可以像使用文件那样操作并使用这些设备,而不必知道它们的具体存在形式。设备独立性的关键在于内核的适应能力,其他的操作系统只允许一定数量或一定种类的外部设备连接,因为每一个都是通过与其内核的专用连接独立地进行访问的。Linux 是具有设备独立的操作系统,它的内核具有高度的适应能力。随着更多程序员加入 Linux 编程,会有更多硬件设备加入各种 Linux 内核和发行版本中。

6. 丰富的网络功能

完善的内置网络是 Linux 的一大特点,Linux 在通信和网络功能方面优于其他操作系统。其他操作系统不包含如此紧密的内核结合在一起的连接网络的能力,也没有内置这些联网特性的灵活性。而 Linux 为用户提供了完善的、强大的网络功能。

7. 可靠的安全性

Linux 操作系统采取了许多安全措施,包括对读、写操作进行权限控制,带保护的子系统,审计跟踪和内核授权,这为用户提供了必要的安全保障。

8. 良好的可移植性

可移植性是指将操作系统从一个平台转移到另一个平台,使它仍然能按其自身的方式运行的能力。Linux 是一款具有良好可移植性的操作系统,能够在微型计算机到大型计算机的任何环境中和平台上运行。该特性为 Linux 操作系统的不同计算机平台与其他任何机器进行准确而有效的通信提供了保障,而不需要另外增加特殊的通信接口。

9. X Window 系统

X Window 系统是用于 UNIX 机器的一个图形系统,该系统拥有强大的界面系统,并支持许多应用程序,是业界标准界面。

10. 内存保护模式

Linux 使用处理器的内存保护模式来避免进程访问分配给系统内核或者其他进程的内存。对于系统安全来说,这是一个重要的贡献,一个不正确的程序因此不能够再使用系统而崩溃(在理论上)。

🖥 11. 共享程序库

共享程序库是一个程序工作所需要的进程的集合,有许多同时被多于一个使用的标准库,因此使用户觉得需要将这些库的程序载入内存一次,而不是一个进程一次,通过共享程序库使这些成为可能,因为这些程序库只有当进程运行的时候才被载入,所以它们被称为动态链接库。

1.2.6 CentOS 简介

CentOS 是一个基于 Red Hat Linux 提供的可自由使用源代码的企业级 Linux 发行版本。每个版本的 CentOS 都会获得 10 年的支持(通过安全更新方式)。新版本的 CentOS 大约每两年发行一次,而每个版本的 CentOS 会定期(大概每 6 个月)更新一次,以便支持新的硬件。这样,建立一个安全、低维护、稳定、高预测性、高重复性的 Linux 环境。

CentOS 是 Community Enterprise Operating System 的缩写。

CentOS 是 RHEL(Red Hat Enterprise Linux)源代码再编译的产物,而且在 RHEL 的基础上修正了很多已知的 Bug,相对于其他 Linux 发行版,其稳定性值得信赖。

在 2014 年年初,CentOS 宣布加入红帽(Red Hat)。

🖥 1. CentOS 加入红帽后不变的方面

(1) CentOS 继续不收费。

(2) 保持赞助内容驱动的网络中心不变。

(3) Bug、Issue 和紧急事件处理策略不变。

(4) Red Hat Enterprise Linux 和 CentOS 防火墙也依然存在。

🖥 2. CentOS 变化的方面

(1) CentOS 为 Red Hat 工作,不是为 RHEL。

(2) Red Hat 提供构建系统和初始内容分发资源的赞助。

(3) 一些开发的资源包括源码的获取将更加容易。

(4) 避免了原来和 Red Hat 上一些法律的问题。

CentOS 7 的内核更新至 3.10.0,支持 Linux 容器(Docker),Open VMware Tools 及 3D 图像即装即用,Open JDK 7 作为默认的 JDK,EXT4 及 XFS 的 LVM 快照,转用 systemd、firewalld 及 GRUB2,XFS 作为默认的文件系统,内核空间内的 iSCSI 及 FCoE,PTPv2,40Gb/s 的网卡等。

🖥 3. CentOS 的特点

(1) 可以把 CentOS 理解为 Red Hat AS 系列,它完全就是对 Red Hat AS 进行改进后发布的,各种操作和使用与 Red Hat 没有区别。

（2）CentOS 完全免费，不存在 Red Hat AS4 需要序列号的问题。

（3）CentOS 独有的 yum 命令支持在线升级，可以即时更新系统，不像 Red Hat 那样需要花钱购买支持服务。

（4）CentOS 修正了 RHEL 的许多 BUG。

（5）CentOS 版本说明：CentOS 3.1 等同于 Red Hat AS3 Update1，CentOS 3.4 等同于 Red Hat AS3 Update 4，CentOS 4.0 等同于 Red Hat AS4。

4. CentOS 与 RHEL 的关系

RHEL 在发行时有两种方式，一种是二进制的发行方式；另一种是源代码的发行方式。无论是哪种发行方式，都可以免费获得（例如从网上下载），并再次发布。但如果你使用了在线升级（包括补丁）或咨询服务，就必须付费。RHEL 一直都提供源代码的发行方式，CentOS 就是将 RHEL 发行的源代码重新编译一次，形成一个可使用的二进制版本。由于 Linux 的源代码是 GNU，所以从获得 RHEL 的源代码到编译成新的二进制，都是合法。只是 Red Hat 是商标，所以必须在新的发行版里将 Red Hat 的商标去掉。

1.3　项目实施

掌握 VMware 虚拟安装、使用方法，在 VMware 虚拟机上安装 CentOS，并掌握 CentOS 的基本操作。

任务 1　安装 VMware

1. 任务要求

在计算机上安装虚拟机软件 VMware，按照 CentOS 的硬件需求配置相关的虚拟环境。

2. 实施过程

（1）在 VMware 官方网站下载 VMware 虚拟机软件。

（2）双击 VMware 安装文件，开始安装 VMware 软件，如图 1-2 所示。

（3）阅读许可协议并勾选"我接受许可协议中的条款"复选框，如图 1-3 所示。

（4）安装完成后启动 VMware 虚拟机软件，如图 1-4 所示。

（5）单击窗口中的"创建新的虚拟机"后出现新建虚拟机向导界面，如图 1-5 所示。

（6）单击"典型（推荐）"单选按钮后单击"下一步"按钮，单击"稍后安装操作系统"单选按钮，第一项与第二项为新建虚拟机操作系统安装来源选项，VMware 会完成相对应的设置，如图 1-6 所示。

（7）单击 Linux 单选按钮，然后在版本下拉列表框中选择"CentOS 64 位"。单击"下一步"按钮，如图 1-7 所示。

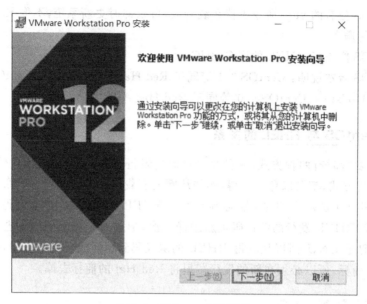

图 1-2　VMware 安装界面

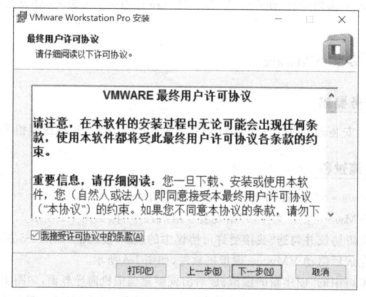

图 1-3　VMware 虚拟机软件许可协议

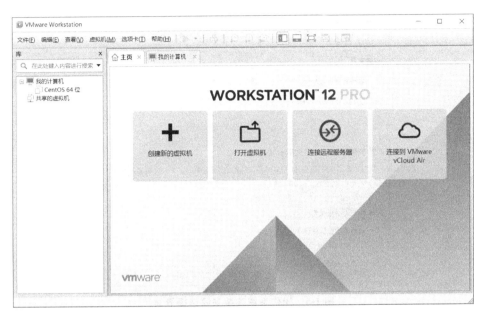

图 1-4   VMware 主界面

图 1-5   新建虚拟机向导界面

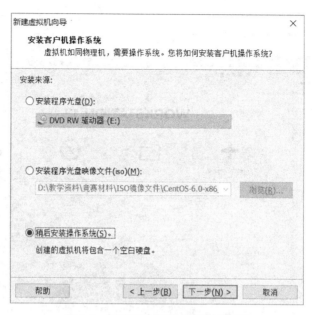

图 1-6　操作系统安装来源选择界面

图 1-7　虚拟机系统类型与版本选择界面

（8）命名虚拟机并设置虚拟机文件的存储位置，如图 1-8 所示。

（9）指定虚拟机磁盘容量及空间分配方式，可根据需要设置相应的存储空间的大小（注意不要低于建议值），并单击"将虚拟磁盘拆分成多个文件"单选按钮，如图 1-9 所示。

（10）新建虚拟机完成，在窗口中可以看到虚拟机的基本信息，如有特殊要求还可以选择自定义硬件，无特殊要求单击"完成"按钮即可，如图 1-10 所示。

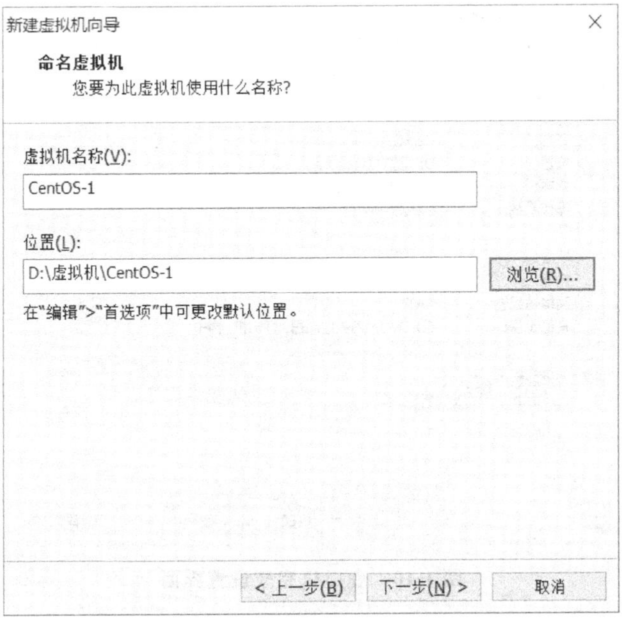

图 1-8　虚拟机名与存储位置设置界面

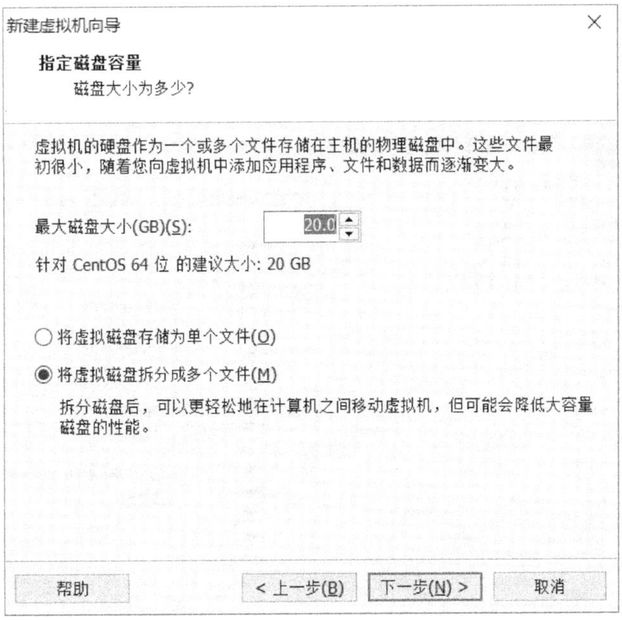

图 1-9　虚拟机存储容量配置界面

图 1-10　虚拟机完成设置界面

　　（11）自定义虚拟硬件。虚拟机内存设置如图 1-11 所示。虚拟机处理器设置如图 1-12 所示。CD/DVD(IDE)设置如图 1-13 所示。网络适配器设置如图 1-14 所示。USB 控制器设置如图 1-15 所示。声卡设置如图 1-16 所示。打印机设置如图 1-17 所示。显示器设置如图 1-18 所示。

图 1-11　虚拟机内存设置界面

图 1-12 虚拟机处理器设置界面

图 1-13 CD/DVD(IDE)设置界面

图 1-14　网络适配器设置界面

图 1-15　USB 控制器设置界面

图 1-16　声卡设置界面

图 1-17　打印机设置界面

图 1-18　显示器设置界面

任务 2　安装 CentOS

1. 任务要求

在 VMware 虚拟机软件上安装 CentOS。CentOS 支持多种方式安装,如光盘安装、硬盘安装 、网络安装等,可以根据实际情况选择安装方式。这里采用光盘安装方式。

2. 实施过程

(1) 放入光盘(由于是虚拟机,这里采用挂载光盘映像的方式:向虚拟光驱中添加 CentOS 映像文件),如图 1-19 所示。

(2) 单击 VMware 主窗口中的"开启此虚拟机",如图 1-20 所示,进入安装方式选择界面。选择第一项(安装或升级现有的系统),如图 1-21 所示,然后按 Enter 键。

① Install or upgrade an existing system:安装或升级现有的系统。

② Install system with basic video driver:安装过程中采用基本的显卡驱动。

③ Rescue installed system:进入损坏修复模式。

④ Boot from local drive:退出安装从硬盘启动。

⑤ Memory test:内存检测。

图 1-19 虚拟光驱设置界面

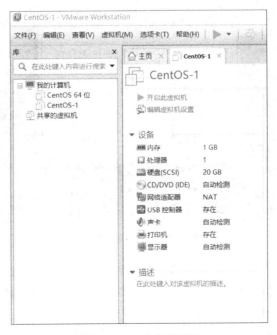

图 1-20 开启此虚拟机

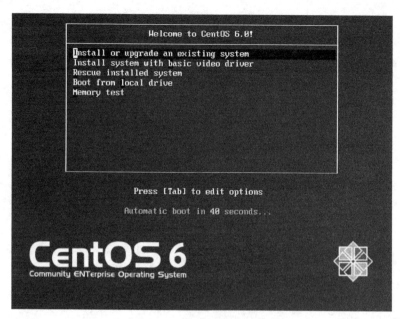

图 1-21　安装方式选择界面

（3）选择好安装方式后进入光盘检测界面，如图 1-22 所示。如果要检测光盘选择 OK 按下 Enter 键，否则选择 Skip 跳过。

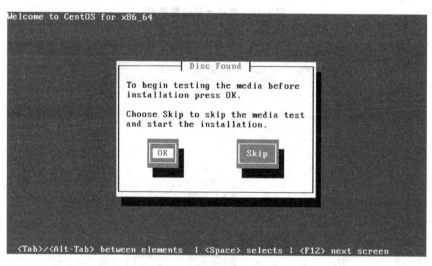

图 1-22　光盘检测界面

（4）光盘检测完毕出现 CentOS 的安装向导界面，如图 1-23 所示，单击 Next 按钮。

（5）CentOS 语言选择界面如图 1-24 所示。选择简体中文，根据使用环境也可以选择英语或其他语言。选定后单击"下一步"按钮。

（6）CentOS 键盘选择界面如图 1-25 所示。这里默认为"美国英语式"，没有特殊要求选择默认方式即可。选定后单击"下一步"按钮。

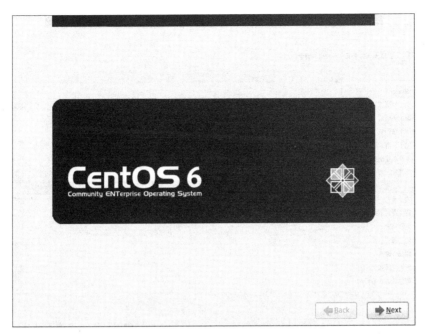

图 1-23　CentOS 的安装向导界面

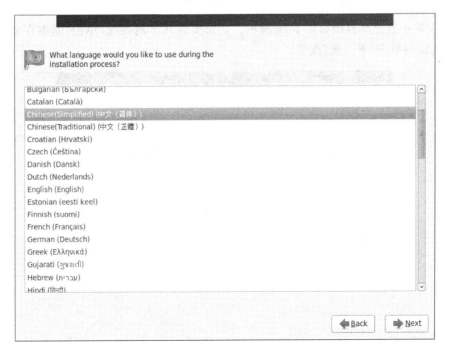

图 1-24　CentOS 语言选择界面

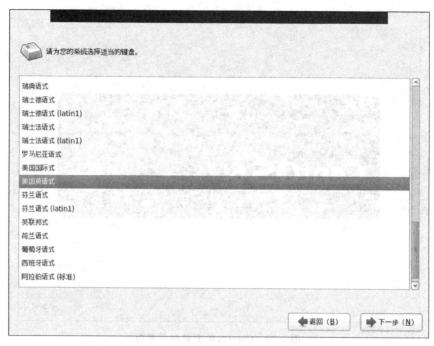

图 1-25　CentOS 键盘选择界面

（7）安装位置选择界面如图 1-26 所示。如果安装在本地硬盘，单击"基本存储设备"单选按钮，选定后单击"下一步"按钮。

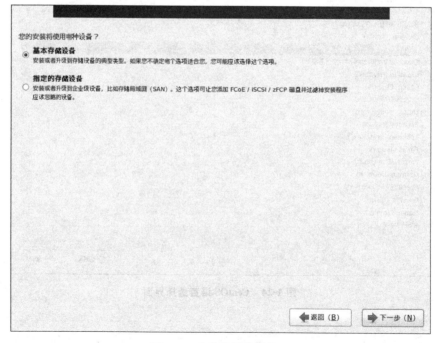

图 1-26　安装位置选择界面

（8）磁盘初始化提示界面如图 1-27 所示。根据实际环境选择是否初始化磁盘（注意：初始化磁盘后，磁盘数据将丢失）。单击"重新初始化所有"按钮后单击"下一步"按钮。

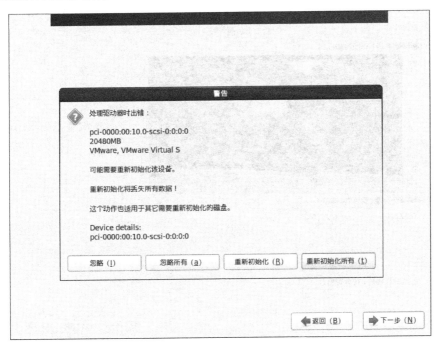

图 1-27 磁盘初始化提示界面

（9）配置主机名与域名界面如图 1-28 所示。默认的主机名为 localhost.localdomain。如果需要在此阶段对网络进行配置，可以单击左下角的"网络配置"按钮。完成相关配置后，单击"下一步"按钮。

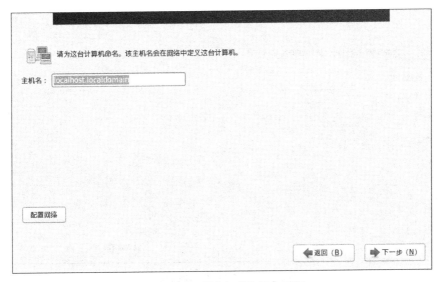

图 1-28 配置主机名与域名界面

（10）时区设置界面如图 1-29 所示，可以在下拉列表框中选择所在时区。选择"亚洲/上海"所在的时区，选定后单击"下一步"按钮。

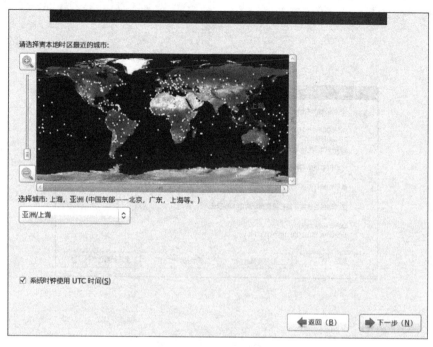

图 1-29　时区设置界面

（11）设置根账户密码界面如图 1-30 所示。在此处设置的密码为系统默认的根账户 root 的密码，这里会有密码复杂度的提示，设置简单密码会有提示"您的密码不够安全"，可以选择"无论如何都使用"。设置好密码后单击"下一步"按钮。

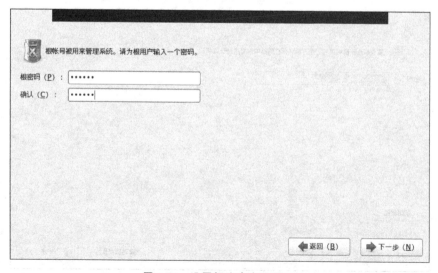

图 1-30　设置根账户密码界面

（12）选择硬盘分区界面如图 1-31 所示。CentOS 提供了"使用所有空间""替换现有 Linux 系统""缩小现有系统""使用剩余空间""创建自定义布局"5 种类型，选择第二项，然后单击"下一步"按钮。

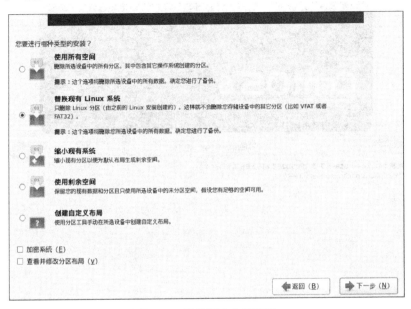

图 1-31　选择硬盘分区界面

（13）CentOS 可以在安装过程中选择相应的桌面版、服务器版等安装版本，还可以根据需要补充安装附加的软件包，如图 1-32 所示。这里选择 Desktop 单选按钮，然后单击"下一步"按钮。

图 1-32　CentOS 安装软件包选择界面

（14）CentOS 正在安装界面如图 1-33 所示。

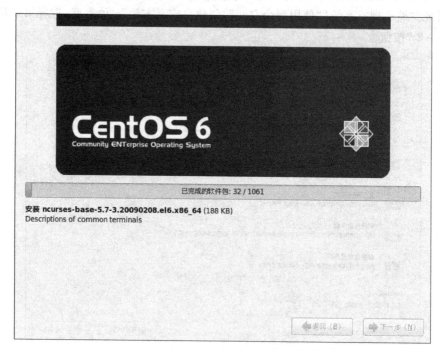

图 1-33　CentOS 正在安装界面

（15）CentOS 安装完成界面如图 1-34 所示。单击"重新引导"按钮，系统重新启动。

图 1-34　CentOS 安装完成界面

（16）重新启动后，进入 CentOS 欢迎界面，如图 1-35 所示。单击"前进"按钮。

图 1-35　CentOS 欢迎界面

（17）许可证信息如图 1-36 所示，单击"是的，我同意许可证协议"单选按钮，然后单击
"前进"按钮。

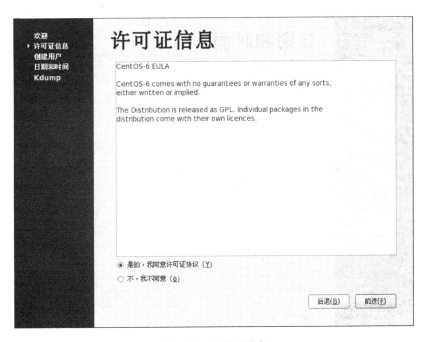

图 1-36　许可证信息

（18）创建用户界面如图 1-37 所示。需要创建一个非根用户，并设置用户名和密码。设置完成后单击"前进"按钮。

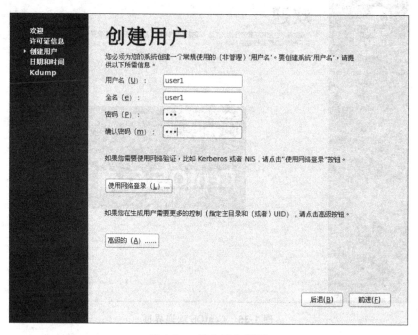

图 1-37　创建用户界面

（19）设置时间和日期界面如图 1-38 所示，设置完成后，单击"前进"按钮。

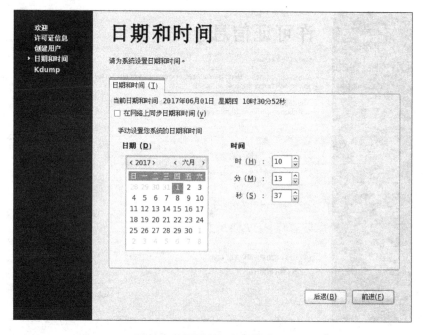

图 1-38　设置时间和日期界面

（20）Kdump 配置界面及系统安装完成界面如图 1-39 所示。Kdump 用于内存崩溃转储，配置完成后单击"完成"按钮。

图 1-39　CentOS 安装完成界面

至此，CentOS 就安装完成了。

任务3　CentOS 的基本操作

1. 任务要求

启动 CentOS、登录 CentOS、注销 CentOS、重启 CentOS、关闭 CentOS。

2. 实施过程

（1）启动 CentOS，单击 VMware 主窗体上的"开启次虚拟机"进入启动界面，如图 1-40 所示。

（2）登录 CentOS，如图 1-41 所示。正确输入用户名和密码后进入系统。

（3）注销 CentOS，如图 1-42 所示。在"系统"下拉菜单中选择"注销"命令。

也可以输入命令 logout 或者 exit（桌面空白处右键快捷菜单中单击"在终端中打开"后会出现命令提示符，如图 1-43 所示）。

（4）CentOS 重启、关机如图 1-42 所示。在"系统"下拉菜单中选择"关机"命令。然后弹出窗体上有"休眠""重启""取消""关闭系统"4 个按钮，如图 1-44 所示。重启或关机单击相应选项按钮即可。也可以执行命令 shutdown -h now 实现关机，shutdown -r 实现重启（命令要求在 root 用户下才能使用）。

图 1-40　CentOS 启动界面

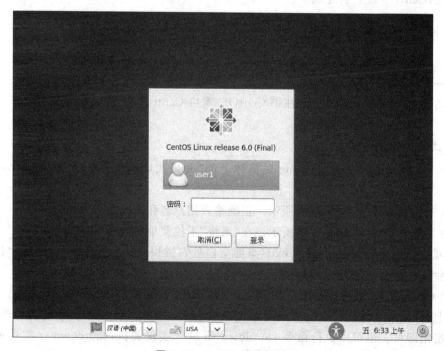

图 1-41　CentOS 登录界面

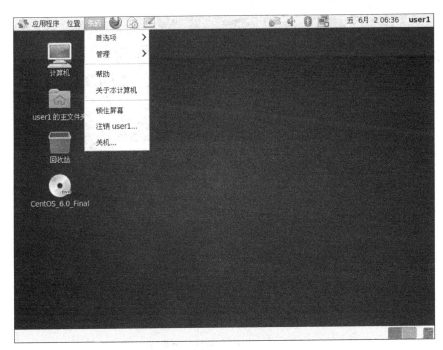

图 1-42　CentOS 注销界面

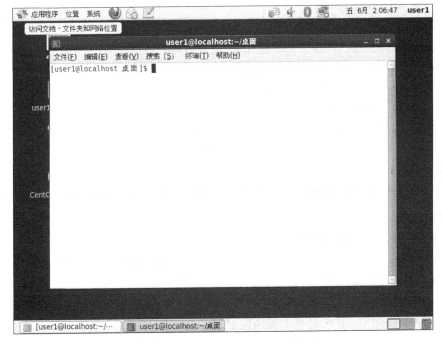

图 1-43　CentOS 命令输入窗体

图 1-44　CentOS 关机选项界面

1.4　项目总结

（1）Linux 的相关概念，如 Linux 是什么、发现版本、特性。

（2）Red Hat 和 CentOS 的关系与区别。

（3）VMware 虚拟机软件的使用方法。

（4）CentOS 的安装方法。

（5）CentOS 的基本操作。

习题

1. 选择题

（1）Linux 是（　　）操作系统。

　　A. 单用户　　　　　B. 多用户　　　　　C. 虚拟用户　　　　　D. 网络用户

（2）Linux 的创始人是（　　）。

　　A. Linus　　　　　B. Dennis　　　　　C. Ritchie　　　　　D. Thompson

（3）Red Hat 和 CentOS 的最主要的区别是（　　）。

　　A. 内核　　　　　B. 商标　　　　　C. 操作方式　　　　　D. 付费方式

（4）（　　）负责装入内核并引导 Linux 操作系统。

A. GNU　　　　B. MBR　　　　C. SWAP　　　　D. GRUB

（5）CentOS 的注销命令是（　　）。

A. root　　　　B. reboot　　　　C. exit　　　　D. shutdown

（6）CentOS 的关机命令是（　　）。

A. root

B. shutdown -h now

C. /home

D. exit

（7）CentOS 的重启命令是（　　）。

A. restart　　　　B. reboot　　　　C. exit　　　　D. shutdown -r

2. 简答题

（1）简述 Linux 的特性。

（2）简述 Linux 的主要发行版本。

（3）简述 Red Hat 和 CentOS 的关系与区别。

項 目 2

CentOS的文件结构与常用命令

 学习目标

1. 知识目标
- 掌握 CentOS 的文件结构。
- 掌握 CentOS 的基本操作命令。
- 掌握 Shell 的使用方法。
- 掌握文本编辑器的使用方法。

2. 能力目标
- 能够使用命令进行操作。
- 能够编辑配置文件。

3. 素质目标

熟练命令方式操作。

2.1　项目场景

技术人员已经完成了对学院服务器的升级改造,将CentOS安装到了学院的服务器上。不过由于CentOS与学院原有操作系统存在着使用上的差异,这就要求学院服务器管理人员必须尽快掌握CentOS的基本操作,以便方能够完成日常管理工作。

2.2　知识准备

2.2.1　CentOS的文件系统结构

CentOS的文件系统和Microsoft Windows的文件系统有很大的不同。CentOS只有一个文件树,整个文件系统是以一个树根"/"为起点的,所有的文件和外部设备都以文件的形式挂接在这个文件树上,包括硬盘、软盘、光驱、调制解调器等,这和以驱动器盘符为基础的Microsoft Windows操作系统是大不相同的。CentOS的文件结构体现了这个操作系统简洁清晰的设计,通常我们能够接触到的CentOS的根目录大都是以下结构,如/bin、/etc、/home、/mnt、/tmp、/dev、/lib、/var、/sbin等,如图2-1所示。

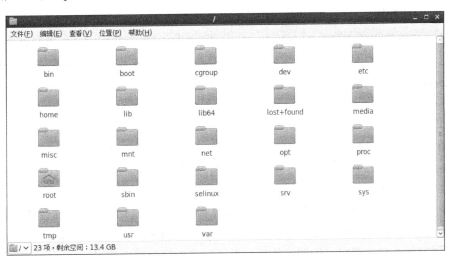

图 2-1　CentOS的文件系统结构

1. /bin 和 /sbin

使用和维护CentOS的大部分基本程序都包含在/bin和/sbin里,这两个目录的名字之所以包含bin,是因为可执行的程序都是二进制文件(Binary File)。

(1)/bin:通常用来存放用户最常用的基本程序,如Login、Shell文件操作实用程序、系统实用程序、压缩工具。

（2）/sbin：通常存放基本的系统和系统维护程序，如 fsck、fdisk、mkfs、shutdown、lilo、init。存放在这两个目录中的程序的主要区别是：/sbin 中的程序只能由 root（管理员）来执行。

2．/etc

这个目录一般用来存放程序所需的整个文件系统的配置文件，其中的一些重要文件包括 passwd、shadow、fstab、hosts、motd、profile、shells、services、lilo. conf。

3．/lost + found

这个目录专门用来放那些在系统非正常关机后重新启动系统时，不知道该往哪里恢复的"流浪"文件的。

4．/boot

这个目录下面存放与系统启动有关的各种文件，包括系统的引导程序和系统核心部分。

5．/root

这是系统管理员（root）的主目录。

6．/home

系统中所有用户的主目录都存放在/home 中，它包含实际用户（人）的主目录和其他用户的主目录。CentOS 与 UNIX 的不同之处是 CentOS 的 root 用户的主目录通常是在/root 或/home/root，而 UNIX 通常是在/。

7．/mnt

按照约定，像 CD-ROM、软盘、Zip 盘或者 Jaz 这样的可以动介质都应该安装在 /mnt 目录下，/mnt 目录通常包含一些子目录，每个子目录是某种特定设备类型的一个安装点，如 /cdrom、/floppy、/zip、/win 等。

如果要使用这些特定设备，就需要用 mount 命令从/dev 目录中将外部设备挂载过来。在这里大家可能看到一个/cdrom 目录，这是计算机上面做的一个通向光盘文件系统的挂接点，通过访问这个目录就可以访问计算机光盘驱动器内光盘的文件了。

8．/tmp 和 /var

这两个目录用来存放经常变动文件和临时文件。

9．/dev

这是一个非常重要的目录，它存放着各种外部设备的映像文件，其中有一些内容是要牢记的。例如，第一个软盘驱动器的名字是 fd0；第一个硬盘的名字是 hda，硬盘中的第一个分区是 hda1,第二个分区是 hda2;第一个光盘驱动器的名字是 hdc;此外,还有 modem 和其他外设的名字,在这么多的名字中,只需要记住最最常用的那几个外设就可以了。

10. /usr

按照约定,这个目录用来存放与系统的用户直接相关的程序或文件,这里面有每个系统用户的主目录,就是相对于他们的小型"/"。

11. /proc

这个目录下面的内容是当前在系统中运行的进程的虚拟映像,在这里可以看到由当前运行的进程号组成的一些目录,还有一个记录当前内存内容的 Kernel 文件。

注意: 这些目录以及在它们下面应该存储什么内容,都应当熟记下来,这对于进一步使用系统是很有帮助的。

2.2.2 文件类型

CentOS 的文件类型可分为 5 种,而且支持长文件名,不论是文件还是目录名,最长可以达到 256 个字节。如果你能够用 128 个汉字写一篇小作文,那你也可以用它作为某个文件的文件名(当然这里面不能有不合规定的命名字符存在)。

(1) 一般性文件。例如,纯文本文件 mtv-0.0b4. README、设置文件 lilo. conf、记录文件 ftp. log 等都是一般性文件。一般类型的文件在控制台的显示下都没有颜色,系统默认的是白色。

(2) 目录。目录类似文件夹,目录是列表,文件夹则是一个实际的对象,可以通过双击文件夹图标进入文件夹,也可以用"cd 目录名"命令进入这个目录中,效果是相同的。而这个目录在控制台下显示的颜色是蓝色的,非常容易辨认。如果用命令 ls -l 来观察它们,会发现它们的文件属性(共 10 个字符)的一个字符是 d,这表明它是一个目录。

2.2.3 CentOS 基本操作命令

控制台(Console)就是通常见到的使用字符操作界面的人机界面,如 Microsoft Windows 的命令提示符窗口。控制台命令就是指通过字符界面输入的可以操作系统功能的命令,例如,ls 命令就是控制台命令。我们现在要了解的是基于 CentOS 的基本控制台命令。

有一点要注意,和 Microsoft Windows 的命令提示符窗口命令不同的是,CentOS 的命令(也包括文件名等)对大小写是敏感的,也就是说,如果你输入的命令大小写不对的话,系统是不会做出你期望的响应的。

1. ls 命令

ls 命令和 DOS 下的 dir 命令一样,是 CentOS 控制台命令中最为重要的几个命令之一。

命令格式如下。

常用的选项如下。

(1)-a：显示所有文件。

(2)-l：以详细信息方式显示文件内容。

(3)-F：在文件的后面多添加表示文件类型的符号。

CentOS上的文件以.开头的文件被系统视为隐藏文件。仅用ls命令是看不到的，而用ls -a命令除了显示一般文件名外，连隐藏文件也会显示出来。

如果需要查看更详细的文件资料，就要用到ls -l这个指令。例如，我们在根目录下执行ls -l命令，会显示图2-2所示信息。

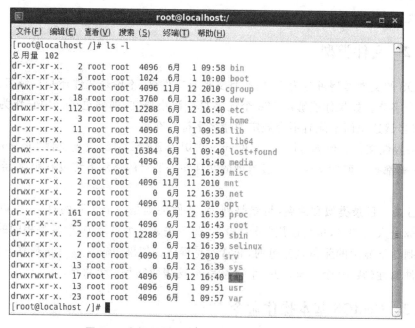

图2-2　在根目录下执行 ls -l 命令后显示的内容

对应位置表示的意义如下。

1	2	3	4	5	6	7
文件属性	文件数	拥有者	所属的组	文件大小	创建时间	文件名
dr-xr-xr-x.	2	root	root	4096	6月 1 09:58	bin

下面，解释一下这些显示内容意义。

(1)位置1，表示文件属性。

CentOS的文件基本上分为3个属性：可读（r）、可写（w）、可执行（x）。但是这里有10位。第一位表示目录或链接文件等，d表示目录，如 drwx------；l表示连接文件，如

lrwxrwxrwx;如果是以一横"-"表示,则表示这是文件。其余每 3 位为一个单位。因为
CentOS 是多用户多任务系统,所以一个文件可能同时被许多人使用,所以一定要设好每个
文件的权限。其文件的权限位置排列顺序如下(以-rwxr-xr-x 为例)。

```
rwx(Owner)r-x(Group)r-x(Other)
```

这个例子表示的权限是:使用者自己可读,可写,可执行;同一组的用户可读,不可写,
可执行;其他用户可读,不可写,可执行。另外,有一些程序属性的执行部分不是 X,而是 S,
这表示执行这个程序的使用者,临时可以有和拥有者一样权力的身份来执行该程序。一般
出现在系统管理之类的指令或程序,让使用者执行时,拥有root 身份。这里在设置权限时我
们通常还会用数字来表示,所以上面的例子的权限可写为 755(有的权限为 1,没有的权限为
0,所以 rwx 二进制表示为 111,转换十进制后为 7)。

(2) 位置 2,表示文件数。

如果是文件的话,那这个数目自然是 1 了;如果是目录的话,那它的数目就是该目录中
的文件个数。

(3) 位置 3,表示该文件或目录的拥有者。

若使用者目前处于自己的 Home,这一栏大概都是它的账号名称。

(4) 位置 4,表示所属的组(Group)。

每一个使用者都可以拥有一个以上的组,不过大部分的使用者应该都只属于一个组,只
有当系统管理员希望给予某使用者特殊权限时,才可能会给他另一个组。

(5) 位置 5,表示文件大小。

文件大小的单位是 Byte,而空目录一般都是 1024Byte。你可以用其他参数使文件显示
的单位不同,如使用 ls -k 就是用 KB 来显示一个文件的大小单位,不过一般还是以 Byte
为主。

(6) 位置 6,表示创建时间。

以"月,日,时间"的格式表示,如"6 月 1 日 09:58"表示 6 月 1 日上午 9:58。

(7) 位置 7,表示文件名或文件夹名。

2. cd 命令

cd命令是用来切换当前目录的。命令格式如下。

```
cd [选项] 目录名
```

常用的选项如下。
(1) ～ :进入用户主目录。
(2) - :返回进入此目录之前所在的目录。
(3) .. :返回上级目录。若当前目录为"/",则执行完后还在"/"。".."为上级目录的
意思。

cd 命令后面不加任何选项,会回到用户的主目录。如果是 root,那就是回到/root,这个功能和 cd ~是一样的。

3. mkdir 命令和 rmdir 命令

mkdir 命令用来建立新的目录,rmdir 命令用来删除已建立的目录。命令格式如下。

```
mkdir/rmdir [选项] 目录名
```

常用的选项如下。

-p:递归建立或删除目录。

4. touch 命令

touch 命令用来创建新的文件(文件的内容为空)。命令格式如下。

```
touch 文件名
```

5. cp 命令

cp 命令用来复制文件。命令格式如下。

```
cp [选项] 源文件 目标文件
```

常用的选项如下。

(1) -r:递归复制,用于目录的复制操作。

(2) -d:若源文件为连接文件的属性,则复制连接文件的属性。

(3) -f:不询问用户,强制复制。

(4) -i:若目标文件存在,则询问是否覆盖。

(5) -p:与文件的属性一起复制。

(6) -u:若目标文件比源文件旧,则更新目标文件。

6. rm 命令

rm 命令是用来删除文件。命令格式如下。

```
rm [选项] 文件名
```

常用的选项如下。

(1) -i:交互模式,在删除前询问用户是否进行操作。

(2) -r:递归删除,常用于含有子目录的目录删除。

(3) -f:强制删除。

例如,删除一个名为 test 的文件的命令如下。

```
rm - i test
```

系统会询问："rm:remove 'test'? y",按 Enter 键后,这个文件才会被删除。之所以要这样做,是因为 Linux 不像 DOS 那样有 UNDELETE 命令,或者是可以用 PCTools 等工具将删除过的文件挽救回来。Linux 中删除过的文件是不能恢复的,所以使用这个参数在删除前让你再确定一遍,是很有必要的。

🖥 7. mv 命令

mv 命令的功能是移动目录或文件。当使用该命令移动目录时,会连同该目录下面的子目录一同移走。

另外,因为 CentOS 没有 RENAME 命令,所以如果你想给一个文件或目录重命名时可以用以下方法。

```
mv  原文件/目录名  新的文件/目录名
```

🖥 8. du 命令

du 命令可以显示目前的目录所占的磁盘空间。命令格式如下。

```
du [选项] 目录名
```

常用的选项如下。
(1) -a:显示所有文件的大小。
(2) -s:只显示合计。
(3) >或>>:将显示结果保存到文件里。

如果 du 命令不加任何参数,那么返回的是整个磁盘的使用情况;如果后面加了目录的话,就是这个目录在磁盘上的使用情况。

🖥 9. df 命令

df 命令可以显示目前磁盘剩余的磁盘空间。命令格式如下。

```
df [选项] 目录名
```

常用的选项如下。
(1) -a:显示所有文件系统的磁盘使用情况。
(2) -k:以 KB 为单位显示文件大小。
(3) -i:显示 i 节点信息。
(4) -t:显示指定类型的文件系统的磁盘使用情况。
(5) -x:显示非指定类型的文件系统的磁盘使用情况。

（6）-T：显示文件系统类型。

🖥 10. cat 命令

cat 命令可以显示或连接一般的 ASCII 文本文件，是 CentOS 中非常重要的一个命令。cat 是 concatenate 的简写，命令格式如下。

```
cat [选项] 文件名
```

常用的选项如下。

（1）-E：将结尾的换行符 $ 显示出来。

（2）-n：显示行号。

（3）-r：显示看不见的特殊符号。

例如 cat file1 file2 命令依顺序显示 file1、file2 的内容。

cat file1 file2＞file3 命令把 file1、file2 的内容结合起来，再"重定向（＞）"到 file3 文件中。

"＞"是往右重定向的意思，就是把左边的结果当成是输入，然后输入 file3 文件中。这里要注意的是 file3 是在重定向以前还未存在的文件，如果 file3 是已经存在的文件，那么它的内容被覆盖，而变成 file1＋file2 的内容。

如果"＞"左边没有文件的名称，而右边有文件名，例如：

```
cat >file1
```

结果是会"空出一行空白行"，等待你输入文字，输入完毕按 Ctrl＋C 或 Ctrl＋D 键，就会结束编辑，并产生 file1 文件，而 file1 的内容就是刚刚输入的内容。

另外，如果使用以下的指令，将变成把 file1 的文件内容"附加"到 file2 的文件后面，而 file2 的内容依然存在，这种重定向符"＞＞"比"＞"常用。

```
cat file1>>file2
```

🖥 11. more 命令和 less 命令

more 命令和 less 命令可以辅助显示一般文本文件的内容。如果一个文本文件太长，超过一个屏幕的画面，用 cat 来看实在是不理想，就可以试试 more 和 less 两个命令。more 命令可以使内容超过一屏幕的文件临时停留在屏幕，在按任何的一个键后，才继续显示。而 less 命令除了有 more 命令的功能以外，还可以用方向键向上或向下滚动文件。所以随意浏览，阅读文章时，less 命令是个非常好的选择。

🖥 12. clear 命令

clear 命令可以用来清除屏幕，它不需要任何参数。如果你觉得屏幕太乱，就可以使用它清除屏幕上的信息。

13. pwd 命令

pwd 命令可以显示用户当前的工作路径。

14. ln 命令

ln 命令可以为某一个文件在另外一个位置建立一个同步的链接,命令格式如下。

```
ln [选项] 源文件 目标文件
```

常用的选项如下。

(1) -b：删除,覆盖以前建立的链接。

(2) -d：允许根用户制作目录的硬链接。

(3) -i：交互模式,目标文件若存在则询问用户是否覆盖。

(4) -f：强制执行。

(5) -s：软链接(符号链接)。

(6) -v：显示详细的处理过程。

(7) -n：把符号链接视为一般目录。

当需要在不同的目录下使用相同的文件时,我们不需要在每一个需要的目录下都放一个相同的文件,只要在某个固定的目录,放上该文件,然后在其他的目录下用 ln 命令链接(link)它就可以,从而不必重复占用磁盘空间。例如：

```
ln -s /bin/less /usr/local/bin/less
```

-s 是代号(symbolic)的意思。

其中,这里有两点需要注意：①ln 命令会保持每一处链接文件的同步性,也就是说,不论你改动了哪一处,其他的文件都会发生相同的变化。②ln 的链接又分软链接和硬链接两种,软链接就是"ln -s 源文件 目标文件",它只会在选定的位置上生成一个文件的映像,不会占用磁盘空间;硬链接就是"ln 源文件 目标文件",没有参数-s,它会在选定的位置上生成一个和源文件大小相同的文件。无论是软链接还是硬链接,文件都保持同步变化。

如果用 ls 查看一个目录时,发现有的文件后面有一个@的符号,那就是一个用 ln 命令生成的文件,用 ls -l 命令去查看,就可以看到显示的 link 的路径了。

15. man 命令

man 命令可以查看命令用法手册,学习任何一种 UNIX 类的操作系统最重要的就是学会使用 man 这个辅助命令。man 是 manual(手册)的缩写字,它的说明非常详细,但是它是英文的。

🖥 16．logout 命令

logout 命令是退出系统的命令。要强调的一点是，CentOS 是多用户多进程的操作系统，因此如果你不用了，退出系统就可以了，关闭系统一般是系统管理员的事情。但有一点切记，即便你是单机使用 CentOS，执行 logout 命令以后也不能直接关机，因为这不是关机的命令。

🖥 17．mount 命令

mount 命令用于挂载 CentOS 系统外的文件。

mount 命令的功能与作用是 CentOS 初学者问得最多的问题。由于大家已习惯了微软的访问方法，总想用类似的思路来找到软盘和光盘。但在 CentOS 下，却沿袭了 UNIX 将设备当作文件来处理的方法。所以要访问软盘和光盘，就必须先将它们装载到 Linux 操作系统的/mnt 目录中来。命令格式如下。

```
mount [-t 文件系统类型] [选项] 设备名 目标目录名
```

（1）[-t 文件系统类型]用于指定文件系统的类型，通常不必指定，mount 命令会自动选择正确的类型。常用的类型如下。

① 光盘或光盘镜像：iso9660。

② DOS fat16 文件系统：msdos。

③ Windows 9x fat32 文件系统：vfat。

④ Windows NT ntfs 文件系统：ntfs。

⑤ Mount Windows 文件网络共享：smbfs。

⑥ UNIX(Linux) 文件网络共享：nfs。

（2）常用的选项如下。

① -a：将/etc/fstab 中定义的所有档案系统挂载上。

② -o loop：用来把一个文件当成硬盘分区挂接上系统。

③ -o rw：采用读/写方式挂接设备。

④ -o ro：采用只读方式挂接设备。

⑤ -o iocharset：指定访问文件系统所用字符集。

（3）设备名指的是要装载的设备的名称。软盘一般为/dev/fd0 fd1；光盘则要根据光驱的位置来决定，通常光驱装在第二硬盘的主盘位置即/dev/hdc；如果访问的是 DOS 的分区，则列出其设备名，如/dev/hda1 是指第一硬盘的第一个分区。

下面举例说明 mount 命令的用法。

（1）装载软盘。首先用 mkdir /mnt/floppy 命令在/mnt 目录下建立一个空的 floppy 目录。其次执行 mount -t msdos /dev/fd0 /mnt/floppy 命令将 DOS 文件格式的一张软盘装载进来，以后就可以在/mnt/floppy 目录下找到这张软盘的所有内容。

（2）装载 Windows 所在的 C 盘。首先用 mkdir /mnt/c 命令在/mnt 目录下建立一个空的 c 目录。其次执行 mount -t vfat /dev/hda1 /mnt/c 命令将 Windows 的 C 盘按长文件名

格式装载到/mnt/c 目录下,以后在该目录下就能读/写 C 盘根目录中的内容。

（3）装载光盘。首先用 mkdir /mnt/cdrom 命令在/mnt 目录下建立一个空的 cdrom 目录。其次执行 mount -t iso9660 /dev/hdc /mnt/cdrom 命令将光盘载入文件系统,将在/mnt/cdrom 目录下找到光盘内容。有的 Linux 版本允许用 mount /dev/cdrom 或 mount /mnt/cdrom 命令装载光盘。

需要注意的是,用 mount 命令装入的是软盘、光盘,而不是软驱、光驱。有些初学者容易犯一个毛病,以为用上面命令后,软驱就成了/mnt/floppy,光驱就成了/mnt/cdrom,其实不然,当你要换一张光盘或软盘时,一定要先卸载,再对新盘重新装载。

卸载的命令格式是"umonut 目录名"。例如,要卸载软盘,可执行命令 umonut /mnt/floppy。需要注意的是,在卸载光盘前,直接按光驱面板上的弹出按钮是不会起作用的。

2.2.4 CentOS 管理命令

系统管理基本上可以分为两种：①root（系统管理员）对 CentOS 管理部分。root 本身的职责就是负责整个 CentOS 的运行稳定,增加系统安全性,校验使用者的身份,新增使用者或删除恶意的使用者,并明确每个用户在机器上的使用者权限等。②每个使用者（包括 root）对自己文件的权限管理。因为 CentOS 是多用户多任务系统,每个使用者都有可能将其工作的内容或是一些机密性的文件放在 CentOS 工作站上,所以对每个文件或是目录的归属和使用权,都要有非常明确的规定。下面按管理员和一般用户分类来介绍基本的系统管理命令。

🖳 1. 管理员使用的系统管理命令

1) useradd 命令

useradd 命令用于新增使用者账号,命令格式如下。

useradd 用户名

删除用户可以使用 userdel 命令。

2) passwd 命令

passwd 命令用于修改用户的口令,命令格式如下。

passwd 用户名

执行命令后,系统会提示输入新密码,输入第一遍后,还要输入第二遍进行确认。输入两遍相同的密码之后,系统就接受了新的密码。如果这个命令是一般用户来使用的话,那就只能改变自己的密码。

3) find、whereis、locate 命令

这 3 个命令都是用来查找文件的,命令格式如下。

```
find 路径名称 文件名 参数
whereis 文件名
locate 文件名
```

一般来说,find 命令功能最为强大,但是对硬件的损耗也是最大的。当使用 find 命令去查找一个文件时,你会发现硬盘灯在不停闪动,这就意味着硬盘可能会比别人的少用个三四年。当使用 whereis 命令或 locate 命令去查找文件时,你会发现硬盘是安安静静的,这是因为这两个命令是从系统的数据库中查找文件,而不是去拼命地读硬盘。所以,如果平常你只是想找一些小文件的话,使用 whereis 命令或 locate 命令就可以了,如果要进行系统管理工作,那么使用 find 命令再加上一些参数就可以满足要求了。

4) su 命令

su 命令用于让普通用户变成具有管理员权限的超级用户(superuser),只要它知道管理员的密码就可以。多用户多任务系统的关键在于系统的安全性,所以应避免直接使用 root 身份登录系统去做一些日常性的操作,因为时间一久 root 密码就有可能泄露而危害到系统安全。所以平常应避免用 root 身份登录,即使要管理系统,也尽量使用 su 命令来临时管理系统,然后定期更换 root 密码。

假如你现在以一个普通用户的身份登录系统,现在输入:

```
su
```

系统会要求你输入管理员的口令,当你输入正确的密码后,就可以获得全部的管理员权限,这时你就是超级用户(superuser)。但执行完各种管理操作以后,只要输入 logout 就可以退回到原先的那个普通用户的状态。

5) shutdown 命令和 halt 命令

这两个命令是用来关闭 CentOS 的。

前面介绍过,作为一个普通用户是不能够随便关闭系统的,因为虽然你用完了,可是这时候可能还有其他的用户正在使用系统。因此,关闭系统或者是重新启动系统的操作只有管理员才有权执行。另外,CentOS 在执行的时候会用部分的内存作缓存区,如果内存上的数据还没有写入硬盘,就把电源拔掉,内存就会丢失数据,如果这些数据是和系统本身有关的,那么会对系统造成极大的损害。一般,我们建议在关机之前执行 3 次同步命令 sync,可以用分号";"来把命令合并在一起执行:# sync;sync;sync,命令格式如下。

```
shutdown [选项]
```

常用的选项如下。

(1) -h:关机后停机。

(2) -r:关机后重新开机。

(3) -t seconds:设定在几秒钟之后进行关机程序。

(4) time:设定关机的时间。

常用的关机命令如下。

（1）shutdown：系统内置2min关机，并传送一些消息给正在使用的user。

（2）shutdown -h now：下完这个指令，系统立刻关机。

（3）shutdown -r now：下完这个指令，系统立刻重新启动，相当于reboot。

（4）shutdown -h 20:25：系统会在今天的20:25关机。

（5）shutdown -h +10：系统会在10min后关机。

如果在关机前要传送信息给正在机器上的使用者，可以加-q的参数，则会输出系统内置的shutdown信息给使用者，通知他们离线。

只要输入halt，系统就会开始进入关闭过程，其效果和shutdown -h now是完全一样的。

6）reboot命令

reboot命令用于重新启动系统。

当输入reboot后，就会看到系统正在逐个将服务关闭掉，然后再关闭文件系统和硬件，接着机器开始重新自检，重新引导，再次进入Linux操作系统。

2. 普通用户使用的系统管理命令

1）chown命令

chown命令用于改变文件的所有者。

如果你有一个文件名为test.list的文件，所有权要给予另一个账号为Ellie的用户，则可用chown来实现这个操作。但是当你改变了文件的所有者以后，该文件虽然在你的home目录下，可是你已经无任何修改或删除该文件的权限了，这一点一定要注意。通常会用到这个命令的时机，应该是你想让CentOS上的某用户到你的home下去用某个文件。命令格式如下。

```
chown [选项] 用户:用户组 文件名
```

2）chmod命令

chmod命令用来改变目录或文件的属性，是CentOS中比较常用的命令。命令格式如下。

```
chmod 文件属性 文件名
```

对这个命令，使用的方法很多。前面讲过，一个文件用10个位置来记录文件的权限。前3个位置是拥有者（user）本身的权限，中间3个位置是和使用者同一组的成员（group）的权限，最后3个位置是表示其他使用者（other）的权限。现在我们用3位的二进制数来表示相应的3位置的权限，例如：

```
111 rwx 101 r-x 011 -wx 001x 100 r-
```

这样一来，就可以用3个十进制数来表示一个文件属性位上的10个位置，其中每个十进制

数大小等于代表每 3 个位置的那个 3 位的二进制数。例如,如果一个文件的属性是 rwxr-
r--,那么就可以用 744 来代表它的权限属性;如果一个文件的属性是 rwxrwxr--,那它对应的
十进制数就是 774。这样一来我们就可以用这种简便的方法指定文件的属性了。例如,想把
一个文件 test.txt 的属性设置为 rwxr-x---,那么只要执行以下命令就可以了。对于改变后
的权限,用 ls -l 就可以看到。

```
chmod 750 test.txt
```

2.2.5　CentOS 的进程处理命令

1. ps 命令

ps 命令用于显示目前 process 或系统 processes 的状况。命令格式如下。

```
ps　　[选项]
```

常用的选项如下。

(1) -a:列出包括其他 users 的 process 状况。

(2) -u:显示 user-oriented 的 process 状况。

(3) -x:显示包括没有 terminal 控制的 process 状况。

(4) -w:使用较宽的显示模式来显示 process 状况。

可以通过 ps 取得目前 processes 的状况,如 pid、running state 等。

2. kill 命令

kill 命令用于送一个 signal 给某个 process 。因为大部分送的都是用来杀掉 process 的
SIGKILL 或 SIGHUP,因此称为 kill。命令格式如下。

```
kill [-SIGNAL] pid ...
```

SIGNAL 为一个 singal 型的数字,范围是 0~31,其中 9 是 SIGKILL,也就是一般用来
杀掉一些无法正常 terminate 的信号。也可以用 kill -l 来查看可代替 signal 号码的数字。
kill 的详细情形请参阅 man kill。

2.2.6　CentOS 字符串处理命令

1. echo 命令

echo 命令用于显示一段字符串在终端上。命令格式如下。

```
echo 字符串
```

💻 2. grep /fgrep

grep 是一个过滤器,它可以从一个或多个档案中过滤出具有某个字符串的行,或者从标准输入设备过滤出具有某个字符串的行。命令格式如下。

```
grep 范本样式 文件名或目录名
```

fgrep 可将要过滤的一组字符串放在某个文件中,然后使用 fgrep 将包含有属于这一组字符串的行过滤出来。命令格式如下。

```
fgrep 范本样式 文件名或目录名
```

2.2.7 CentOS 网络上查询状况命令

💻 1. who 命令

who 命令用来查询目前有哪些人在线上。命令格式如下。

```
who [选项] 用户名
```

💻 2. w 命令

w 命令是用来查询目前有哪些人在线上,同时显示出这些人目前的工作。命令格式如下。

```
w [选项] 用户名
```

2.2.8 CentOS 的文本编辑器

CentOS 中常用的文本编辑器有 vi/vim、gEdit、Nano、gVim、Emacs 等,其中最常用的是 vi/vim,也是各种版本 Linux 里都默认安装的文本编辑器。vi 和 vim 基本相同,但 vim 具有颜色显示、支持正则表达式等,因此 vim 使用起来比较方便。vi/vim 命令格式如下。

```
vi 文件名
vim 文件名
```

以 vi 文本编辑器为例,输入命令进入文本编辑窗口后,处于命令模式,在这种状态下选择相应的操作命令后才能进行文本编辑,如图 2-3 所示。

进入编辑界面后,需要按下 Insert 键切换编辑模式,在编辑窗口的左下角会出现 INSERT(插入)或者 REPLACE(替换),这时才能对文本进行编辑,如图 2-4 所示。编辑完成后可以按下 Esc 键进入末行命令状态。

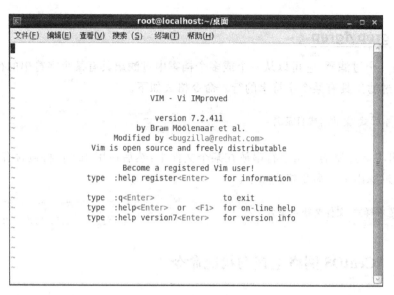

图 2-3　vi 编辑界面

图 2-4　vi 编辑界面插入方式

vi 的基本操作如下。

（1）光标移动操作如下。

① ↑：光标移动到上一行。

② ↓：光标移动到上一行。

③ →：光标向右移动一个字符。

④ ←：光标向左移动一个字符。

⑤ O：光标移动到本行的开始。

⑥ $：光标移动到本行的末尾。

⑦ H：光标移动到屏幕上第一行的开始。

⑧ G：光标移动到文件的最后一行的开始。

⑨ *n*G：光标移动到文件的第 *n* 行的开始。

⑩ gg：光标移动到文件的第一行的开始。

（2）常用的文本编辑命令如下。

① X,x：X 为向前删除一个字符，和 Backspace 键相同；x 为向后删除一个字符，和 Delete 键相同。

② dd：删除光标所在行。

③ yy：复制光标所在行。

④ P,p：P 表示将已复制的数据粘贴到光标的下一行；p 表示将已复制的数据粘贴到光标的上一行。

⑤ u：恢复前一个操作。

⑥ Ctrl＋R：重复上一个操作。

（3）常用的末行模式命令如下。

① :w：将编辑的数据写入文件。

② :w!：若文件为"只读"属性，强制写入该文件。

③ :q：退出 vi 文本编辑器。

④ :q!：不存盘，强制退出 vi 文本编辑器。

⑤ :wq：存盘后，退出 vi 文本编辑器。

⑥ :e!：将文件还原到原始状态。

⑦ zz：若文件未修改，则不存盘退出；若文件修改了，则存盘退出。

2.3　项目实施

掌握 CentOS 的命令窗口的使用方法，掌握 CentOS 常用的命令的作用和使用方法以及文本编辑的使用方法。

任务1　CentOS 的命令窗口的使用

1. 任务要求

在 CentOS 中命令窗口的启动和关闭。

2. 实施过程

（1）命令窗口的打开。

① 在 CentOS 的"应用程序"菜单下选择"系统工具"→"终端"命令,如图 2-5 所示,即可打开命令窗口。

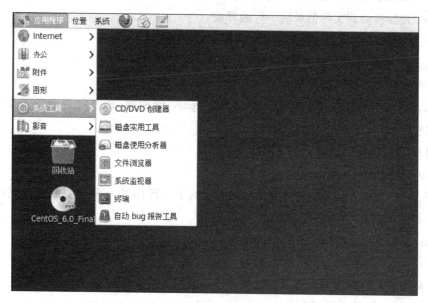

图 2-5　应用程序菜单

② 在 CentOS 桌面的空白处右击,然后在弹出的快捷菜单中选择"在终端中打开"命令,如图 2-6 所示,也可以打开命令行窗口。

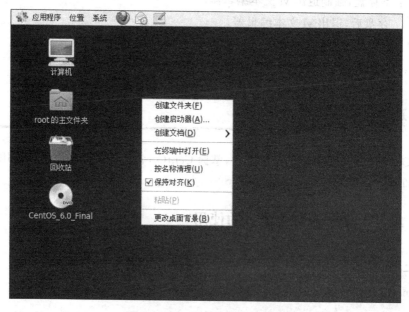

图 2-6　CentOS 的桌面快捷菜单

打开后的命令窗口如图 2-7 所示。

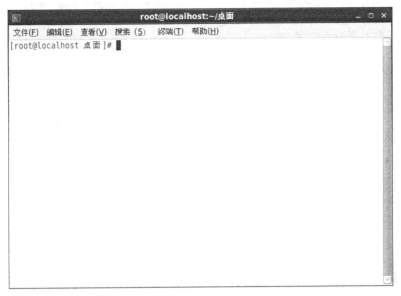

图2-7　CentOS的命令窗口

(2) 命令窗口的关闭。

① 单击窗体右上角的"×"按件或者在"文件"菜单中选择"关闭窗体"命令。

② 执行命令 exit。

任务2　CentOS 的系统管理命令的使用

1. 任务要求

实现用户的切换,用户的添加和系统管理。

2. 任务实施

(1) CentOS 的用户切换。

① 实现 user1 用户切换到 root 用户。

```
[user1@localhost~]$su
```

命令执行后,会提示输入密码,密码输入正确后会切换到 root 用户。

② 实现 root 用户切换到 user1 用户。

```
[user1@localhost~]$su -l uesr1
```

命令执行后,会切换到 user1 用户,如图 2-8 所示。

(2) 创建新用户并设置密码。

创建一个新用户"user2"并为该用户设置密码"123456"。

图 2-8　CentOS 用户切换

| [root@ localhost 桌面]#useradd user2 | #创建用户 user2 |
| [root@ localhost 桌面]#passwd user2 | #为 user2 设置密码 |

命令执行后，会提示输入密码以及重新输入确认密码，如果密码过于简单还会提示"过于简单化/系统化"，如图 2-9 所示。

图 2-9　CentOS 用户创建

可以查看用户账号文件，有的文件内容较多，可能显示的篇幅较长使用 tail(查看末尾几行)命令来查看该文件。

```
[root@localhost 桌面]tail /etc/passwd
```

（3）CentOS 的关机和重启。

① 立即关机。

```
[root@localhost 桌面]#shutdown -h now
```

② 指定当前时刻 10min 后关机，并显示提示信息"system will shutdown after 10 minutes"。

```
[root@localhost 桌面]#$shutdown +10 "system will shutdown after 10 minutes"
```

③ 立即关机后重新启动。

```
[root@localhost 桌面]#$shutdown -r now 或者 reboot
```

（4）关闭命令行窗口。

① 单击窗体右上角的"×"按钮，或者在"文件"菜单中选择"关闭窗体"命令。

② 执行命令 exit。

```
[root@localhost 桌面]#exit
```

任务3　CentOS 的基本操作命令

1. 任务要求

熟练掌握 CentOS 的基本操作命令的使用。

2. 实施过程

（1）目录操作命令。

① 在命令窗口进入根目录，如图 2-10 所示。

```
[root@localhost 桌面]#cd/
```

② 显示根目录下的文件和目录，如图 2-10 所示。

```
[user1@localhost /]#ls
```

可以发现 ls 命令显示比较简单，想要查询更详细的信息，可以使用-l 选项。

```
[user1@localhost /]#ls -l
```

③ 在根目录下创建 4 个目录 test1、test2、test3、test4，如图 2-11 所示。

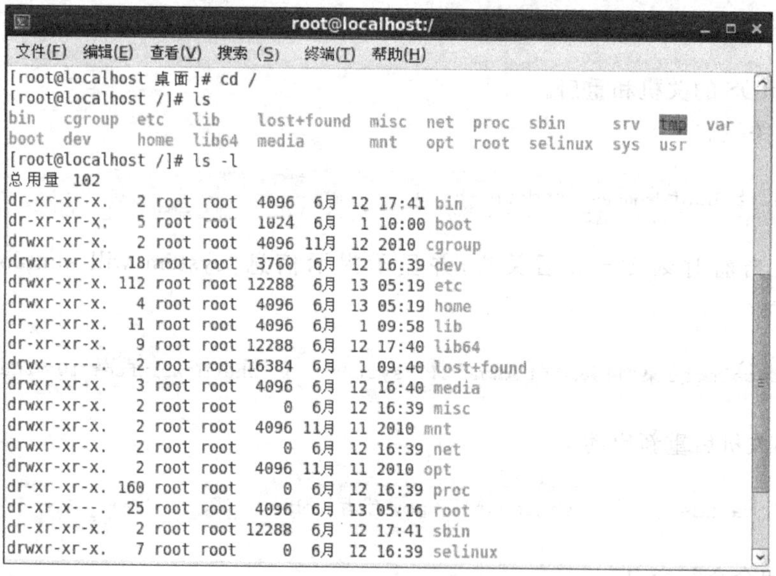

图 2-10　CentOS 切换和查看目录

```
[root@localhost /]#mkdir test1
[root@localhost /]#mkdir test2
[root@localhost/]#$mkdir test3
[root@localhost /]#$mkdir test4
```

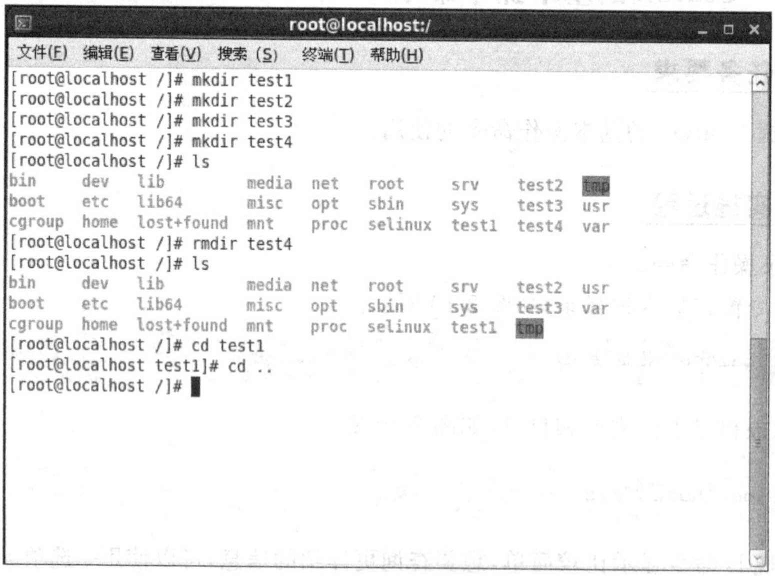

图 2-11　CentOS 目录操作

如果要创建多层目录,需要使用-p 选项,例如:

```
[root@localhost /]#mkdir -p /temp1/temp2/temp3
```

④ 删除根目录下的 test4 目录。

```
[root@localhost /]#rmdir test4
```

注意：rmdir 命令只能删除空的目录，同样删除多层目录也需要使用-p 选项，如图 2-11 所示。

⑤ 进入 test1 目录，然后再退出 test1 目录，如图 2-11 所示。

```
[root@localhost /]#cd test1
[root@localhost /]#cd..
```

（2）文件操作命令，如图 2-12 所示。

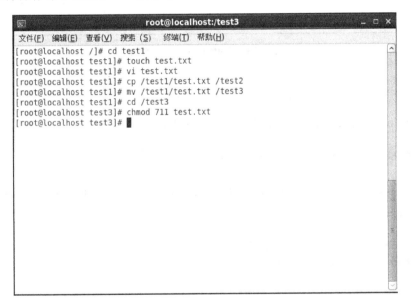

```
root@localhost:/test3                    _ □ x

文件(F) 编辑(E) 查看(V) 搜索(S) 终端(T) 帮助(H)

[root@localhost /]# cd test1
[root@localhost test1]# touch test.txt
[root@localhost test1]# vi test.txt
[root@localhost test1]# cp /test1/test.txt /test2
[root@localhost test1]# mv /test1/test.txt /test3
[root@localhost test1]# cd /test3
[root@localhost test3]# chmod 711 test.txt
[root@localhost test3]#
```

图 2-12 CentOS 文件操作

① 进入 test1 目录，创建名为 test. txt 的文件。

```
[root@localhost test1]#touch test.txt
```

② 使用 vi 文本编辑器编辑 test. txt，在该文件中输入"hello world"。

```
[root@localhost test1]#vi test.txt
```

进入 vi 文本编辑器后输入文字，如图 2-13 所示。

③ 复制 test1 目录下的 test. txt 到 test2 目录下。

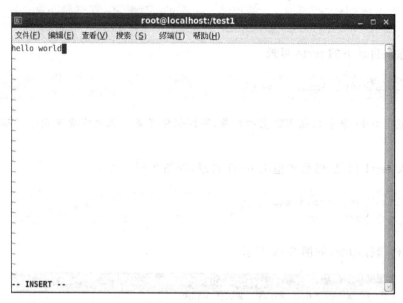

图 2-13　CentOS vi 文本编辑器

```
[root@ localhost test1]#cp /test1/test.txt /test2
```

④ 移动 test1 目录下的 test.txt 到 test3 目录下。

```
[root@ localhost test1]#mv /test1/test.txt /test3
```

⑤ 修改 test3 目录下 test.txt 文件的属性为 user 拥有读/写执行权限,group 和 others 拥有执行权限。

```
[root@ localhost test1]#cd /test3
[root@ localhost test3]#chmod 711 test.txt
```

2.4　项目总结

(1) CentOS 的文件系统结构。

CentOS 只有一个文件树,整个文件系统是以一个树根"/"为起点的,所有的文件和外部设备都以文件的形式挂接在这个文件树上,包括硬盘、软盘、光驱、调制解调器等。

(2) CentOS 常用命令的作用和功能。

在命令窗口下,实现 CentOS 的各种功能,包括系统管理及文件和目录管理等。常用的命令有 su、adduser、ls、cd、mkdir、rmdir、cp、mv、touch、exit、shutdown 等。

(3) CentOS 命令窗口的使用方法。

(4) 文本编辑工具的使用方法。

习题

1. 选择题

(1) CentOS 的文件系统中文件和外部设备都是以(　　)形式挂接在文件树上的。

　　A. 文件　　　　　　B. 设备　　　　　　C. 符号　　　　　　D. 图形

(2) CentOS 的文件系统中用于存放临时文件的目录是(　　)。

　　A. /etc　　　　　　B. /dev　　　　　　C. /var　　　　　　D. /bin

(3) CentOS 的文件系统中用于存放配置文件的目录是(　　)。

　　A. /etc　　　　　　B. /temp　　　　　　C. /var　　　　　　D. /home

(4) 如果一个文件的权限是 rwxr-xr-x,用十进制数表示为(　　)。

　　A. 711　　　　　　B. 777　　　　　　C. 733　　　　　　D. 755

(5) CentOS 的光盘所使用的文件系统类型是(　　)。

　　A. ext2　　　　　　B. ext3　　　　　　C. swap　　　　　　D. iso9660

(6) 可以将普通用户切换到 root 用户的命令是(　　)。

　　A. root　　　　　　B. su　　　　　　C. exit　　　　　　D. cd

(7) CentOS 中目录切换命令是(　　)。

　　A. restart　　　　　B. reboot　　　　　C. cd　　　　　　D. shutdown -r

(8) CentOS 中能够列出一个目录下的所有文件的命令是(　　)。

　　A. dir　　　　　　B. look　　　　　　C. ls　　　　　　D. ls -a

(9) CentOS 中能够查看文件内容的命令是(　　)。

　　A. check　　　　　B. look　　　　　　C. ls　　　　　　D. cat

(10) vi 文本编辑器在编辑完成后,想要保存数据并退出,应该在命令状态输入(　　)。

　　A. q　　　　　　　B. wq　　　　　　C. exit　　　　　　D. write

2. 简答题

(1) 简述 CentOS 的主要特点。

(2) 简述 cp 命令和 mv 命令的区别。

项目 3

CentOS的文件与设备管理

学习目标

1. 知识目标

- 掌握 CentOS 的磁盘分区。
- 掌握 CentOS 的文件系统和设备的挂载与卸载。

2. 能力目标

- 能够创建磁盘分区和文件系统。
- 能够挂载和卸载文件系统。
- 能够挂载和卸载设备。

3. 素质目标

- 熟练使用分区与文件系统命令对 CentOS 磁盘进行管理。
- 熟练使用挂载与卸载命令对 CentOS 设备进行管理。

3.1 项目场景

　　技术人员经过前几天的学习,已经掌握了CentOS的基本操作。但是CentOS的文件系统和Microsoft Windows的文件系统有很大的不同,CentOS只有一个文件树,整个文件系统是以一个树根"/"为起点的,所有的文件和外部设备都以文件的形式挂接在这个文件树上,包括硬盘、软盘、光驱、调制解调器等,这和以驱动器盘符为基础的Microsoft Windows系统是大不相同的,所以为了更好地管理CentOS,技术人员要进一步学习CentOS的磁盘分区,以及CentOS的文件系统和设备的挂载与卸载。

3.2 知识准备

3.2.1 磁盘分区相关概念

1. 磁盘

　　磁盘就是计算机的外部存储器设备,是一种计算机信息载体,可以反复地被改写。磁盘有软盘和硬盘之分。

　　(1) 软盘。软盘是个人计算机(PC)中最早使用的可移动介质。软盘的读/写是通过软盘驱动器完成的。软盘常用的是容量为1.44MB的3.5英寸软盘。软盘存取速度慢,容量小,但可装可卸、携带方便。

　　(2) 硬盘。硬盘是计算机主要的存储媒介之一,由铝制或玻璃制的碟片组成。碟片外覆盖有铁磁性材料。硬盘有固态硬盘(SSD盘,新式硬盘)、机械硬盘(HDD,传统硬盘)、混合硬盘(HHD,一块基于传统机械硬盘诞生出来的新硬盘)。SSD采用闪存颗粒来存储,HDD采用磁性碟片来存储,混合硬盘是把磁性硬盘和闪存集成到一起的一种硬盘。绝大多数硬盘都是固定硬盘,被永久性地密封固定在硬盘驱动器中。我们这里提到的磁盘分区中的磁盘指的就是硬盘。

2. 硬盘的接口类型

　　硬盘接口是硬盘与主机系统间的连接部件,作用是在硬盘缓存和主机内存之间传输数据。不同的硬盘接口决定着硬盘与计算机之间的连接速度,在整个系统中,硬盘接口的优劣直接影响着程序运行快慢和系统性能好坏。从整体的角度上,硬盘接口分为IDE、SATA、SCSI、光纤通道和SAS 5种。IDE接口的硬盘多用于家用产品中,也部分应用于服务器;SCSI接口的硬盘则主要应用于服务器市场;光纤通道只应用在高端服务器上,价格昂贵;SATA是一种新出现的硬盘接口类型,还正处于市场普及阶段,在家用市场中有着广泛的前景。

(1) IDE。IDE(Integrated Drive Electronics,电子集成驱动器)的本意是指把"硬盘控制器"与"盘体"集成在一起的硬盘驱动器。把盘体与控制器集成在一起的做法减少了硬盘接口的电缆数目与长度,数据传输的可靠性得到了增强,硬盘制造起来变得更容易,因为硬盘生产厂商不需要再担心自己的硬盘是否与其他厂商生产的控制器兼容。对用户而言,硬盘安装起来也更为方便。IDE这一接口技术从诞生至今就一直在不断发展,性能也在不断提高,其拥有的价格低廉、兼容性强的特点,为其造就了其他类型硬盘无法替代的地位。IDE代表着硬盘的一种类型,但在实际的应用中,人们也习惯用IDE来称呼最早出现IDE类型硬盘ATA-1,这种类型的接口随着接口技术的发展已经被淘汰了,而其后发展分支出更多类型的硬盘接口,如ATA、Ultra ATA、DMA、Ultra DMA等接口都属于IDE硬盘。

(2) SATA。使用SATA(Serial ATA)接口的硬盘又称为串口硬盘,是目前PC硬盘的主流。2001年,由Intel、APT、DELL、IBM、希捷、迈拓几大厂商组成的Serial ATA委员会正式确立了Serial ATA 1.0标准,2002年,虽然串行ATA的相关设备还未正式上市,但Serial ATA委员会已抢先确立了Serial ATA 2.0标准。Serial ATA采用串行连接方式,串行ATA总线使用嵌入式时钟信号,具备了更强的纠错能力,与以往相比其最大的区别在于能对传输指令(不仅仅是数据)进行检查,如果发现错误会自动矫正,这在很大程度上提高了数据传输的可靠性。

(3) SCSI。SCSI(Small Computer System Interface,小型计算机系统接口)是同IDE(ATA)完全不同的接口,IDE接口是普通PC的标准接口,而SCSI并不是专门为硬盘设计的接口,是一种广泛应用于小型机上的高速数据传输技术。SCSI接口具有应用范围广、多任务、带宽大、CPU占用率低,以及支持热插拔等优点,但较高的价格使得它很难如串口硬盘般普及,因此SCSI硬盘主要应用于中高端服务器和高档工作站中。

(4) 光纤通道。光纤通道(Fibre Channel)和SCSI接口一样,最初也不是为硬盘设计开发的接口技术,是专门为网络系统设计的。但随着存储系统对速度的需求,逐渐应用到硬盘系统中。光纤通道硬盘是为提高多硬盘存储系统的速度和灵活性才开发的,它的出现大大提高了多硬盘系统的通信速度。光纤通道的主要特性有热插拔、高速带宽、远程连接、连接设备数量大等。光纤通道是为在像服务器这样的多硬盘系统环境而设计的,能满足高端工作站、服务器、海量存储子网络等系统对高数据传输速率的要求。

(5) SAS。SAS(Serial Attached SCSI,串行连接SCSI)是新一代的SCSI技术,和现在流行的Serial ATA(SATA)硬盘相同,都是采用串行技术以获得更高的传输速率,并通过缩短连接线改善内部空间等。SAS是并行SCSI接口后开发出的全新接口。此接口的设计是为了改善存储系统的效能、可用性和扩充性,并且提供与SATA硬盘的兼容性。

3. 磁盘分区

磁盘分区是使用分区编辑器(Partition Editor)在磁盘上划分几个逻辑部分,盘片一旦划分成数个分区(Partition),不同类的目录与文件可以存储进不同的分区。越多分区,也就有更多不同的地方,可以将文件的性质区分得更细,按照更为细分的性质,存储在不同的地方以管理文件;但太多分区就成了麻烦。空间管理、访问许可与目录搜索的方式都依赖安装在分区上的文件系统。

在一个 MBR 分区表类型的硬盘中最多只能存在 4 个主分区。如果一个硬盘上需要超过 4 个以上的磁盘分区,就需要使用扩展分区。如果使用扩展分区,那么一个物理硬盘上最多只能有 3 个主分区和 1 个扩展分区。扩展分区不能直接使用,它必须经过第二次分割成为逻辑分区,然后才可以使用。一个扩展分区中的逻辑分区可以任意多个。

4. 分区类型

硬盘分区后,会形成 3 种形式的分区状态:非 DOS 分区、主分区和扩展分区。

(1) 非 DOS 分区。在硬盘中非 DOS 分区(Non-DOS Partition)是一种特殊的分区形式,它是将硬盘中的一块区域单独划分出来供另一个操作系统使用,对主分区的操作系统来讲,是一块被划分出去的存储空间。只有非 DOS 分区的操作系统才能管理和使用这块存储区域。

(2) 主分区。主分区是一个比较单纯的分区,通常位于硬盘的最前面一块区域中,构成逻辑 C 盘。主引导程序是它的一部分,此段程序主要用于检测硬盘分区的正确性,并确定活动分区,负责把引导权移交给活动分区的 DOS 或其他操作系统。此段程序损坏将无法从硬盘引导,但从软驱或光驱引导之后可对硬盘进行读/写。

(3) 扩展分区。扩展分区严格地讲不是一个实际意义的分区,它仅仅是一个指向下一个分区的指针,这种指针结构将形成一个单向链表。这样在主引导扇区中除了主分区外,仅需要存储一个被称为扩展分区的分区数据,通过这个扩展分区的数据可以找到下一个分区(实际上也就是下一个逻辑磁盘)的起始位置,以此起始位置类推可以找到所有的分区。无论系统中建立多少个逻辑磁盘,在主引导扇区中通过一个扩展分区的参数就可以逐个找到每个逻辑磁盘。扩展分区是不能直接使用的,它是以逻辑分区的方式来使用的,所以说扩展分区可分成若干逻辑分区。它们的关系是包含的关系,所有的逻辑分区都是扩展分区的一部分。

5. 分区格式

磁盘分区后,必须经过格式化才能够正式使用,格式化后常见的磁盘格式有 FAT (FAT16)、FAT32、NTFS、ext2、ext3、ext4、swap 等。

(1) FAT16。FAT16 格式是 MS-DOS 和最早期的 Windows 95 操作系统中最常见的磁盘分区格式。它采用 16 位的文件分配表,能支持最大为 2GB 的硬盘。FAT16 分区有一个缺点:磁盘利用效率低。因为在 DOS 和 Windows 操作系统中,磁盘文件的分配是以簇为单位的,一个簇只分配给一个文件使用,不管这个文件占用整个簇容量的多少。这样,即使一个文件很小的话,它也要占用一个簇,剩余的空间便全部闲置在那里,形成了磁盘空间的浪费。由于分区表容量的限制,FAT16 支持的分区越大,磁盘上每个簇的容量也就越大,造成的浪费也就越大。所以为了解决这个问题,微软公司在 Windows 97 中推出了一种全新的磁盘分区格式 FAT32。

(2) FAT32。FAT32 格式采用 32 位的文件分配表,使其对磁盘的管理能力大大增强,突破了 FAT16 对每个分区的容量只有 2GB 的限制。由于硬盘生产成本下降,其容量越来越大,运用 FAT32 的分区格式后,可以将一个大硬盘定义成一个分区而不必分为几个分区使用,大大方便了对磁盘的管理。而且,FAT32 具有一个最大的优点:在一个不超过 8GB 的分区中,FAT32 分区格式的每个簇容量都固定为 4KB,与 FAT16 相比,可以大大地减少磁盘的浪费,提高磁盘利用率。支持这一磁盘分区格式的操作系统有 Windows 97、Windows 98 和 Windows 2000。但是,这种分区格式也有它的缺点,采用 FAT32 格式分区的磁盘,由于文件分配表的扩大,运行速度比采用 FAT16 格式分区的磁盘要慢。

(3) NTFS。NTFS 格式的优点是安全性和稳定性极其出色,在使用中不易产生文件碎片。它能对用户的操作进行记录,通过对用户权限进行非常严格的限制,使每个用户只能按照系统赋予的权限进行操作,充分保护了系统与数据的安全。支持这种分区格式的操作系统已经很多,从 Windows NT 和 Windows 2000 直至 Windows Vista 及 Windows 7、Windows 8。

(4) ext2、ext3、ext4。ext2、ext3、ext4 格式是 Linux 操作系统适用的磁盘格式,CentOS 是 Linux 的一个发行版本,所以 ext2、ext3、ext4 也是 CentOS 适用的磁盘格式。

ext2/ext3 文件系统使用索引节点来记录文件信息,作用像 Windows 的文件分配表。索引节点是一个结构,它包含了一个文件的长度、创建及修改时间、权限、所属关系、磁盘中的位置等信息。一个文件系统维护了一个索引节点的数组,每个文件或目录都与索引节点数组中的唯一一个元素对应。系统给每个索引节点分配了一个号码,也就是该节点在数组中的索引号,称为索引节点号。Linux 文件系统将文件索引节点号和文件名同时保存在目录中。所以,目录只是将文件的名称和它的索引节点号结合在一起的一张表,目录中每一对文件名称和索引节点号称为一个链接。对于一个文件来说有唯一的索引节点号与之对应,对于一个索引节点号,却可以有多个文件名与之对应。因此,在磁盘上的同一个文件可以通过不同的路径去访问它。

Linux 默认情况下使用的文件系统为 ext2,ext2 文件系统的确高效稳定。但是,随着 Linux 操作系统在关键业务中的应用,Linux 文件系统的弱点也渐渐显露出来了,即系统默认使用的 ext2 文件系统是非日志文件系统,这在关键行业的应用是一个致命的弱点。

ext3 文件系统直接从 ext2 文件系统发展而来,ext3 文件系统已经非常稳定可靠,它完全兼容 ext2 文件系统,用户可以平滑地过渡到一个日志功能健全的文件系统中来,这实际上了也是 ext3 文件系统初始设计的初衷。

ext4 文件系统是针对 ext3 文件系统的扩展日志文件系统,是专门为 Linux 开发的原始的扩展文件系统 ext 的第 4 版。Linux kernel 自 2.6.28 开始正式支持 ext4。ext4 修改了 ext3 中部分重要的数据结构,而不仅仅像 ext3 对 ext2 那样,只是增加了一个日志功能而已。ext4 可以提供更佳的性能和可靠性,还有更为丰富的功能。

(5) swap。swap 格式分区即交换分区,系统在物理内存不够时,与 swap 进行交换。其实,swap 的调整对 CentOS 服务器,特别是 Web 服务器的性能至关重要。通过调整 swap,有时可以越过系统性能瓶颈,节省系统升级费用。

在安装 CentOS 时,就会创建 swap 分区,它是 CentOS 正常运行所必需的,其大小一般应设置为系统物理内存的 2 倍。交换分区由操作系统自行管理。

6. CentOS 下的设备命名

在 CentOS 下对 IDE 的设备是以 hd 命名的,第一个 IDE 设备是 hda,第二个 IDE 设备是 hdb,以此类推。

一般主板上有两个 IDE 接口,一共可以安装 4 个 IDE 设备。主 IDE 上的两个设备分别对应 hda 和 hdb,第二个 IDE 接口上的两个设备对应 hdc 和 hdd。一般硬盘安装在主 IDE 的主接口上,所以是 hda。

光驱一般安装在第二个 IDE 的主接口上,所以是 hdc(hdb 是用来命名主 IDE 上的从接口)。

SCSI 接口设备是用 sd 命名的,第一个设备是 sda,第二个设备是 sdb。以此类推。

分区是用设备名称加数字命名的。例如,hda1 代表 hda 这个硬盘设备上的第一个分区。

每个硬盘可以最多有 4 个主分区,作用是命名硬盘的主分区(1～4)。逻辑分区是从 5 开始的,每多一个分区,数字加 1 就可以。

比如,一般的系统都有一个主分区用来引导系统,这个分区对应大家常说的 C 区,在 CentOS 下命名是 hda1。后面分 3 个逻辑分区对应常说的 D、E、F,在 CentOS 下命名是 hda5、hda6、hda7。

3.2.2 磁盘分区方法

(1) 用 fdisk 命令在 CentOS 下进行分区。

fdisk 命令格式如下。

```
fdisk [选项] 设备
```

常用的选项如下。

① -l:显示指定硬盘设备的分区表信息。

② -u:以扇区为单位列出每个设备分区的起始数据块选项位置。

③ -s:以数据块为单位显示指定设备分区的容量。

在执行 fdisk 命令后,进入分区管理模式,如图 3-1 所示,其中常用的子命令如下。

① n:创建磁盘分区。

② d:删除磁盘分区。

③ p:显示磁盘分区信息。

④ t:修改磁盘分区属性。

⑤ l:显示可用的磁盘分区类型标识列表。

⑥ w:结束并写入磁盘分区属性。

⑦ m:显示所有子命令。

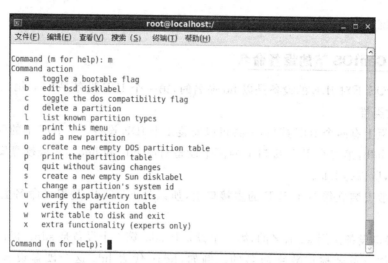

图 3-1 fdisk 磁盘管理界面

⑧ q：结束但不写入磁盘分区属性。

⑨ a：设定硬盘启动区。

常用的分区工具还有 parted,和 fdisk 相比,它的使用更加方便,同时它还提供了动态调整分区大小的功能。

(2) 在安装 CentOS 时用图形界面方式进行分区,在项目 1 已经讲述过。

3.2.3 文件系统的创建

磁盘分区只有在创建文件系统后才能使用,这一过程称为格式化。CentOS 中常用的文件系统是 ext3 和 ext4。

CentOS 中建立文件系统常用的命令是 mkfs,命令格式如下。

mkfs [选项] [-t 文件系统类型] 分区名

常用的选项如下。

① -v：产生冗余输出。

② -V：显示 mkfs 命令的版本号。

③ -c：建立文件系统之前,检查坏块。

mkfs 命令还有另外一种格式。

mkfs.文件系统类型 分区名

CentOS 中调整文件系统常用的命令是 tune2fs,命令格式如下。

tune2fs [参数] 设备名

常用的选项如下。

① -l：查看文件系统信息。

② -j：将 ext2 转换为 ext3。

③ -f：建立文件系统之前，检查坏块。

④ -g group：设置能够使用文件系统保留数据块的用户组成员。

⑤ -c max-mount-counts：设置强制自检的挂载次数，如果开启，每挂载一次 mount，conut 就会加1，超过次数就会强制自检。

⑥ -i interval-between-checks[d|m|w]：设置强制自检的时间间隔[d 天 m 月 w 周]。

⑦ -m reserved-blocks-percentage：保留块的百分比。

⑧ -L volume-label：修改文件系统的标签。

⑨ -r reserved-blocks-count：调整系统保留空间。

⑩ -O[^]mount-option[,...]：设置或清除默认挂载的文件系统选项。

3.2.4　文件系统与设备的挂载与卸载

文件系统创建后，需要把该文件挂载到 CentOS 的目录上，然后才能使用。同样，像光驱、U 盘等设备也必须挂载到 CentOS 的目录上，然后才能使用。

挂载文件系统和设备有两种方法：①通过配置/etc/fstab 文件来实现开机自动挂载；②使用手动加载命令 mount 手动挂载。

1. 配置 /etc /fstab 文件

默认情况下，fstab 中已经有了当前的分区配置，如下所示。

[file system]	[mount point]	[type]	[options]	[dump]	[pass]
proc	/proc	proc	defaults	0	0
/dev/hda1	/	ext3	errors=remount-ro	0	1
/swapfile	swap	swap	defaults	0	0
/dev/hdc	/media/cdrom0	udf,iso9660	user,noauto	0	0

由上面的内容可以看出，系统的 /dev/hda1 分区被挂载在根目录，文件系统是 ext3。此外，还有 proc、swap 等特殊的"分区"，如/dev/hdc 被作为光驱挂载在/media/cdrom0。

因此，如果希望将新分区 /dev/hda5 挂载在 /home/new 目录下，则只需在 fstab 文件中加入下面一行即可。

/dev/hda5	/home/new	ext3	default	0	1

可以看到每行由 6 个部分组成。

(1)[file system]可以是实际分区名，也可以是实际分区的卷标(Lable)。

(2)[mount point]是挂载点。挂载点必须为当前已经存在的目录，为了兼容起见，最好在创建需要挂载的目标目录后，将其权限设置为 777，以开放所有权限。

(3)[type]为此分区的文件系统类型。CentOS 可以使用 ext2、ext3 等类型，此字段须与分区格式化时使用的类型相同。也可以使用 auto 这一特殊的语法，使系统自动侦测目标分区的分区类型。auto 通常用于可移动设备的挂载。

（4）［options］是挂载的选项，用于设置挂载的方式。

常用的选项如下。

① auto：系统自动挂载，fstab 默认就是这个选项。

② defaults：rw、suid、dev、exec、auto、nouser、async。

③ noauto：开机不自动挂载。

④ nouser：只有超级用户可以挂载。

⑤ ro：按只读权限挂载。

⑥ rw：按可读可写权限挂载。

⑦ user：任何用户都可以挂载。

请注意光驱和软驱只有在装有介质时才可以进行挂载，因此它是 noauto。

（5）［dump］是 dump 备份设置。当其值设置为 1 时，将允许 dump 备份程序备份；设置为 0 时，忽略备份操作。

（6）［pass］是 fsck 磁盘检查设置。其值是一个顺序。当其值为 0 时，永远不检查；而 /根目录分区永远都为 1。其他分区从 2 开始，数字越小越先检查，如果两个分区的数字相同，则同时检查。

当修改完此文件并保存后，重启服务器生效。

2. 使用 mount 命令手动挂载文件系统和设备

mount 命令用于挂载文件系统和设备。命令格式如下。

```
mount [-t vfstype] [-o options] device/dir
```

其中：

（1）［-t vfstype］指定文件系统的类型，通常不必指定。

（2）mount 会自动选择正确的类型。

（3）［-o options］主要用来描述设备或档案的挂载方式。

options 常用的选项如下。

① loop：用来把一个文件当成硬盘分区挂载上系统。

② ro：采用只读方式挂载设备。

③ rw：采用读/写方式挂载设备。

④ iocharset：指定访问文件系统所用字符集。

（4）device 是要挂载（mount）的设备。

（5）dir 是设备在系统上的挂载点（Mount Point）。

如果要卸载已经挂载的分区，可以使用命令 umount，命令格式如下。

```
umount [选项] device dir
```

常用的选项如下。

① -f：强制卸载指定的文件系统。

② -a：卸载/etc/mtab 中记录的所有文件系统。

③ -t：卸载指定类型的文件系统。

3.2.5　文件系统的检测与修复

当文件系统发生错误时，可用 fsck 命令进行检测和修复。直接采用分区编号（如/dev/had3），或使用挂载点（Mount Point，如/、/usr 等）指定文件系统即可。如果一次指定多个文件系统，而这些系统分别位于不同的物理磁盘上，则 fsck 将会尝试同步的方式去检查它们，以节省操作时间。命令格式如下。

```
fsck [选项] [-t vfstype] device/dir
```

常用的选项如下。

① -t：给定文件系统的格式，若在 /etc/fstab 中已有定义或 kernel 本身已支持的则不需要加上此参数。

② -s：依序逐个地执行 fsck 指令来检查。

③ -A：对/etc/fstab 中所有列出来的 partition 做检查。

④ -C：显示完整的检查进度。

⑤ -d：打印 e2fsck 的 debug 结果。

⑥ -p：同时有 -A 条件时，同时有多个 fsck 的检查一起执行。

⑦ -R：同时有 -A 条件时，省略或不检查。

⑧ -V：详细显示模式。

⑨ -a：如果检查有错则自动修复。

⑩ -r：如果检查有错则由使用者回答是否修复。

3.2.6　图形化磁盘实用工具

CentOS 安装完成后，可使用 CentOS 自带的图形化磁盘实用工具实现磁盘的分区管理，文件系统的创建、挂载、卸载等功能。可以依次单击"应用程序"→"系统工具"→"磁盘实用工具"，打开磁盘实用工具界面，如图 3-2 所示。

3.2.7　文件浏览器

CentOS 中的文件管理器 Nautilus 提供了简单而综合的文件和应用程序管理方式。Nautilus 的特性如下。

（1）Nautilus 文件管理器能按文件夹组织文件和进行以下任务。

① 创建和显示文件夹和文档：创建新文件、按文件夹组织文件和保存文件。

② 搜索和管理文件：为文件分级并按其分级搜索。

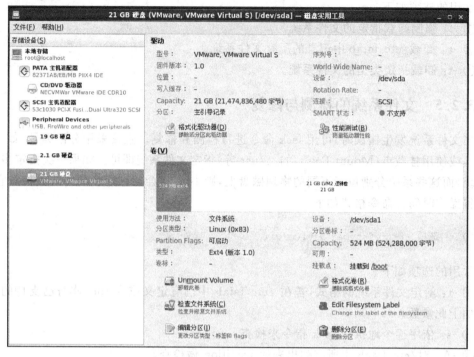

图 3-2　磁盘实用工具界面

③ 打开计算机的特殊位置：访问本地网络并保存文件。

④ 向 CD 或 DVD 写入数据。

⑤ 使用两种模式导航。

a. 空间模式：允许在分离的窗口中打开各个文件夹。这样能帮助您打开处于不同位置物理对象的文件。可以同时查看各文件夹的内容。

b. 浏览模式：在单一窗口中打开文件夹。在浏览模式中只打开一个文件管理器，当单击文件管理器中的另一个文件夹时，其内容将更新。

（2）选择需要的模式。

① 打开"位置"菜单，将弹出以下项目命令，如图 3-3 所示。

a. 主文件夹：这是默认为每位用户创建的私人文件夹，让用户创建和处理文件。默认取名为用户名。

b. 桌面：铺在计算机所有屏幕后方的活动组件，为保存于桌面的文件提供简便快捷的访问。

c. 计算机：包含全部驱动器和文件系统，使得将文档备份到 CD 和 DVD 变得特别容易。

d. CD/DVD 创建器：它由一些可向 CD 或 DVD 写入数据的文件夹所组成。也可以将文档备份到 CD 或 DVD。

Nautilus 文件管理器默认以浏览模式打开文件。选择"应用程序"→"系统工具"→"文件浏览器"命令即可就进入浏览模式。如果以此模式打开文件夹，文件夹将会在同一窗口内

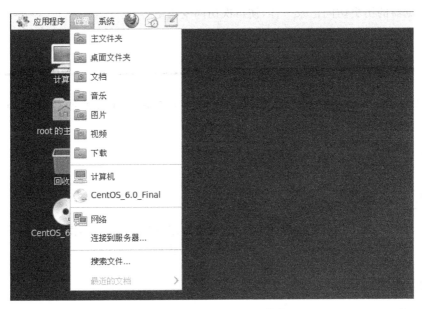

图 3-3 CentOS 的"位置"菜单

打开。位置栏以层级文件夹方式显示已打开文件夹的当前位置,而侧边栏显示存储于计算
机的其他文件夹,如图 3-4 所示。

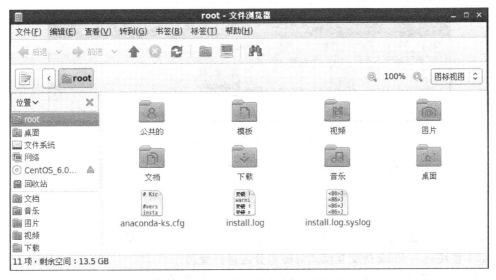

图 3-4 Nautilus 文件管理器浏览模式

在浏览模式中,可以对文件夹和文件进行预览、查看、复制、剪切、发送、重命名、根据文
件类型使用相应的程序打开等功能,也可以作为网页浏览器及文件查看器。Nautilus 支持
像浏览本地文件系统一样浏览网络资源。Nautilus 还支持书签、窗口背景、徽标、备忘和扩
展脚本,并且用户可以选择采用图标视图或者列表视图。Nautilus 还会保存访问过的文件

夹,就像浏览器的历史访问记录一样,使再次访问变得更容易。

3.3 项目实施

掌握 CentOS 的分区管理,文件系统的创建、文件系统和设备的挂载与卸载的操作方法。

任务 1　CentOS 的分区管理

1. 任务要求

现有一台 CentOS 服务器。请使用 ls 命令查看服务器磁盘分区,使用 fdisk 命令查看指定分区,然后进入 fdisk 的交互模式对磁盘分区进行管理。

2. 实施过程

(1)查看服务器磁盘分区。

```
[root@localhost 桌面]#ls -l /dev/sd *
```

sd * 表示以 sd 开头的任意磁盘。查看结果如图 3-5 所示。

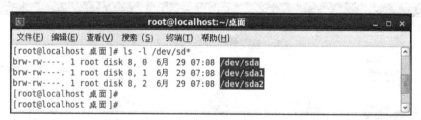

图 3-5　磁盘分区查看结果

(2)使用 fdisk 命令查看指定分区。

```
[root@localhost 桌面]#fdisk -l /dev/sda
```

这里我们查看了第一个 SCSI 硬盘的分区表信息,如图 3-6 所示。

(3)使用进入 fdisk 的交互模式对磁盘分区进行管理。

对第一块 SCSI 硬盘(/dec/sda)进行分区管理,首先进入 fdisk 的交互模式,如图 3-7 所示。

```
[root@localhost 桌面]#fdisk  /dev/sda
```

① 在"Command(m for help):"后面输入 p 子命令,可以查看该磁盘分区的详细信息,如图 3-8 所示。

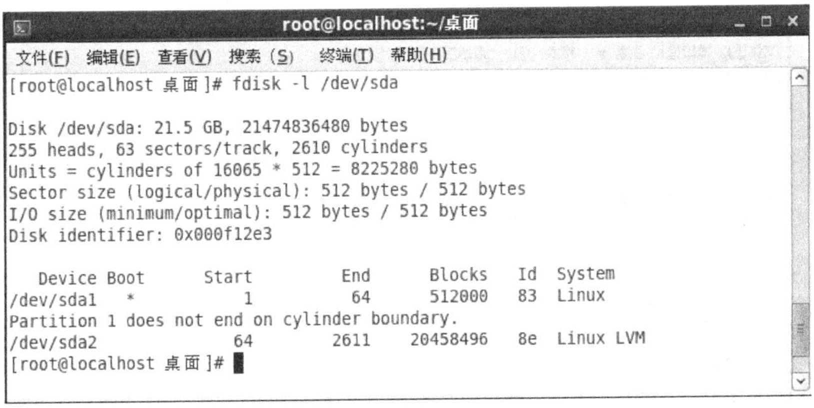

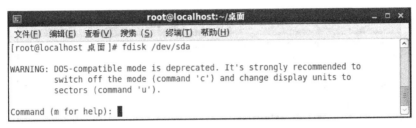

图 3-6   第一个 SCSI 硬盘的分区表信息

图 3-7   fdisk 的交互模式

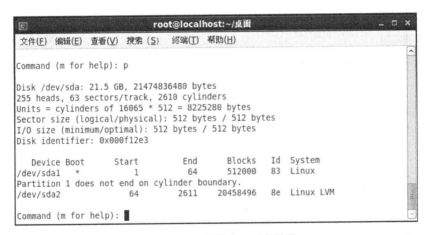

图 3-8   fdisk 子命令 p 运行结果

② 在"Command(m for help)："后面输入 d 子命令,可以删除磁盘分区,如图 3-9 所示。注意安装系统时,对磁盘全部存储容量进行分区,这时由于磁盘没有空余磁盘容量,所以无法创建新的分区。因此这里先做删除操作。

③ 在"Command(m for help)："后面输入 n 子命令,可以创建磁盘分区,如图 3-10 所示。

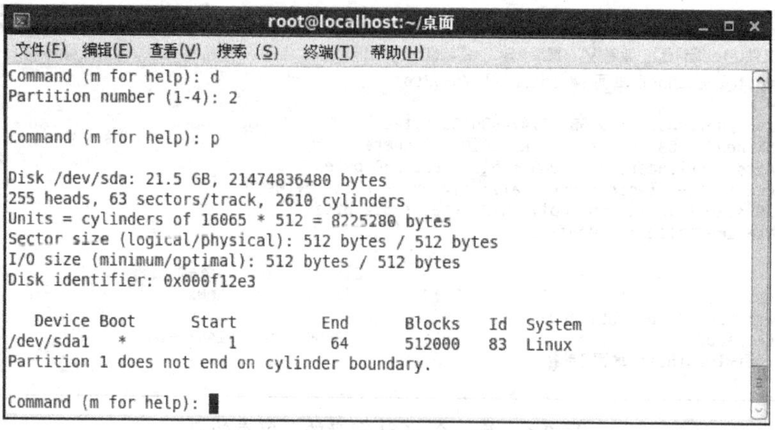

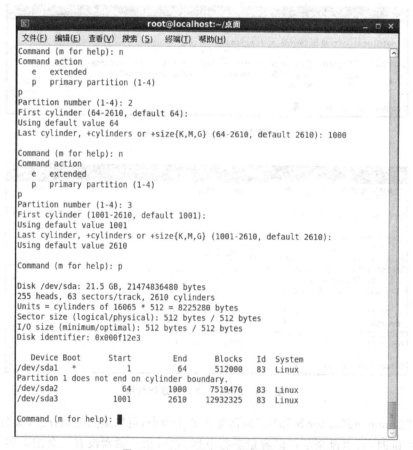

图 3-9　fdisk 子命令 d 运行结果

图 3-10　fdisk 子命令 n 运行结果

　　从图 3-10 可以看到,在删除的 sda2 分区的磁盘空间上,又重新创建了一个新的 sda2 和
sda3 分区。

④ 在"Command(m for help)："后面输入 t 子命令,可以修改磁盘分区类型,将 sda3 分区的类型改为 swap 类型,如图 3-11 所示。

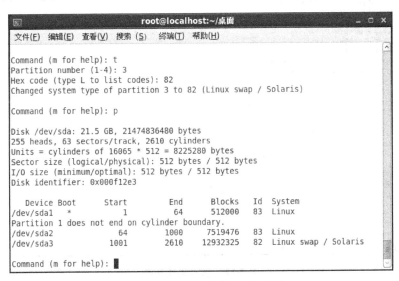

图 3-11　fdisk 子命令 t 运行结果

⑤ 在"Command(m for help)："后面输入 w 子命令,可以保存磁盘分区的修改。

⑥ 在"Command(m for help)："后面输入 q 子命令,可以退出 fdisk 交互模式。

任务2　CentOS 的文件系统创建

1. 任务要求

为了不破坏原有的文件系统,我们通过虚拟机添加第二个 SCSI 硬盘,在该块硬盘上创建 sdb1 扩展分区,然后再在 sdb1 分区上创建 sdb5 逻辑分区,在 sdb5 逻辑分区上创建 ext4 类型的文件系统。建立索引目录,提高文件系统检索目录的速度。使用 CentOS 的图形化磁盘实用工具对磁盘分区和文件系统进行管理。

2. 实施过程

(1) 在/dev/sda2 上创建 ext4 类型的文件系统,如图 3-12 所示。

```
[root@localhost 桌面]#mkfs.ext4 /dev/sda5
```

(2) 建立索引目录。

```
[root@localhost 桌面]#tune2fs -O dir_index /dev/sda5
```

(3) 使用 CentOS 的图形化磁盘实用工具对磁盘分区和文件系统进行管理。通过磁盘实用工具可以实现分区管理,文件系统的创建、挂载、卸载等功能。

图 3-12　创建文件系统

任务3　CentOS 的文件系统和设备的挂载与卸载

📟 1. 任务要求

将已格式化的 sdb5 分区挂载到目录/mnt/myfile,使用完以后卸载该分区,然后挂载光驱和 U 盘驱动器。

📟 2. 实施过程

(1) 将 sdb5 分区挂载到目录/mnt/myfile,如图 3-13 所示。

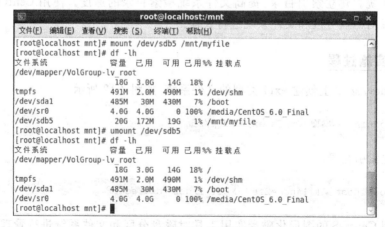

图 3-13　文件系统的挂载与卸载

① 在/mnt目录（通常作为默认的挂载目录）下创建目录/myfile。

```
[root@localhost mnt]#mkdir myfile
```

或者

```
[root@localhost mnt]#mkdir /mnt/myfile
```

② 将sdb5分区挂载到目录/mnt/myfile。

```
[root@localhost mnt]#mount /dev/sdb5 /mnt/myfile
```

③ 使用df命令查看分区挂载信息。

```
[root@localhost mnt]#df -lh
```

④ 将sdb5分区卸载。

```
[root@localhost mnt]#umount /dev/sdb5
```

（2）挂载光盘驱动器，如图3-14所示。

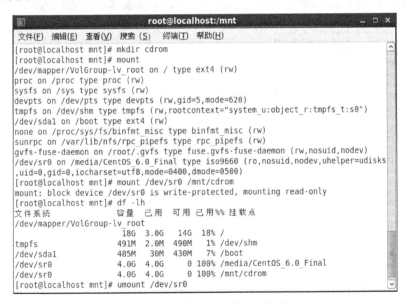

图3-14 光盘驱动的挂载与卸载

① 在/mnt目录（通常作为默认的挂载目录）下创建目录/cdrom。

```
[root@localhost mnt]#mkdir cdrom
```

② 查看光盘驱动器的设备名称。默认系统会自动挂载光盘驱动器。

```
[root@localhost mnt]#mount
```

这里可以看到/dev/sr0 on /media/CentOS_6.0_Final type iso9660，因为类型为iso9660（CD-ROM 光盘标准文件系统），所以该/dev/sr0 为光盘文件系统名称。

③ 将光盘驱动器挂载到目录/mnt/cdrom。

```
[root@localhost mnt]#mount /dev/sr0 /mnt/cdrom
```

④ 使用 df 命令查看分区挂载信息。

```
[root@localhost mnt]#df -lh
```

⑤ 将光盘驱动器分区卸载。

```
[root@localhost mnt]#umount /dev/sr0
```

（3）挂载 U 盘驱动器，如图 3-15 所示。

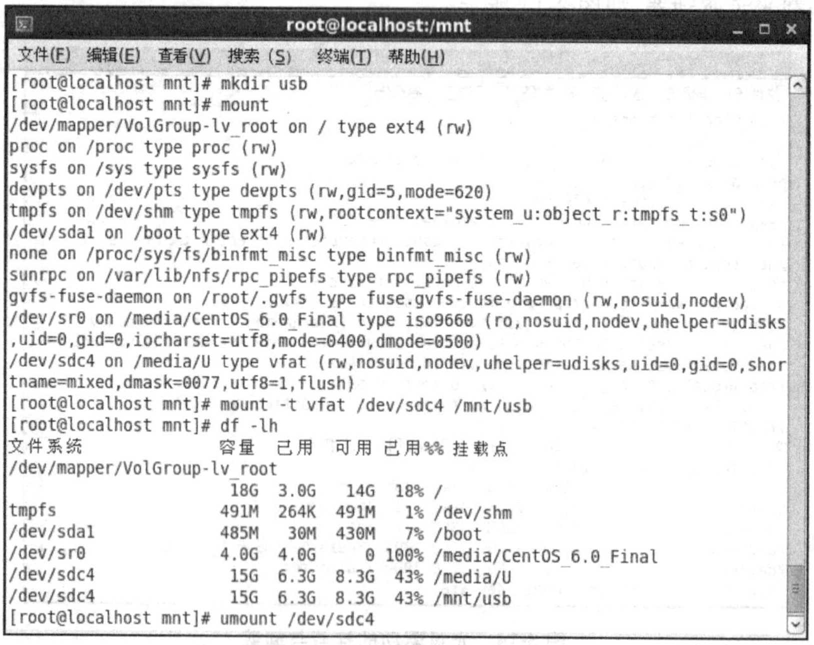

图 3-15 U 盘驱动器的挂载与卸载

① 在/mnt 目录（通常作为默认的挂载目录）下创建目录/usb。

```
[root@localhost mnt]#mkdir usb
```

② 查看 U 盘驱动器的设备名称。默认系统会自动挂载 U 盘驱动器。

```
[root@localhost mnt]#mount
```

或者

```
[root@localhost mnt]#fdisk -l
```

这里可以看到/dev/sdc4 on /media/U type vfat,因为类型为 vfat(CD-ROM 光盘标准文件系统),所以该/dev/sdc4 为 U 盘文件系统名称。

③ 将 U 盘驱动器挂载到目录/mnt/usb。

```
[root@localhost mnt]#mount /dev/sdc4 /mnt/usb
```

④ 使用 df 命令查看分区挂载信息。

```
[root@localhost mnt]#df -lh
```

⑤ 将光盘驱动器分区卸载。

```
[root@localhost mnt]#umount /dev/sdc4
```

3.4　项目总结

🖥 1. CentOS 的磁盘分区与管理

磁盘分区的相关概念,磁盘的分区方法,fdisk 命令的使用方法。

🖥 2. CentOS 的文件系统的创建

文件系统的概念,文件系统的类型,CentOS 常用的文件系统类型,创建文件系统的方法,mkfs 命令的使用方法,fsck 命令的使用方法,tune2fs 命令的使用方法。

🖥 3. CentOS 的文件系统与设备的挂载与卸载

文件系统与设备挂载的作用和方法,mount 命令的使用方法,umount 命令的使用方法。

习题

1. 选择题

(1) CentOS 的第二个 SCSI 硬盘的设备名称是(　　)。

　　A. sda　　　　　　B. sdb　　　　　　C. sdc　　　　　　D. sdd

（2）CentOS 的 IDE 硬盘设备是以（　　）开头命名的。

    A. hd   B. sd   C. sc   D. fd

（3）CentOS 的光盘使用的文件系统类型为（　　）。

    A. ext2   B. ext3   C. ext4   D. iso9660

（4）fdisk 的子命令（　　）用来创建新的分区。

    A. n   B. p   C. d   D. s

（5）fdisk 的子命令（　　）用来删除分区。

    A. n   B. p   C. d   D. s

（6）fdisk 的子命令（　　）用来查看分区信息。

    A. n   B. p   C. d   D. s

（7）用于检查和修复文件系统的命令是（　　）。

    A. fdisk   B. com   C. fsck   D. mount

（8）用于磁盘分区的命令是（　　）。

    A. fdisk   B. copy   C. sbin   D. mount

（9）用于挂载文件系统和设备的命令是（　　）。

    A. parted   B. ssd   C. fsck   D. mount

（10）用于卸载文件系统和设备的命令是（　　）。

    A. umount   B. ssd   C. fsck   D. mount

2. 简答题

（1）简述 CentOS 的磁盘分区方法。

（2）磁盘分区后，为什么要创建文件系统？

（3）CentOS 支持的文件系统类型有哪些？

（4）简述光盘驱动器的挂载过程。

（5）简述 U 盘驱动器的挂载过程。

项 目 4

CentOS的用户和用户组管理

学习目标

1. 知识目标

- 理解用户和用户组的概念。
- 掌握 CentOS 的用户和用户组信息文件。
- 掌握 CentOS 的用户管理命令。
- 掌握 CentOS 的用户组管理命令。

2. 能力目标

- 能够创建和删除用户。
- 能够为用户添加密码。
- 能够以组的方式管理用户。
- 能够设置用户的特殊权限。

3. 素质目标

- 能够通过命令来管理用户和用户组。
- 能够通过图形化的用户管理器来管理用户和用户组。

4.1 项目场景

CentOS是一个多用户多任务操作系统,可以在系统上创建多个用户,并允许这些用户同时登录系统执行不同的任务。

由于学院教职工人员较多(500人左右),如果只创建用户和为用户配置相应的权限,这将是非常烦琐的工作,并为后期的管理与维护带来较大的麻烦。如果使用用户组,可以为相同部门的教职工人员配置相同的权限。所以只需创建组,把用户加入该组即可,这可提高操作和管理效率。

因此,用户和用户组的管理是技术人员必须了解与掌握的重要工作内容。

4.2 知识准备

4.2.1 用户和用户组的相关概念

1. 理解 CentOS 多用户多任务的特性

CentOS是一个真实的、完整的多用户多任务操作系统,多用户多任务就是可以在系统上建立多个用户,多个用户可以在同一时间内登录同一个系统执行各自不同的任务,而互不影响。例如,某台CentOS服务器上有4个用户,分别是root、www、ftp和MySQL,在同一时间内,root用户可能在查看系统日志,管理维护系统;www用户可能在修改自己的网页程序;ftp用户可能在上传文件到服务器;MySQL用户可能在执行自己的SQL查询,每个用户互不干扰,有条不紊地进行着自己的工作。每个用户之间不能越权访问,比如,www用户不能执行MySQL用户的SQL查询操作,ftp用户也不能修改www用户的网页程序。由此可知,不同用户具有不同的权限,每个用户是在权限允许的范围内完成不同的任务,Linux正是通过这种权限的划分与管理,实现了多用户多任务的运行机制。

2. CentOS 下用户的角色分类

在CentOS下用户是根据角色定义的,具体分为3种角色。

(1)超级用户:拥有对系统的最高管理权限,默认是root用户。

(2)普通用户:只能对自己目录下的文件进行访问和修改,具有登录系统的权限,例如上面提到的www用户、ftp用户等。

(3)虚拟用户:它也叫"伪"用户,这类用户最大的特点是不能登录系统,它们的存在主要是方便系统管理,满足相应的系统进程对文件属主的要求。例如,系统默认的bin、adm、nobody用户等,一般运行的Web服务,默认就是使用的nobody用户,但是nobody用户是不能登录系统的。

3. 用户和组的概念

我们知道,CentOS是一个多用户多任务的分时操作系统,如果要使用系统资源,就必须向系统管理员申请一个账户,然后通过这个账户进入系统。这个账户和用户是一个概念,通过建立不同属性的用户,一方面,可以合理地利用和控制系统资源;另一方面也可以帮助用户组织文件,提供对用户文件的安全性保护。

每个用户都用一个唯一的用户名和用户口令,在登录系统时,只有正确输入了用户名和密码,才能进入系统和自己的主目录。

用户组是具有相同特征用户的逻辑集合,有时需要让多个用户具有相同的权限,比如查看、修改某一个文件的权限,一种方法是分别对多个用户进行文件访问授权,如果有 10 个用户的话,就需要授权 10 次,显然这种方法不太合理;另一种方法是建立一个组,让这个组具有查看、修改此文件的权限,然后将所有需要访问此文件的用户放入这个组中,那么所有用户就具有了和组一样的权限,这就是用户组。将用户分组是 CentOS 对用户进行管理及控制访问权限的一种手段,通过定义用户组,在很大程度上简化了管理工作。

4. 用户和用户组的关系

用户和用户组的对应关系有一对一、一对多、多对一和多对多,如图 4-1 所示。

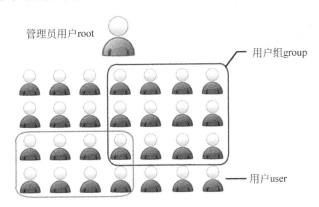

图 4-1　用户和用户组的关系

(1) 一对一:即一个用户可以存在一个用户组中,也可以是用户组中的唯一成员。

(2) 一对多:即一个用户可以存在多个用户组中。那么此用户具有多个用户组的共同权限。

(3) 多对一:即多个用户可以存在一个用户组中,这些用户具有和用户组相同的权限。

(4) 多对多:即多个用户可以存在多个用户组中。其实就是上面 3 个对应关系的扩展。

4.2.2　用户和用户组的配置文件

📟 1.　/etc/passwd 文件

系统用户配置文件是用户管理中最重要的文件。这个文件记录了 CentOS 中每个用户的一些基本属性,并且对所有用户可读。/etc/passwd 中每一行记录对应一个用户,每行记录又被冒号分割,其格式如下。

用户名:密码:用户标识号:组标识号:注释性描述:主目录:默认 Shell

图 4-2 所示是 passwd 文件的内容(由于文件内容过长我们可以使用 head 或 tail 命令来查看文件的开始的 10 行或者末尾的 10 行)。

```
[root@ localhost ~]#head /etc/passwd
[root@ localhost ~]#tail /etc/passwd
```

图 4-2　passwd 文件的内容

文件的第 1 行为 root 用户的用户信息,文件的最末 1 行为 user1 用户的用户信息。

每个字段的含义如下。

(1) 用户名:代表用户账号的字符串。

(2) 密码:存放着加密后的用户密码,虽然这个字段存放的只是用户密码的加密串,不是明文,但是由于/etc/passwd 文件对所有用户都可读,所以这仍是一个安全隐患。因此,现在许多 Linux 版本都使用了 shadow 技术,把真正加密后的用户密码存放到/etc/shadow 文件中,而在/etc/passwd 文件的密码字段中只存放一个特殊的字符,例如用"x"或者" * "来表示。

（3）用户标识号：用户的 UID，每个用户都有一个 UID，并且是唯一的，通常 UID 号的取值范围是 0～65535，0 是超级用户 root 的标识号，1～99 由系统保留，作为管理账号，普通用户的标识号从 100 开始。而在 Linux 操作系统中，普通用户 UID 默认从 500 开始。UID 是 CentOS 确认用户权限的标志，用户的角色和权限都是通过 UID 来实现的，因此多个用户共用一个 UID 是非常危险的，会造成系统权限和管理的混乱，例如，将普通用户的 UID 设置为 0 后，这个普通用户就具有了 root 用户的权限，这是极度危险的操作。因此要尽量保持用户 UID 的唯一性。

（4）组标识号：组的 GID，与用户的 UID 类似，这个字段记录了用户所属的用户组。它对应着/etc/group 文件中的一条记录。

（5）注释性描述：对用户的描述信息，如用户的住址、电话、姓名等。

（6）主目录：用户登录到系统后默认所处的目录，也可以称为用户的主目录、家目录、根目录等。

（7）默认 Shell：用户登录系统后默认使用的命令解释器。Shell 是用户和 CentOS 内核之间的接口，用户所做的任何操作，都是通过 Shell 传递给系统内核的。CentOS 下常用的 Shell 有 sh、bash、csh 等，管理员可以根据用户的习惯，为每个用户设置不同的 Shell。

2. /etc/shadow 文件

由于/etc/passwd 文件是所有用户都可读的，这样就导致了用户的密码容易出现泄露，因此，CentOS 将用户的密码信息从/etc/passwd 文件中分离出来，单独放到了一个文件中，这个文件就是/etc/shadow，该文件只有 root 用户拥有读权限，从而保证了用户密码的安全性。下面介绍/etc/shadow 文件内容的格式。

用户名:加密密码:最后一次修改时间:最小时间间隔:最大时间间隔:警告时间:不活动时间:失效时间:保留字段

图 4-3 所示是 shadow 文件的内容（由于文件内容过长我们可以使用 head 或 tail 命令来查看文件的开始的 10 行或者末尾的 10 行）。

```
[root@ localhost ~]#head /etc/shadow
[root@ localhost ~]#tail /etc/shadow
```

从图 4-3 中可以看到，文件的第 1 行为 root 用户的密码信息，文件的最末 1 行为 user1 用户的密码信息。

每个字段的含义如下。

（1）用户名：代表用户账号的字符串，与/etc/passwd 文件中的用户名有相同的含义。

（2）加密密码：存放的是加密后的用户密码字符串，如果此字段是"＊""！""x"等字符，则对应的用户不能登录系统。

（3）最后一次修改时间：表示从某个时间起，到用户最近一次修改密码的间隔天数。可以通过 passwd 来修改用户的密码，然后查看/etc/shadow 文件中此字段的变化。

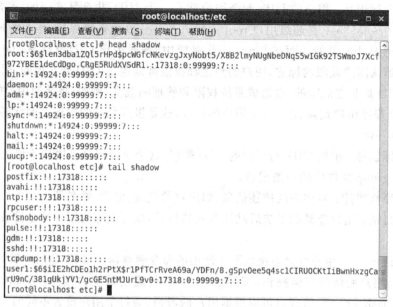

图 4-3　shadow 文件的内容

（4）最小时间间隔：表示两次修改密码之间的最小时间间隔。

（5）最大时间间隔：表示两次修改密码之间的最大时间间隔，这个设置能增强管理员管理用户的时效性。

（6）警告时间：表示从系统开始警告用户到密码正式失效之间的天数。

（7）不活动时间：表示用户密码作废多少天后，系统会禁用此用户，也就是说系统不再让此用户登录，也不会提示用户过期，是完全禁用。

（8）失效时间：表示该用户的账号生存期，超过这个设定时间，账号失效，用户就无法登录系统了。如果这个字段的值为空，账号永久可用。

（9）保留字段：CentOS 的保留字段，目前为空，以备 CentOS 日后发展之用。

3．/etc/group 文件

这是用户组配置文件，用户组的所有信息都存放在此文件中。group 文件内容的格式如下。

组名:密码:组标识号:组内用户列表

图 4-4 所示是 group 文件的内容（由于文件内容过长我们可以使用 head 或 tail 命令来查看文件的开始的 10 行或者末尾的 10 行）。

```
[root@localhost ~]#head /etc/group
[root@localhost ~]#tail /etc/group
```

/etc/group 每个字段的含义如下。

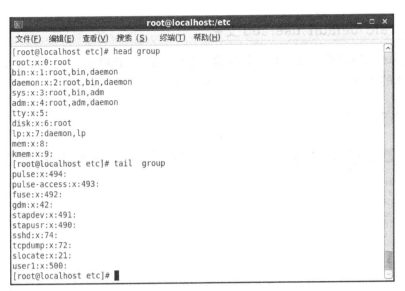

图 4-4　group 文件的内容

（1）组名：用户组的名称，由字母或数字构成，与/etc/passwd 文件中的用户名一样，组名不能重复。

（2）密码：存放的是用户组加密后的密码字符串，密码默认设置在/etc/gshadow 文件中，而在这里用"x"代替，CentOS 默认的用户组都没有密码，可以通过 gpasswd 来给用户组添加密码。

（3）组标识号：就是 GID，与/etc/passwd 文件中的组标识号对应。

（4）组内用户列表：显示属于这个组的所有用户，多个用户之间用逗号分隔。

4．/etc/login.defs 文件

这是用来定义创建一个用户时的默认设置，比如，指定用户的 UID 和 GID 的范围，用户的过期时间、是否需要创建用户主目录等。

下面是 rhel5 下的/etc/login.defs 文件内容。

```
MAIL_DIR  /var/spool/mail      #当创建用户时,同时在目录/var/spool/mail 中创建一个用户
                               #mail 文件
PASS_MAX_DAYS  99999           #指定密码保持有效的最大天数
PASS_MIN_DAYS 0                #表示自从上次密码修改以来多少天后用户才被允许修改密码
PASS_MIN_LEN 5                 #指定密码的最小长度
PASS_WARN_AGE 7                #表示在口令到期前多少天系统开始通知用户口令即将到期
UID_MIN 500                    #指定最小 UID 为 500,也就是说添加用户时,用户的 UID 从 500 开始
UID_MAX 60000                  #指定最大 UID 为 60000
GID_MIN 500                    #指定最小 GID 为 500,即添加组时,组的 GID 从 500 开始
GID_MAX 60000                  #指定最大 GID 为 60000
CREATE_HOME yes                #指定是否创建用户主目录,yes 为创建,no 为不创建
```

5. /etc /default /useradd 文件

当通过 useradd 命令不加任何参数创建一个用户后,用户默认的主目录一般位于/home 下,默认使用的 Shell 是/bin/bash,,/etc/default/useradd 文件的内容如图 4-5 所示。

```
[root@ localhost default]#cat useradd
```

图 4-5　useradd 文件的内容

useradd 文件的内容如下。

```
#useradd defaults file
GROUP=100
HOME=/home        #表示将新建用户的主目录放在/home 目录下
INACTIVE=-1       #表示是否启用账号过期禁用,-1 表示不启用
EXPIRE=           #表示账号过期日期,不设置表示不启用
SHELL=/bin/bash   #指定了新建用户的默认 Shell 类型
SKEL=/etc/skel    #指定用户主目录默认文件的来源,也就是说新建用户主目录下的文件都是从
                  #这个目录下复制而来的
CREATE_MAIL_SPOOL=no
```

/etc/default/useradd 文件定义了新建用户的一些默认属性,比如,用户的主目录、使用的 Shell 等,通过更改此文件,可以改变创建新用户的默认属性值。

改变此文件有两种方法,一种是通过文本编辑器方式更改;另一种是通过 useradd 命令更改。

4.2.3 CentOS 用户账户的管理

用户账户的管理工作主要涉及用户账户的添加、删除和修改。

添加用户账户就是在系统中创建一个新账户,然后为新账户分配用户号、用户组、主目录和登录 Shell 等资源。刚添加的账号是被锁定的,无法使用。

1. 添加账户

添加新的用户账户使用 useradd 命令,其命令格式如下。

```
useradd [选项] 用户名
```

常用的选项如下。

（1）-c：指定一段注释性描述。

（2）-d：指定用户主目录,如果此目录不存在,则同时使用-m 选项,可以创建主目录。

（3）-g：指定用户所属的用户组。

（4）-G：指定用户所属的附加组。

（5）-s：指定用户的登录 Shell。

（6）-u：指定用户的用户号,如果同时有-o 选项,则可以重复使用其他用户的标识号。

增加用户账户就是在/etc/passwd 文件中为新用户增加一条记录,同时更新其他系统文件,如/etc/shadow、/etc/group 等。

CentOS 提供了集成的系统管理工具 userconf,它可以用来对用户账号进行统一管理。

📇 2. 删除账户

如果一个用户的账户不再使用,可以从系统中删除。删除用户账户就是要将/etc/passwd 等系统文件中的该用户记录删除,必要时还删除用户的主目录。删除一个已有的用户账户使用 userdel 命令,其命令格式如下。

```
userdel [选项] 用户名
```

常用的选项如下。

-r：把用户的主目录一起删除。

📇 3. 修改账户

修改用户账户就是根据实际情况更改用户的有关属性,如用户号、主目录、用户组、登录 Shell 等。

修改已有用户的信息使用 usermod 命令,其命令格式如下。

```
usermod [选项] 用户名
```

常用的选项如下。

（1）-c：修改用户账户的备注文字。

（2）-d：修改用户登录时的目录。

（3）-e：修改账户的有效期限。

（4）-f：修改在密码过期后多少天即关闭该账号。

（5）-g：修改用户所属的群组。

（6）-G：修改用户所属的附加群组。

（7）-l：修改用户账户名称。

(8) -L：锁定用户密码,使密码无效。

(9) -U：解除密码锁定。

(10) -u：修改用户 ID。

4.2.4　CentOS 用户密码的管理

用户管理的一项重要内容是用户密码的管理。用户账户刚创建时没有密码,这时用户是被系统锁定的,无法使用,必须为其设置密码后才可以使用,即使是设置空密码。指定和修改用户密码的命令是 passwd。root 用户可以为自己和其他用户指定密码,普通用户只能修改自己的密码。

为用户账户添加密码可以使用 passwd 命令,其命令格式如下。

```
passwd [选项] 用户名
```

常用的选项如下。

(1) -l：锁定密码,即禁用账号。

(2) -u：密码解锁。

(3) -d：使账号无密码。

(4) -f：强迫用户下次登录时修改密码。

如果只使用 passwd 命令,在命令后面不加用户名,则修改当前用户的密码。

普通用户修改自己的密码时,passwd 命令会先询问原密码,验证后再要求用户输入两遍新密码,如果两次输入的密码一致,则将这个密码指定给用户。而超级用户为用户指定密码时,不需要知道原口令。

为了系统安全起见,用户应该选择比较复杂的密码,最好使用 8 位长的密码,密码中包含有大写、小写字母和数字,并且应该与姓名、生日等不相同。

4.2.5　CentOS 用户组的管理

每个用户都有一个用户组,系统可以对一个用户组中的所有用户进行集中管理。不同CentOS 对用户组的规定有所不同,如 CentOS 下的用户属于与它同名的用户组,这个用户组在创建用户时同时创建。

用户组的管理涉及用户组的添加、删除和修改。用户组的添加、删除和修改实际上就是对/etc/group 文件的更新。

(1) 添加一个新的用户组使用 groupadd 命令,命令的格式如下。

```
groupadd [选项] 用户名
```

常用的选项如下。

① -g GID：指定新用户组的组标识号(GID)。

② -o：一般与-g 选项同时使用,表示新用户组的 GID 可以与系统已有用户组的 GID

相同。

(2) 如果要删除一个已有的用户组,使用 groupdel 命令,命令的格式如下。

```
groupdel 用户组名
```

(3) 修改用户组的属性使用 groupmod 命令,命令的格式如下。

```
groupmod [选项] 用户组名
```

常用的选项如下。

① -g GID:为用户组指定新的组标识号。

② -o:一般与-g 选项同时使用,用户组的新 GID 可以与系统已有用户组的 GID 相同。

③ -n:将用户组的名字改为新名字 。

(4) 为用户组添加/删除用户可以使用命令 groupmems,命令的格式如下。

```
groupmems [选项] 用户名 用户组名
```

常用的选项如下。

① -a:将某用户添加到指定用户组中。

② -d:从指定用户组中删除用户。

③ -p:清除用户组内的所有用户。

④ -l:列出用户组内所有成员。

(5) 如果一个用户同时属于多个用户组,那么用户可以在用户组之间切换,以便具有其他用户组的权限。用户可以在登录后,使用命令 newgrp 切换到其他用户组,命令的格式如下。

```
newgrp 用户组名
```

4.2.6　sudo 命令

sudo 命令用来以其他身份来执行命令,预设的身份为 root。在/etc/sudoers 中设置了可执行 sudo 命令的用户。若其未经授权的用户企图使用 sudo 命令,则会发出警告的邮件给管理员。用户使用 sudo 命令时,必须先输入密码,之后有 5min 的有效期限,超过期限则必须重新输入密码。命令的格式如下。

```
sudo [选项]
```

常用的选项如下。

(1) -b:在后台执行命令。

(2) -h:显示帮助。

(3) -H:将 HOME 环境变量设为新身份的 HOME 环境变量。

（4）-k：结束密码的有效期限，也就是下次再执行 sudo 命令时便需要输入密码。

（5）-l：列出目前用户可执行与无法执行的指令。

（6）-p：改变询问密码的提示符号。

（7）-s：执行指定的 Shell。

（8）-u：以指定的用户作为新的身份。若不加上此参数，则预设以 root 作为新的身份。

（9）-v：延长密码有效期限 5min。

（10）-V：显示版本信息。

4.3 项目实施

学院现有一台 CentOS 服务器，为了教职工能够正常使用而不相互干扰，技术人员在服务器上给每个教研室创建一个组，并为每个教研室创建 2 个用户，同时为了提高管理效率创建 1 个管理员用户。

任务 1 创建用户

1. 任务要求

学院有 4 个教研室，为每个教研室创建 2 个用户，并设置密码。软件教研室的用户分别为 rjuser1、rjuser2。网络教研室的用户分别为 wluser1、wluser2。应用教研室的用户分别为 yyuser1、yyuser2。图形教研室的用户分别为 txuser1、txuser2。密码均设置为@434245s。

2. 实施过程

（1）创建用户，如图 4-6 所示。创建完成后，可以通过查看/etc/passwd 文件内容来验证用户创建是否成功。

```
[root@localhost 桌面]#useradd rjuser1
```

其他教研室用户的创建方法和 rjuser1 相同，只需更改用户名即可。

（2）设置用户密码，如图 4-7 所示。设置完成后，可以通过查看/etc/shadow 文件内容来验证用户创建是否成功。

```
[root@localhost 桌面]#passwd rjuser1
```

其他用户的密码设置方法和 rjuser1 相同，只需更改用户即可。

注意：如果密码设置达不到系统要求的复杂程度，会提示密码过于简单。

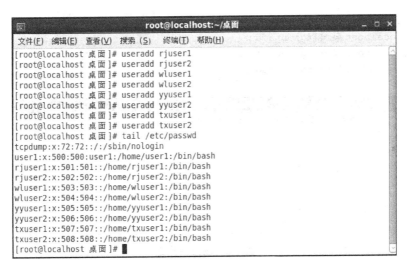

图 4-6　创建用户

图 4-7　设置用户密码

任务 2　创建组并将用户添加到组内

1. 任务要求

为每个教研室创建组并把任务1中创建的用户加入对应的组内。软件教研室的组名为rj,网络教研室的组名为wl,应用教研室的组名为yy,图形教研室的组名为tx。

2. 实施过程

(1) 创建用户组,如图 4-8 所示。设置完成后,可以通过查看/etc/group 文件内容来验证用户组创建是否成功。

```
[root@localhost 桌面]#groupadd rj
[root@localhost 桌面]#groupadd wl
[root@localhost 桌面]#groupadd yy
[root@localhost 桌面]#groupadd tx
```

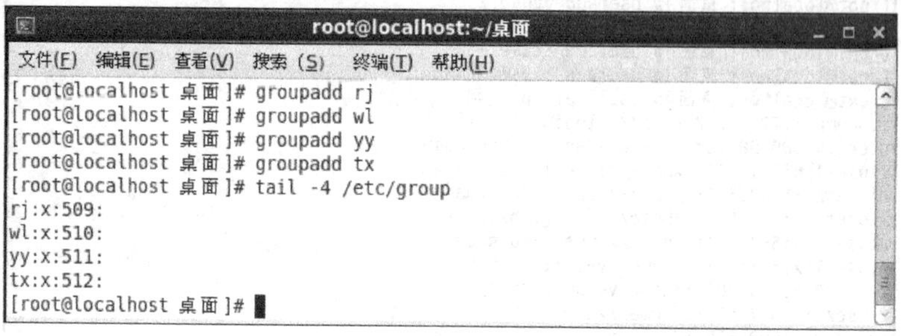

图 4-8　创建用户组

（2）将用户加入对应的用户组，如图 4-9 所示。

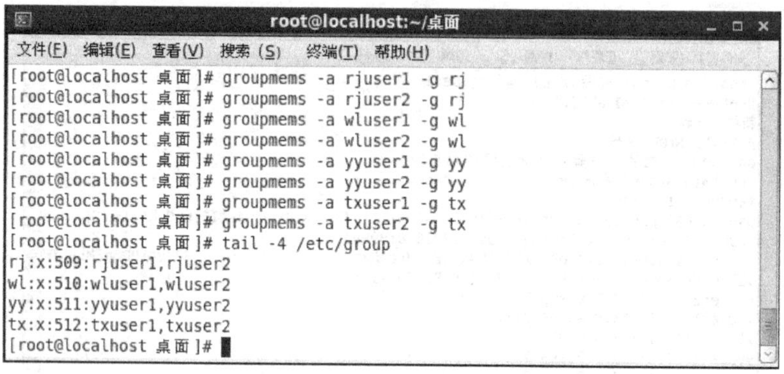

图 4-9　将用户添加到用户组

```
[root@localhost 桌面]#groupmems -a rjuser1 -g rj
[root@localhost 桌面]#groupmems -a wluser1 -g wl
[root@localhost 桌面]#groupmems -a yyuser1 -g yy
[root@localhost 桌面]#groupmems -a txuser1 -g tx
```

任务 3　创建管理员用户

1. 任务要求

为了提高管理效率，创建一个管理员用户 admin。

2. 实施过程

（1）创建管理员用户，如图 4-10 所示。

```
[root@localhost 桌面]#useradd admin
[root@localhost 桌面]#passwd admin
[root@localhost 桌面]#vim /etc/sudoers
```

图 4-10　创建管理员用户

（2）在 sudoers 文件中添加"admin ALL＝(ALL) ALL"，如图 4-11 所示。

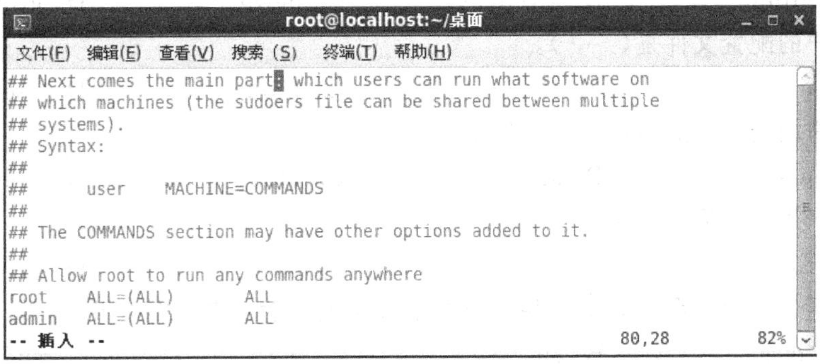

图 4-11　修改 sudoers 文件

4.4　项目总结

1. CentOS 的用户和用户组的基本概念

用户的概念，用户组的概念，用户的角色分类，用户和用户组的关系。

2. CentOS 的用户配置文件

用户配置文件 passwd，用户密码的存放文件 shadow，用户组配置文件 group，login. defs 文件，useradd 文件。

3. CentOS 的用户和用户组管理

用户的添加、删除和修改，用户组的添加、删除和修改，管理员用户的创建方法。用户特殊权限的设置。

习题

1. 选择题

(1) CentOS 中添加新用户的命令是(　　)。

    A. user   B. useradd   C. group   D. add

(2) CentOS 中删除用户的命令是(　　)。

    A. delete   B. user   C. groupdel   D. userdel

(3) CentOS 中添加用户组的命令是(　　)。

    A. group   B. groupadd   C. ext4   D. iso 9660

(4) CentOS 中把用户加入用户组的命令是(　　)。

    A. group   B. groupdel   C. newgrp   D. groupmems

(5) 用户的配置文件是(　　)。

    A. passwd   B. shadow   C. group   D. useradd

(6) 用户的密码存放在(　　)文件中。

    A. passwd   B. shadow   C. group   D. useradd

(7) 用于用户切换的命令是(　　)。

    A. fdisk   B. su   C. user   D. mount

(8) 使用(　　)命令可以把某些 root 的权限有针对性地指派给某个用户。

    A. fdisk   B. su   C. user   D. sudo

(9) 用于修改 CentOS 中用户组属性的命令是(　　)。

    A. parted   B. groupmod   C. group   D. groupdel

(10) 用于修改 CentOS 中用户属性的命令是(　　)。

    A. group   B. groupmod   C. usermod   D. mount

2. 简答题

(1) 简述用户和用户组的关系。

(2) 简述用户配置文件 passwd 中各字段的含义。

(3) 简述用户组配置文件 group 中各字段的含义。

项 目 5

CentOS的进程与服务管理

📝 学习目标

1. 知识目标

- 掌握进程的概念。
- 掌握进程的管理方法。
- 掌握服务的概念。
- 掌握服务的管理方法。
- 掌握 CentOS 的启动过程。

2. 能力目标

- 能够开启、停止和重启服务。
- 能够优化开启的服务。
- 能够合理分配和调度系统进程。

3. 素质目标

熟练使用命令对 CentOS 的服务与进程进行管理。

5.1　项目场景

　　学院的服务器上运行 CentOS,但由于默认启动的服务程序较多,系统运行比较缓慢。现在要求技术人员对 CentOS 进行优化,减少不必要的自启动服务。同时为了提高系统的使用效率,需要技术人员熟悉进程的管理,以便在系统运行的时候及时清除无效的进程,释放运算和内存资源,为系统的运行和维护做好准备。

5.2　知识准备

5.2.1　进程和服务的相关知识

1. 进程的概念

　　进程就是运行起来的程序,标识进程的是进程描述符(PID),在 Linux 内核中是通过 task_struck 和 task_list 来定义和管理进程的。程序是静态的,它是一种软件资源长期保存;而进程是程序的执行过程,它是动态的,有一定的生命周期,是动态产生和消亡的。

2. 进程管理的意义

　　CentOS 是一个多用户多任务的操作系统,在同一时间允许多个用户向操作系统发出各种操作命令。当运行一个命令时,系统至少会建立一个进程来运行该命令。通常进程是由程序产生,是一个运行着、要占用系统运行资源的程序,但进程不等同于程序,进程是动态的,而程序是静态的文件,多个进程可以并发调用同一个程序,一个程序可以启动多个进程。每一个进程还可以有许多子进程,依次循环下去,从而产生子孙进程。当程序被系统调用到内存后,系统会给程序分配一定的运算和内存资源,然后进行一系列的复杂操作,使程序变成进程,供系统调用,由此可以发现,如何合理地分配和调度系统进程将直接影响到系统运行效率。

3. 进程的分类

　　(1) 根据在 Linux 不同模式下运行分类。
　　① 核心态:这类进程工作在内核模式下,执行一些内核指令(Ring 0)。
　　② 用户态:这类进程工作在用户模式下,执行用户指令(Ring 3)。
　　如果用户态的进程要执行一些核心态的指令,此时就会产生系统调用,系统调用会请求内核指令完成相关的请求,执行的结果返回给用户态进程。
　　(2) 按照进程的状态分类。
　　① 运行态:正在运行的进程。
　　② 可中断睡眠态:进程处于睡眠状态,但是可以被中断。

③ 不可中断的睡眠态：进程处于睡眠状态，但是不可以被中断。

④ 停止态：不会被内核调度。

⑤ 僵死态：产生的原因是进程结束后，它的父进程没有等待。

（3）按照操作的密集程度分类。

① CPU 密集型：进程在运行时，占用 CPU 时间较多。

② I/O 密集型：进程在运行时，占用 I/O 时间较多。

通常情况下，I/O 密集型的优先级要高于 CPU 密集型。

（4）按照进程的处理方式分类。

① 批处理进程。

② 交互式进程。

③ 实时进程。

4．进程的优先级

进程有优先级，用 0～139 来表示，数字优先级从小到大依次为 0～99，100～139。优先级分为以下 3 类。

（1）实时优先级：0～99，是由内核维护的。

（2）静态优先级：100～139，可以使用 nice 值来调整，nice 值的取值范围是 [−20,19)，分别对应 100～139。nice 默认值是 0。

（3）动态优先级：由内核动态维护，动态调整。

5．服务的概念

CentOS 的进程分为独立运行的服务（stand-alone）和统一管理的服务（super-daemon）两类。每种网络服务器软件安装配置后通常由运行在后台的守护进程来执行，守护进程又称服务，它启动后就在后台运行，时刻监听客户端的服务请求。一旦客户端发出服务请求，守护进程就为其提供相应的服务。

6．stand-alone 服务的特点

这种类型的服务机制较为简单，可以独立启动服务。其特点如下。

（1）可以自行独立启动，无须通过其他机制的管理。

（2）stand-alone 服务一旦启动加载到内存后，就会一直占用内存空间和系统资源，直到该服务被停止。

（3）由于服务一直在运行，所以对 client 的请求有更快的响应速度。

典型的 stand-alone 服务有 httpd、FTP。

7．super-daemon 服务的特点

这种管理机制通过一个统一的 daemon 来负责启动、管理其他服务。在 CentOS 中这个

super-daemon 就是 xinetd,特点如下。

（1）所有的服务由 xinetd 管控,因此对 xinetd 要有安全管控的机制,如网络防火墙。

（2）client 请求前,所需服务是未启动的,直到 client 请求服务时,xinetd 才会唤醒相应服务,一旦连接结束后,相应服务会被关闭。所以 super-daemon 方式不会一直占用系统资源。

（3）既然有请求才会去启动服务,所以 server 端的响应速度自然不如 stand-alone 方式来得快。

典型的 super-daemon 服务有 telnet 等。

5.2.2 进程的管理

为了管理进程,技术人员应该能够查看所有运行中的进程,查看进程消耗的资源,定位个别进程并且对其执行指定操作,改变进程的优先级,杀死指定进程,限制进程可用的系统资源等。

（1）查看系统进程（静态查看）可以使用 ps 命令,命令格式如下。

```
ps [选项]
```

常用的选项如下。

① a：显示所有用户的进程。

② u：显示用户名和启动时间。

③ x：显示没有控制终端的进程。

④ e：显示所有进程,包括没有控制终端的进程。

⑤ l：长格式显示。

⑥ w：宽行显示,可以使用多个 w 进行加宽显示。

若默认选项,直接执行 ps 命令,则只显示当前控制台的进程,如图 5-1 所示。

```
[root@ localhost 桌面]#ps
```

图 5-1　无选项 ps 命令

为了显示更详细的信息,通常使用选项 u,如图 5-2 所示。

```
[root@ localhost 桌面]#ps u
```

ps 命令各字段的含义如下。

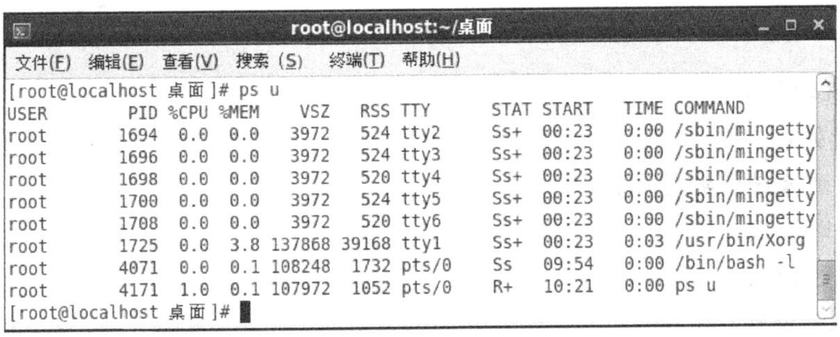

图 5-2　u 选项 ps 命令

① USER：进程所有者。

② PID：进程 ID。

③ %CPU：占用的 CPU 使用率。

④ %MEM：占用的内存使用率。

⑤ VSZ：占用的虚拟内存大小。

⑥ RSS：占用的内存大小。

⑦ TTY：终端的次要装置号码(minor device number of tty)。

⑧ STAT：进程状态 d。

⑨ START：启动进程的时间。

⑩ TIME：进程消耗 CPU 的时间。

⑪ COMMAND：命令的名称和参数。

进程状态(STAT)的说明如下。

① D：无法中断的休眠状态(通常为 I/O 进程)。

② R：正在运行,在可中断队列中。

③ S：处于休眠状态,静止状态。

④ T：停止或被追踪,暂停执行。

⑤ W：进入内存交换(从内核 2.6 开始无效)。

⑥ X：死掉的进程。

⑦ Z：僵尸进程,不存在但暂时无法消除。

⑧ <：高优先级进程。

⑨ N：低优先级进程。

⑩ L：有记忆体分页分配并锁在记忆体内。

⑪ s：进程的领导者(在它之下有子进程)。

⑫ l：多进程的。

⑬ +：位于后台的进程组。

(2) top 命令用于动态显示当前系统正在执行的进程的相关信息,包括进程 ID、内存占用率、CPU 占用率等,默认 3s 刷新一次,按空格键立即刷新,按 Q 键退出,按 M 键根据内存排序,按 P 键根据 CPU 排序。命令格式如下。

```
top [选项]
```

常用的选项如下。

① b：批处理。

② c：查看系统资源使用情况。

③ I：忽略失效过程。

④ s：保密模式。

⑤ S：累积模式。

⑥ i：设置间隔时间。

⑦ u：指定用户名。

⑧ p：指定进程。

⑨ n：循环显示的次数。

top 命令执行后的结果如图 5-3 所示。

```
[root@localhost 桌面]#top
```

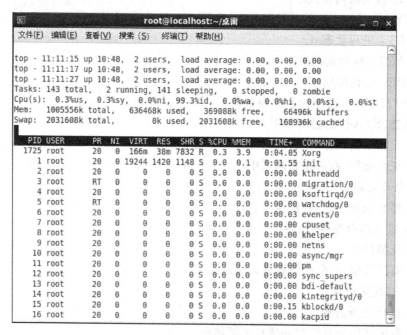

图 5-3　top 命令

top 命令各字段的含义如下。

PID、USER、%CPU、%MEM、TIME、COMMAND 与 ps 命令显示的字段相同。

① PR：进程优先级。

② NI：nice 值，负值表示高优先级，正值表示低优先级。

③ VIRT：进程使用的虚拟内存总量，单位 kb，VIRT＝SWAP＋RES。

④ RES：进程使用的、未被换出的物理内存大小，单位 kb，RES＝CODE＋DATA。

⑤ SHR：共享内存大小，单位 kb。

⑥ S：进程状态。

（3）pgrep 命令可以查找某个程序/服务的进程号，命令格式如下。

```
pgrep [选项] 程序/服务名
```

常用的选项如下。

① -o：仅显示找到的最小（起始）进程号。

② -n：仅显示找到的最大（结束）进程号。

③ -l：显示进程名称。

④ -P：指定父进程号。

⑤ -g：指定进程组。

⑥ -t：指定开启进程的终端。

⑦ -u：指定进程的有效用户 ID。

（4）pstree 命令用树状图显示进程，只显示进程的名字，且相同进程合并显示，命令格式如下。

```
pstree [选项]
```

常用的选项如下。

① -a：显示命令行选项。

② -A：使用 ASCII 字符线。

③ -c：不适用紧凑连接方式显示。

④ -h：高亮显示所有的进程和其父进程的 PID。

⑤ -H：高亮显示指定的进程和其父进程的 PID。

⑥ -g：显示进程所属的用户组 ID。

⑦ -G：使用 VT100 字符线。

⑧ -n：根据 PID 排序。

⑨ -p：显示 PID。

⑩ -s：显示父进程。

（5）kill 命令可以通过信号的方式控制进程，命令格式如下。

```
kill [选项] 进程号 (PID)
```

常用的选项如下。

① -l：若果不加指定的信号编号参数，则使用-l 参数会列出全部的信号名称。

② -a：当处理当前进程时，不限制命令名和进程号的对应关系。

③ -p：指定 kill 命令只打印相关进程的进程号，而不发送任何信号。

④ -u：指定用户。

⑤ -s：指定发送信号。

常用的信号如下。

① -1(HUP)：终端断线。这时它们与控制终端不再关联。

② -2(INT)：中断(同 Ctrl+C)。

③ -3(QUIT)：退出。

④ -9(KILL)：强行终止。

⑤ -15(TERM)：终止。

⑥ -18(CONT)：持续(与 STOP 相反)。

⑦ -19(STOP)：暂停(同 Ctrl+Z)。

kill 命令可以带信号号码选项，也可以不带。如果没有信号号码，kill 命令就会发出终止信号(15)，这个信号可以被进程捕获，使得进程在退出之前可以清理并释放资源。也可以用 kill 命令向进程发送特定的信号，例如，kill -2 123。它的效果等同于在前台运行 PID 为 123 的进程时按下 Ctrl+C 键。但是，普通用户只能使用不带 signal 参数的 kill 命令或最多使用-9 信号。

kill 命令可以带有进程 ID 号作为参数。当用 kill 命令向这些进程发送信号时，必须是这些进程的主人。如果试图撤销一个没有权限撤销的进程或撤销一个不存在的进程，就会得到一个错误信息。

kill 命令可以向多个进程发送信号或终止它们。但是需要注意信号使进程强行终止，这常会带来一些副作用，如数据丢失或者终端无法恢复到正常状态。发送信号时必须小心，只有在万不得已时，才用 kill 信号(9)，因为进程不能首先捕获它。要撤销所有的后台作业，可以输入 kill 0，因为有些在后台运行的命令会启动多个进程，跟踪并找到所有要杀掉的进程的 PID 是件很麻烦的事。这时，使用 kill 0 来终止所有由当前 Shell 启动的进程，是个有效的方法。

(6) killall 命令用来结束同名的所有进程，命令格式如下。

```
killall [选项] 进程号 (PID)
```

常用的选项如下。

① -Z：只杀死拥有 context 的进程。

② -e：要求匹配进程名称。

③ -I：不区分大小写匹配进程名称。

④ -g：杀死进程组而不是进程。

⑤ -i：交互模式，杀死进程前先询问用户。

⑥ -l：列出所有的已知信号名称。

⑦ -q：不输出警告信息。

⑧ -s：发送指定的信号。

⑨ -w：等待进程死亡。

⑩ -v：报告信号是否成功发送。

⑪ -r：使用正则表达式匹配进程名。

⑫ -u：只杀死用户运行的进程。

（7）通过文件读/写操作进程。

Linux 中设备（文件）可以通过读/写来操作，/proc 是内存中有关系统进程的信息，可以通过写相关的文件来操作进程，用户和应用程序可以通过 proc 得到系统的信息，并可以改变内核的某些参数。由于系统的信息，如进程，是动态改变的，所以用户或应用程序读取 proc 文件时，proc 文件系统是动态从系统内核读出所需信息并提交的。下面列出的这些文件或子文件夹，并不都存在系统中，这取决于你的内核配置和装载的模块。另外，在/proc 下还有 3 个很重要的目录：net、scsi 和 sys。sys 目录是可写的，可以通过它来访问或修改内核的参数，而 net 和 scsi 则依赖于内核配置。如果系统不支持 scsi，则 scsi 目录不存在。

如需要查看 cup 的信息，查看/proc/cupinfo 文件即可，如图 5-4 所示。

```
[root@localhost 桌面]#cat /proc/cupinfo
```

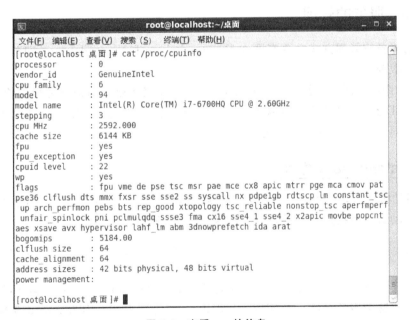

图 5-4　查看 cup 的信息

如开启内核转发功能，只需修改/proc/sys/net/IPv4/ip_forward 的文件内容为 1 即可。

```
[root@localhost 桌面]#echo "1" >/proc/sys/net/IPv4/ip_forward
```

（8）进程的优先级管理。

优先级取值范围为[-20,19]，数字越小优先级越高，默认优先级是 0。

nice命令用于设置进程的优先级。命令格式如下。

nice [选项] 进程号 (PID)

其中,nice的选项只有一个-n,后面跟上[—20,19]范围内的值,不使用该选项则以10为值设置nice值。

renice命令用于修改进程的优先级。命令格式如下。

renice [选项] 优先级值 进程号 (PID)

常用的选项如下。

① -n:修改运行中进程的优先级,后面跟[—20,19]范围内的值。

② -g:强制将后续的参数解释为进程所属用户的属组GID。

③ -p:强制将后续的参数解释为进程PID,这个参数是默认使用的。

④ -u:强制将后续的参数解释为进程所属用户的UID。

5.2.3 服务的管理

系统的服务按管理方式主要有两大类:stand-alone 和 super-daemon,即独立管理服务和统一管理服务。

CentOS中的不同服务都有不同的启动脚本,以在服务启动前进行环境的检测、配置文件的分析、PID文件的规划等相关操作。stand-alone方式和super-daemon方式的启动脚本放置位置不同,启动方式是有区别的。

1. stand-alone 方式

(1)启动脚本目录:stand-alone方式的启动脚本位于/etc/init.d/目录,事实上几乎所有的服务启动脚本都在这里。目录中的内容如图5-5所示。

[root@localhost桌面]#ls /etc/init.d/

该目录下不仅有httpd、vsftpd这些我们已知的stand-alone服务启动脚本,还有xinetd服务。xinetd这个服务其实也是使用stand-alone的管理方式。因为xinetd要负责启用停止许多super-daemon的服务。

(2)启动方法:在/etc/init.d/里直接调用启动脚本,命令格式如下。

启动脚本 [选项]

常用的选项如下。

① start:启动,启动脚本后没有选项时也为启动该服务。

② stop:停止。

③ restart:重启。

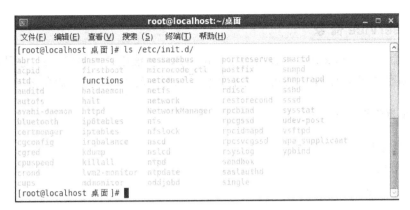

图 5-5　init.d 目录中的启动脚本

④ status：状态。

⑤ reload：重载。

要启动 vsftpd 服务，直接调用 vsftpd 启动脚本即可，如图 5-6 所示，可以使用 service 命令查看服务的动作状态。

```
[root@localhost init.d]#vsftpd
```

图 5-6　调用启动脚本

2. super-daemon 方式

（1）启动脚本目录：super-daemon 方式的启动脚本位于/etc/xinetd.d/目录中。

（2）启动方法：在/etc/xinetd.d/目录里直接调用启动脚本，命令格式如下。

```
启动脚本 [选项]
```

常用的选项如下。

① start：启动，启动脚本后没有选项时也为启动该服务。

② stop：停止。

③ restart：重启。

④ status：状态。

⑤ reload：重载。

3. service 命令

service 命令是 Linux 兼容的发行版本中用来控制系统服务的实用工具,它可以启动、停止、重新启动和关闭系统服务,还可以显示所有系统服务的当前状态。命令格式如下。

```
service 服务名 [选项]
```

常用的选项如下。

① start:启动。

② stop:停止。

③ restart:重启。

④ status:状态。

可以使用 stand-alone 方式和调用启动脚本的方式启动 vsftpd 服务,也可以使用 service 命令来启动 vsftpd 服务,如图 5-7 所示。

图 5-7　service 命令

启动 vsftpd 服务:

```
[root@localhost 桌面]service vsftpd start
```

重启 vsftpd 服务:

```
[root@localhost 桌面]service vsftpd restart
```

停止 vsftpd 服务:

```
[root@localhost 桌面]service vsftpd stop
```

查看 vsftpd 服务状态:

```
[root@localhost 桌面]service vsftpd status
```

4. ntsysv 命令

ntsysv 命令用于设置系统的各种服务,是 Red Hat 公司遵循 GPL 规则开发的程序,它具有互动式操作界面,可以轻易地利用方向键和空格键等,开启、关闭操作系统在每个执行等级中所要执行的系统服务。简单地说就是使用类似图形界面管理模式来设置开机启动服务。执行 ntsysv 命令后进入类似图形界面管理模式,进入后进行相应的选择即可配置服务的开机启动,如图 5-8 所示。

[root@ localhost 桌面]service vsftpd start

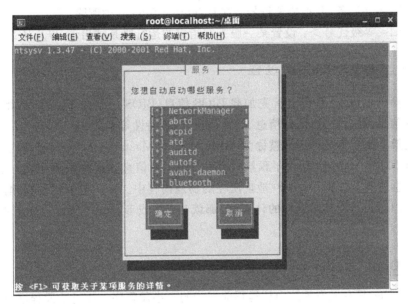

图 5-8　ntsysv 命令的界面

操作按钮的功能如下。

① ↑ 和 ↓ 键:可以在中间的方框当中,在各个服务之间移动。

② Space 键:可以用来选择需要的服务,[*]表示启动。

③ Tab 键:可以在方框、OK、Cancel 之间移动。

④ F1 键:可以显示该服务的说明。

5. chkconfig 命令

在 CentOS 下,经常需要创建一些服务,这些服务被做成 Shell 脚本,这些服务需要在系统启动(关闭)的时候自动启动(关闭)。将需要自动启动的脚本/etc/rc.d/init.d 目录下,然后用命令 chkconfig --add filename 自动注册开机启动和关机关闭。实质就是在 rc0.d-rc6.d 目录下生成一些文件链接,这些链接连接到/etc/rc.d/init.d 目录下指定文件的 Shell 脚本。

chkconfig 命令主要用来更新(启动或停止)和查询系统服务的运行级信息。注意,

chkconfig 不是立即自动禁止或激活一个服务，它只是简单地改变了符号链接。命令格式如下。

```
chkconfig [选项] 服务名
```

常用的选项如下。

① --list：显示所有运行级系统服务的运行状态信息（on 或 off）。如果指定了 name，那么只显示指定的服务在不同运行级的状态。

② --add：增加一项新的服务。chkconfig 确保每个运行级有一项启动（S）或者杀死（K）入口。如有缺少，则会从默认的 init 脚本自动建立。

③ --del：删除服务，并把相关符号链接从/etc/rc[0-6].d 中删除。

④ --level<等级代号>：设置某一服务在指定的运行级是被启动、停止还是重置。

5.2.4　CentOS 的启动过程

打开计算机电源，计算机会首先加载 BIOS 信息，BIOS 中包含了 CPU 的相关信息、设备启动顺序信息、硬盘信息、内存信息、时钟信息、PnP 特性等。

硬盘上第 0 磁道第一个扇区被称为 MBR，也就是 Master Boot Record，即主引导记录，它的大小是 512 字节，其中存放了预启动信息、分区表信息。系统找到 BIOS 指定的硬盘 MBR 后，就会将其复制到 0×7c00 地址所在的物理内存中。其实被复制到物理内存中的内容就是 Boot Loader，而具体到你的计算机，那就是 lilo 或者 grub。至此，CentOS 的启动过程正式开始。

1. Boot Loader

Boot Loader 是在操作系统内核运行前运行的一小段程序。通过这段程序，可以初始化硬件设备、建立内存空间的映射图，从而将系统的软硬件环境带到一个合适的状态，以便为最终调用操作系统内核做好一切准备。Boot Loader 有若干种，其中 Grub、Lilo 和 spfdisk 是常见的 Loader。

2. 加载内核

根据 grub 设定的内核映像所在路径，系统读取内存映像，并进行解压缩操作。此时，屏幕一般会输出 Uncompressing Linux 的提示。当解压缩内核完成后，屏幕输出 OK，booting the kernel。系统将解压后的内核放置在内存中，并调用 start_kernel()函数来启动一系列的初始化函数并初始化各种设备，完成 Linux 核心环境的建立。至此，Linux 内核已经建立起来了，基于 Linux 的程序可以正常运行。

3. 用户层 init 依据 inittab 文件来设定运行等级

内核加载后，第一个运行的程序便是/sbin/init，该文件会读取/etc/inittab，并依据此文件来进行初始化工作。其实/etc/inittab 文件最主要的作用就是设定 Linux 的运行等级,其设定形式如下。

```
: id:5:initdefault:
```

这表明 Linux 需要运行在等级 5 上。Linux 的运行等级设定如下。

0:关机。

1:单用户模式。

2:无网络支持的多用户模式。

3:有网络支持的多用户模式。

4:保留,未使用。

5:有网络支持、有 X-Window 支持的多用户模式。

6:重新引导系统,即重启。

🖥 4. init 进程执行 rc.sysinit

在设定了运行等级后,Linux 操作系统执行的第一个用户层文件是/etc/rc.d/rc.sysinit 脚本程序,它做的工作非常多,包括设定 PATH、设定网络配置(/etc/sysconfig/network)、启动 swap 分区、设定/proc 等。

🖥 5. 启动内核模块

依据/etc/modules.conf 文件或/etc/modules.d 目录下的文件来装载内核模块。

🖥 6. 执行不同运行级别的脚本程序

根据运行级别的不同,系统会运行 rc0.d～rc6.d 中相应的脚本程序,完成相应的初始化工作和启动相应的服务。

🖥 7. 执行 /etc/rc.d/rc.local

如果打开了此文件,其中有一段解释文字,读过之后,你就会对此命令的作用一目了然。

```
#This script will be executed *after* all the other init scripts.
#You can put your own initialization stuff in here if you don't
#want to do the full Sys V style init stuff.
```

rc.local 就是在一切初始化工作完成后,Linux 留给用户进行个性化的地方,可以把你想设置和启动的东西放到这里。

🖥 8. 执行 /bin/login 程序,进入登录状态

此时,系统已经进入等待用户输入 username 和 password 的位置了。

5.3 项目实施

熟练 CentOS 的服务与进程管理，提高学院的 CentOS 服务器运行效率和可靠性。

任务 1 进程管理

1. 任务要求

熟悉进程管理的常用命令。

2. 实施过程

(1) 查看隶属于自己的进程，如图 5-9 所示。

```
[root@localhost 桌面]ps u
```

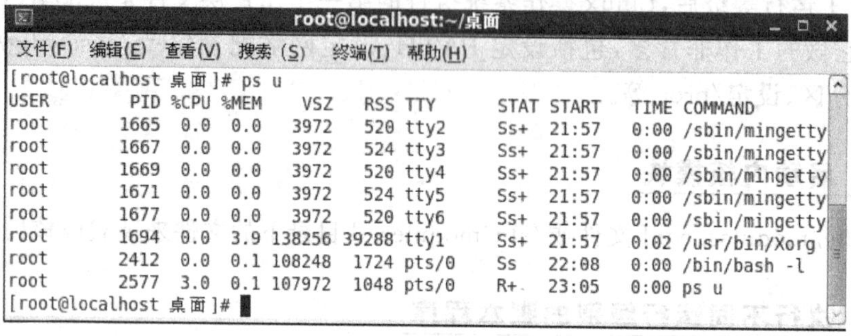

图 5-9 ps u 显示结果

(2) 查看所有用户的进程和没有控制终端的进程，如图 5-10 所示。

```
[root@localhost 桌面]ps aux
```

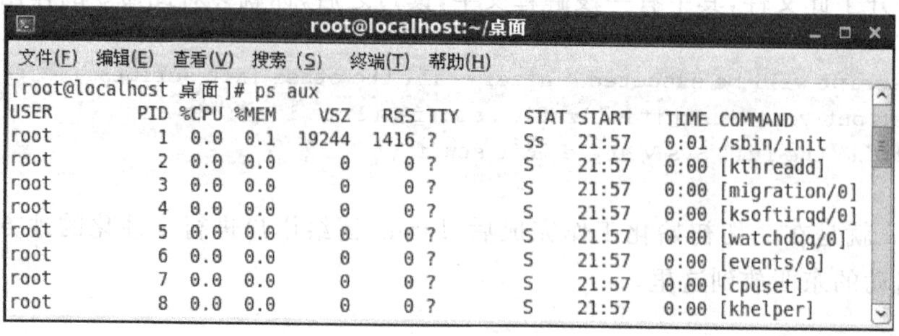

图 5-10 ps aux 显示结果

（3）查看 nginx 进程信息，如图 5-11 所示。

```
[root@localhost 桌面]ps aux|grep nginx
```

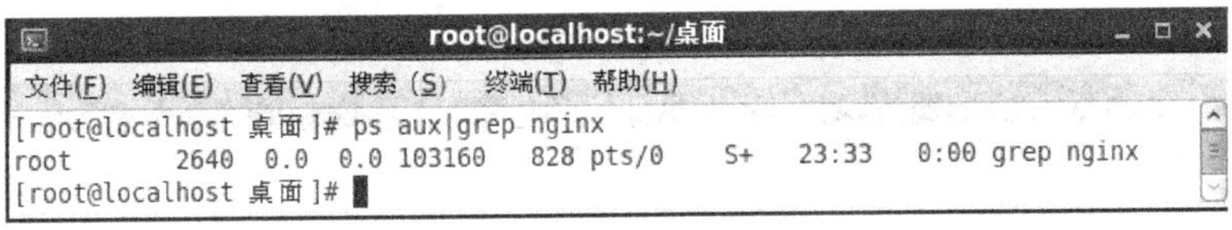

图 5-11　查看 nginx 进程信息

（4）查找 ssh 服务的进程号，如图 5-12 所示。

```
[root@localhost 桌面]pgrep ssh
```

图 5-12　查找 ssh 服务的进程号

（5）以树状图显示进程间的关系，同时显示进程号，如图 5-13 所示。

```
[root@localhost 桌面]pstree -p
```

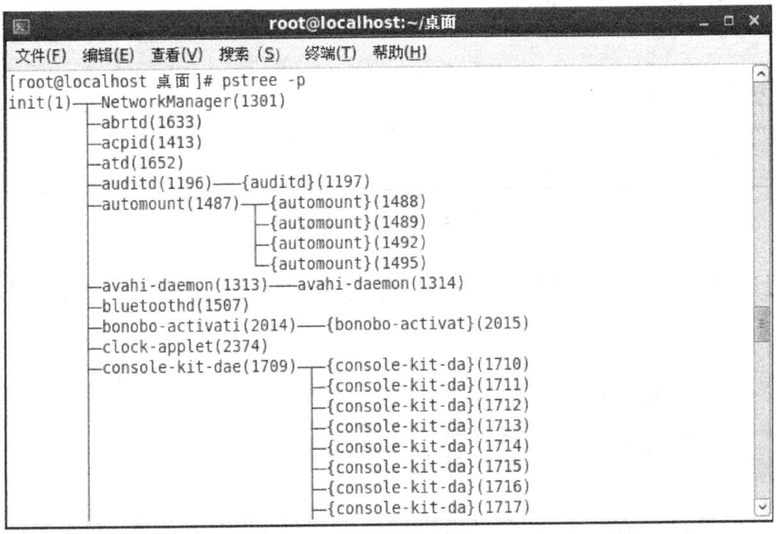

图 5-13　pstree 命令显示内容

（6）关闭进程。用 vim 编辑一个文本文件 test.txt，开启 vim 进程，然后查看该进程信息，最后关闭该进程，如图 5-14 所示。

```
[root@localhost 桌面]vim test.txt
[root@localhost 桌面]ps aux|grep vim
[root@localhost 桌面]kill - 9 2758
[root@localhost 桌面]ps aux|grep vim
```

```
root@localhost:~/桌面                                                    _ □ ×
文件(F)  编辑(E)  查看(V)  搜索 (S)  终端(T)  帮助(H)
[root@localhost 桌面]# vim test.txt

[1]+  Stopped                    vim test.txt
[root@localhost 桌面]# ps aux|grep vim
root       2758  0.0  0.3 143736  3352 pts/0    T    00:14   0:00 vim test.txt
root       2767  0.0  0.0 103160   828 pts/0    S+   00:16   0:00 grep vim
[root@localhost 桌面]# kill -9 2758
[root@localhost 桌面]# ps aux|grep vim
root       2771  0.0  0.0 103160   832 pts/0    S+   00:17   0:00 grep vim
[1]+  已杀死                    vim test.txt
[root@localhost 桌面]#
```

图 5-14 关闭进程

(7) 重启进程。用 vim 编辑一个文本文件 test.txt,开启 vim 进程,然后查看该进程信息,最后重启该进程,如图 5-15 所示。

```
[root@localhost 桌面]vim test.txt
[root@localhost 桌面]ps aux|grep vim
[root@localhost 桌面]kill - 1 2814
```

```
root@localhost:~/桌面                                                    _ □ ×
文件(F)  编辑(E)  查看(V)  搜索 (S)  终端(T)  帮助(H)
[root@localhost 桌面]# vim test.txt

[1]+  Stopped                    vim test.txt
[root@localhost 桌面]# ps aux|grep vim
root       2814  0.0  0.3 143740  3452 pts/0    T    00:35   0:00 vim test.txt
root       2818  0.0  0.0 103160   832 pts/0    S+   00:35   0:00 grep vim
[root@localhost 桌面]# kill -1 2814
[root@localhost 桌面]#
```

图 5-15 重启进程

(8) 设置进程的优先级。设置 vim test.txt 进程的优先级值为 12,然后查看该进程的优先级值,如图 5-16 所示。

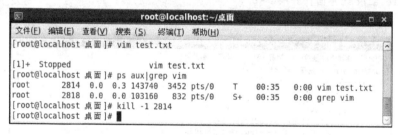

```
[root@localhost 桌面]nice vim test.txt
[root@localhost 桌面]ps aux|grep vim
[root@localhost 桌面]top - n 1 - p 2395
```

其中,nice 的选项只有一个-n,参数后面跟[-20,19]范围内的值,不使用该参数则以 10 为值设置 nice 值。

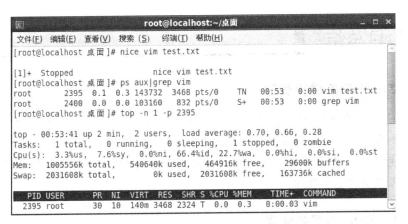

图 5-16　设置进程的优先级

任务2　服务管理

1. 任务要求

熟悉服务管理的常用命令。

2. 实施过程

查看 vsftpd 服务工作状态,开启 vsftpd 服务,重启 vsftpd 服务,停止 vsftpd 服务,再次查看 vsftpd 服务的工作状态,如图 5-17 所示。

```
[root@localhost 桌面]service vsftpd status
[root@localhost 桌面]service vsftpd start
[root@localhost 桌面]service vsftpd restart
[root@localhost 桌面]service vsftpd stop
[root@localhost 桌面]service vsftpd status
```

图 5-17　服务管理

5.4 项目总结

1. CentOS 的进程管理

CentOS 是一个多用户多任务的操作系统,在同一时间允许多个用户向操作系统同时发出操作命令。系统中的各种资源的分配和管理都是以进程为单位。为了协调多个进程对资源的调配和使用,操作系统要跟踪所有进程的活动,以及这些进程对系统资源的使用情况,实施对进程和资源的动态管理。

2. CentOS 的服务管理

系统的服务按管理方式主要有两大类:stand-alone 和 super-daemon,即独立管理服务和统一管理服务。

CentOS 中不同服务都有不同的启动脚本,以在服务启动前进行环境的检测、配置文件的分析、PID 文件的规划等相关操作。服务启动脚本还有用于启动、重启、停止和查询服务工作状态等功能。

可以使用 service 命令进行系统启动、重启、停止和查询服务工作状态等。

3. CentOS 的启动过程

CentOS 的启动从 Boot Loader 开始到进入登录状态共包括 8 个阶段。

习题

1. 选择题

(1) CentOS 启动过程的第一步是( )。

    A. 读取 MBR   B. 加载 BIOS   C. Boot Loader   D. 加载内核

(2) CentOS 的服务管理方式 stand-alone 为( )。

    A. 独立运行服务   B. 统一管理服务

    C. 分布式服务   D. 多点方式服务

(3) CentOS 的服务管理方式 super-daemon 为( )。

    A. 独立运行服务   B. 统一管理服务

    C. 分布式服务   D. 多点方式服务

(4) ps 命令用于查看隶属于自己的进程的选项是( )。

    A. u   B. p   C. d   D. s

(5) CentOS 中( )命令用于动态显示当前系统正在执行进程的相关信息。

    A. kill   B. top   C. ps   D. chkconfig

（6）pstree 命令用以（　　）状图显示进程。

  A．网   B．环   C．线   D．树

（7）CentOS 中（　　）命令可以通过信号的方式来控制进程。

  A．fdisk   B．com   C．kill   D．mount

（8）CentOS 中（　　）命令可以设置进程优先级。

  A．fdisk   B．nice   C．sbin   D．mount

（9）service 命令用于开启服务的选项是（　　）。

  A．start   B．restart   C．status   D．stop

（10）kill 命令用于停止进程的信号是（　　）。

  A．-s   B．-1   C．-a   D．-9

2．简答题

（1）什么是进程？

（2）进程和程序的区别是什么？

（3）CentOS 的进程有哪几种状态？

（4）简述 CentOS 的启动过程。

（5）简述进程管理的作用与意义。

（6）简述如何开启服务、停止服务、重启服务和查看服务状态。

项目 6

CentOS的软件包管理

📋学习目标

1. 知识目标

- 掌握 rpm 软件包管理器的使用方法。
- 掌握 yum 软件包管理器的使用方法。
- 掌握 tar 打包文件的方法。

2. 能力目标

- 能够使用 rpm 安装、卸载和更新软件。
- 能够使用 yum 安装、卸载和更新软件。
- 能够使用 tar 打包文件。

3. 素质目标

熟练运用 rpm、yum、tar 命令实现对软件包的安装、卸载、更新和打包等管理工作。

6.1 项目场景

学院的服务器通过优化服务、合理分配和调度系统的进程,已经高效稳定地运行了。学院为了信息化建设,要求服务器上安装各类常用的网络服务,如 Web 服务、FTP 服务、DNS 服务、Samba 服务及 DHCP 服务等,以便为各种应用提供基础。

6.2 知识准备

6.2.1 软件包的相关知识

1. 软件包的概念

软件包(Software Package)是指具有特定的功能,用来完成特定任务的一个程序或一组程序,可分为应用软件包和系统软件包两大类。应用软件包与特定的应用领域有关,又可分为通用软件包和专用软件包两类。通用软件包根据某些共同需求开发,专用软件包则是生产者根据用户的具体需求定制的,可以为适合用户特殊需要进行修改或变更。

2. CentOS 软件包的命令规则

在 CentOS 中,每个软件包都有一个较长的名字,如图 6-1 所示。

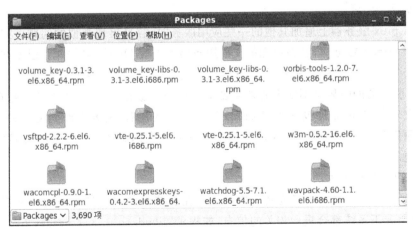

图 6-1　CentOS 软件包目录

其命名格式如下。

```
name-version-release.architectures.rpm
```

具体含义如下。

① name：软件包的名称。

② version：软件包版本。

③ release：软件包的版本发布次数（修订次数）。

④ architectures：软件包适用于哪些平台。

⑤ rpm：文件的扩展名。

例如，FTP 服务的软件包名为 vsftpd-2.2.2-6.el6.x86_64.rpm，可以看出，vsftpd 是软件包的名称，2.2.2 是软件包版本，6 是软件包的版本发布次数，el6.x86_64 是该软件包适用于哪些平台（el6：RHEL6，x86_64：运行平台为 Intel x86 系列 64 位），rpm 是扩展名。

3. 软件包的依赖关系

Linux 软件包的依赖关系让很多使用 Linux 的人感到很麻烦。安装 Linux 操作系统时，如果不是选择安装所有的软件包。在完成安装后，若再进行软件安装的话，就可能会遇到一些依赖关系的问题，如在安装某些编程软件包时，系统就可能会提示一些错误信息，如需要其他的一些软件包的支持。

（1）容易出现软件包的依赖关系问题的情况。

① 在操作系统安装的时候，没有选择全部的软件包。大部分时候出于安全或者其他方面的原因，Linux 操作系统管理员往往不会选择安装全部的软件包。而只是安装一些运行相关服务所必要的软件包。但是有时候系统管理员可能并不清楚哪些软件包是必须装的，否则后续的一些服务将无法启动，而那些软件包则是可选的。由于在系统安装的时候很难一下子弄清楚这些情况，故在 Linux 操作系统安装完成后，再部署其他一些软件包的时候，就容易出现这个问题。

② 在 Linux 服务器上追加其他的一些应用服务时，容易出现类似的问题。如某企业需要使用一个 Oracle 数据库，就在原先的文件服务器上安装 Oracle 数据库。但是在 Linux 操作系统上安装 Oracle 数据库是一个很麻烦的问题，需要安装不少的软件包。而开始部署 Linux 文件服务器的时候又不知道后来需要安装 Oracle 数据库，故不少的软件包都没有装。而且后来发现，不少的软件包其实在 Linux 安装盘中还没有，需要自己到网上去下。所以，如果要在原先已经部署好的 Linux 服务器中追加一些应用服务时，很容易出现这个软件包的依赖问题。

（2）解决依赖性的方法。

① 根据错误提示信息在安装光盘中寻找。在安装软件包时如果遇到软件依赖关系问题时，通常情况下系统都会提示相关的信息，如提示"libgd.so.1.8 is needey by php-4.2.2-17"等。这就表示安装 PHP 程序时，需要先安装 libgd.so 软件包。当遇到这个问题时，建议系统管理员可以根据提示信息，先从 Linux 操作系统的安装盘中查找一下是否有这个软件包。

② 参考官方的文档。通常情况下，一些软件的官方文档会说明安装它们的软件需要哪些软件包。如在安装 Oracle 数据库时，就必须安装很多的软件包。到底需要安装哪些软件包，在 Oracle 的官方网站上都会有详细的说明。

③ 从专业网络上查询。为了正确安装某些软件包,需要安装一些文件。可是有时候系统管理员可能根据系统的提示还不能够确定到底安装哪些软件包才会有这些文件。特别是对于一些不常用的软件包或者系统管理员第一次接触的软件包往往会遇到这种问题。此时,系统管理员就可以到一些专业的网站上去查询。

可见大部分情况下,在遇到软件包依赖关系问题的时候,操作系统提供的文件名字与软件包名字都会有直接的联系。有可能文件的名字就是软件包的名字,但是有些时候文件的名字与软件包的名字会相差甚远。此时大部分系统管理员可能光凭文件名字无法找到对应的软件包,这就需要借助一些专业网站,去查询软件包的名字了。

使用 yum 安装软件包能很好地解决依赖性问题。

6.2.2　使用 rpm 管理软件包

rpm 是 Red Hat Package Manager(Red Hat 软件包管理器)的缩写,原本是 Red Hat Linux 发行版本专门用来管理 Linux 各项套件的程序,由于它遵循 GPL 规则且功能强大方便,因而广受欢迎。这种软件包管理方式的出现,让 Linux 易于安装、升级,提升了 Linux 的适用度。

1. rpm 的主要功能

① 安装、卸载、升级和管理软件。
② 组件查询功能。
③ 验证功能。
④ 软件包 GPG 和 MD5 数字签名的导入、验证和发布。
⑤ 选择安装。
⑥ 网络远程安装功能。

2. rpm 的命令格式

```
rpm [选项] 软件包名
```

常用的选项如下。
① -i：安装软件。
② -U：升级旧版本软件。
③ -e：卸载软件。
④ -v：显示详细的处理信息。
⑤ -h：显示安装进度。
⑥ -q：检查安装的软件包的数据库。
⑦ -a：查询所有套件。
⑧ -f：查询拥有指定文件的套件。

⑨ -l：显示套件的文件列表。

⑩ -vv：详细显示指令执行过程，便于排错。

常用的选项组合如下。

① -ivh：安装软件，在安装的过程中显示安装进度和详细信息。

② -qa：显示目前操作系统上安装的软件包。

③ -qf：通过文件名反向查找是哪个软件包安装的。

④ -qi：显示软件包的详细信息。

⑤ -ql：列出软件包中的所有文件。

注意：使用 rpm 管理软件包的时候需要手动解决软件包的依赖性问题。

6.2.3 使用 yum 管理软件包

yum 是一个在 Fedora、Red Hat 和 SUSE 中的 Shell 前端软件包管理器。基于 rpm 软件包管理能够从指定的服务器自动下载 rpm 软件包并且安装，可以自动处理依赖性关系，并且一次安装所有依赖的软件包，无须烦琐地一次次下载、安装。yum 提供了查找、安装、删除某个、某组甚至全部软件包的命令，而且命令简单、易记。

1. yum 的特点

① 可以同时配置多个资源库(Repository)。

② 简洁的配置文件(/etc/yum.conf)。

③ 自动解决增加或删除 rpm 软件包时遇到的依赖性问题。

④ 使用方便。

⑤ 保持与 rpm 数据库的一致性。

2. yum 的命令格式

yum [选项] [操作命令] 软件包名

常用的选项如下。

① -h：显示帮助信息。

② -y：对所有的提问都回答"yes"。

③ -c：指定配置文件。

④ -q：安静模式。

⑤ -v：详细模式。

⑥ -d：设置调试等级(0~10)。

⑦ -e：设置错误等级(0~10)。

⑧ -R：设置 yum 处理一个命令的最大等待时间。

⑨ -C：完全从缓存中运行，而不去下载或者更新任何头文件。

常用的操作命令如下。

① install：安装 rpm 软件包。

② update：更新 rpm 软件包。

③ check-update：检查是否有可用的更新 rpm 软件包。

④ remove：删除指定的 rpm 软件包。

⑤ list：显示软件包的信息。

⑥ search：检查软件包的信息。

⑦ info：显示指定的 rpm 软件包的描述信息和概要信息。

⑧ clean：清理 yum 过期的缓存。

⑨ shell：进入 yum 的 Shell 提示符。

⑩ resolvedep：显示 rpm 软件包的依赖关系。

⑪ localinstall：安装本地的 rpm 软件包。

⑫ localupdate：显示本地 rpm 软件包进行更新。

⑬ deplist：显示 rpm 软件包的所有依赖关系。

3. yum 的配置文件

yum 起初是由 yellow dog 这一发行版的开发者 Terra Soft 研发，用 Python 写成，那时还称为 yup，后经杜克大学的 Linux@Duke 开发团队进行改进，遂有此名。yum 的宗旨是自动化地升级、安装（移除）rpm 软件包，收集 rpm 软件包的相关信息，检查依赖性并自动提示用户解决。yum 的关键之处是要有可靠的 repository，顾名思义，这是软件的仓库，它可以是 HTTP 或 FTP 站点，也可以是本地软件池，但必须包含 rpm 的 header。header 包括了 rpm 软件包的各种信息，包括描述、功能、提供的文件、依赖性等。正是收集了这些 header 并加以分析，才能自动化地完成余下的任务。yum 的配置文件分为两部分：main（主配置）和 repository（库配置），main 部分定义了全局配置选项，整个 yum 配置文件应该只有一个 main，常位于/etc/yum.conf 中。repository 部分定义了每个源（服务器）的具体配置，可以有一个到多个，常位于/etc/yum.repo.d 目录下的各文件中。

（1）主配置文件 yum.conf。

yum 的主配置信息储存在 yum.conf 的配置文件中，通常位于/etc 目录下，yum.conf 的内容如图 6-2 所示。

yum.conf 的简要说明如下。

① cachedir：yum 缓存的目录，yum 在此存储下载的 rpm 软件包和数据库，一般是/var/cache/yum。

② keepcache：表示在安装完软件后是否将下载的软件包及相关信息存储在缓存目录中，变量值可以是 1 或 0，默认值是 0，表示不保存下载的软件包及信息文件。

③ debuglevel：用于定义输出调试信息的详细程度，除错级别：0～10，默认是 2。数值越大表示越详细。

④ logfile：yum 的日志文件，默认是/var/log/yum.log。

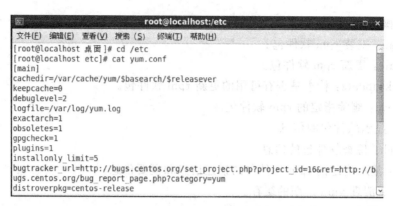

图 6-2   yum. conf 的内容

⑤ exactarch：有两个选项 1 和 0，代表是否只升级和已安装软件包 cpu 体系一致的包，设为 1 时，如果已安装了一个 i386 的 rpm，则 yum 不会用 686 的软件包来升级。

⑥ obsoletes：用于将发现版本跨版本升级到其他版本。

⑦ gpgcheck：有 1 和 0 两个选择，分别代表是否进行 gpg 校验，如果没有这一项，默认也是检查的。

⑧ plugins：表示是否启用插件，默认值为 1，表示允许，0 表示不允许。

⑨ installonly_limit：允许保留的内核包数量。

（2）库配置文件。

在/etc/yum. repo. d/目录下有 3 个文件。

① CentOS-Media. repo：本地 yum 源的配置文件。

② CentOS-Base. repo：网络 yum 源的配置文件。

③ CentOS-Debuginfo. repo：和内核相关的更新和软件安装配置文件。

所有 repository 服务器设置都应该遵循以下格式。

```
[serverid]
name=Some name for this server
baseurl=url://path/to/repository/
```

① serverid 是用于区别各个不同的 repository，必须是唯一的名称。

② name 是对 repository 的描述，支持像 $releasever 这样的变量。

③ baseurl 是服务器设置中最重要的部分，只有设置正确，才能从上面获取软件。它的格式如下。

```
baseurl=url://server1/path/to/repository/
        url://server2/path/to/repository/
        url://server3/path/to/repository/
```

其中，url 有 http://、ftp://、file:// 3 种。baseurl 后可以跟多个 url，可以修改为速度比较快的镜像站，但 baseurl 只能有一个，也就是说不能如下定义 baseurl。

```
baseurl=url://server1/path/to/repository/
baseurl=url://server2/path/to/repository/
baseurl=url://server3/path/to/repository/
```

url 指向的目录必须是 repository header 目录的上一级，它也支持 $releasever、$basearch 这样的变量。

url 之后可以加上多个选项，如 gpgcheck、exclude、failovermethod 等，例如：

```
[updates-released]
name=Fedora Core $releasever-$basearch-Released Updates
baseurl=http://download.atrpms.net/mirrors/fedoracore/updates
            /$releasever/$basearch
        http://redhat.linux.ee/pub/fedora/linux/core/updates
            /$releasever/$basearch
        http://fr2.rpmfind.net/linux/fedora/core/updates
            /$releasever/$basearch
gpgcheck=1
exclude=gaim
failovermethod=priority
```

其中，gpgcheck、exclude 的含义和[main]部分相同，但只对此服务器起作用，failovermethode 有两个选项 roundrobin 和 priority，表示有多个 url 可供选择时，yum 选择的次序，roundrobin 是随机选择，如果连接失败则使用下一个，依次循环，priority 则根据 url 的次序从第一个开始。如果不指明，默认是 roundrobin。

📠 4. 配置本地 yum 源

(1) 修改 CentOS-Media. repo 文件。

在 baseurl 中修改第 2 个路径为/mnt/cdrom(光盘挂载点)，将 enabled＝0 改为 1，修改后 CentOS-Media. repo 的文件内容如图 6-3 所示。

(2) 禁用默认的 yum 网络源。

将 yum 网络源配置文件改名为 CentOS-Base. repo. bak，否则会先在网络源中寻找适合的包，改名之后直接从本地源读取。

配置完成后，yum 即可使用本地源完成软件包管理。

📠 5. 配置网络 yum 源

下面以上海交通大学 yum 源(ftp. sjtu. edu. cn)为例介绍如何配置网络 yum 源。

(1) 修改/etc/yum. repos. d/CentOS-Base. repo 文件，把所有的

```
#baseurl=http://mirrorlist.centos.org/centos/$releasever/updates/$basearch/
```

修改为

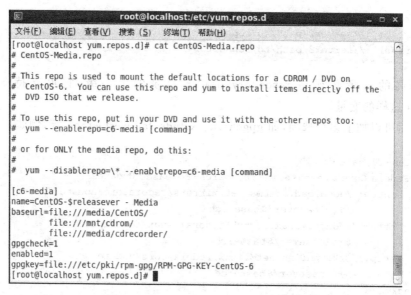

图 6-3　CentOS-Media. repo 文件的内容

```
#baseurl=http://ftp.sjtu.edu.cn/centos/$releasever/updates/$basearch/
```

修改后的 CentOS-Base. repo 文件如图 6-4 所示。

变量说明如下。

① $releasever：代表发行版的版本，从［main］部分的 distroverpkg 获取，如果没有，则根据 redhat-release 包进行判断。

② $arch：CPU 体系，如 i686、Athlon 等。

③ $basearch：CPU 的基本体系组，如 i686 和 Athlon 同属 i386，Alpha 和 Alphaev6 同属 Alpha。

（2）导入 GPG KEY。

yum 可以使用 gpg 对包进行校验，确保下载包的完整性，所以先要到各个 repository 站点找到 gpg key，它们一般会放在首页的醒目位置，是名字诸如 RPM-GPG-KEY-CentOS-5 之类的纯文本文件，把它们下载下来，然后用 rpm –import RPM-GPG-KEY-CentOS-5 命令将 key 导入。

6.2.4　使用 tar 管理软件包

tar 命令可以为 Linux 的文件和目录创建档案。利用 tar，可以为某一特定文件创建档案（备份文件），也可以在档案中改变文件，或者向档案中加入新的文件。tar 最初被用来在磁带上创建档案，现在，用户可以在任何设备上创建档案。利用 tar 命令，可以大量的文件和目录打包成一个文件，这对于备份文件或将几个文件组合成为一个文件以便于网络传输是非常有用的。

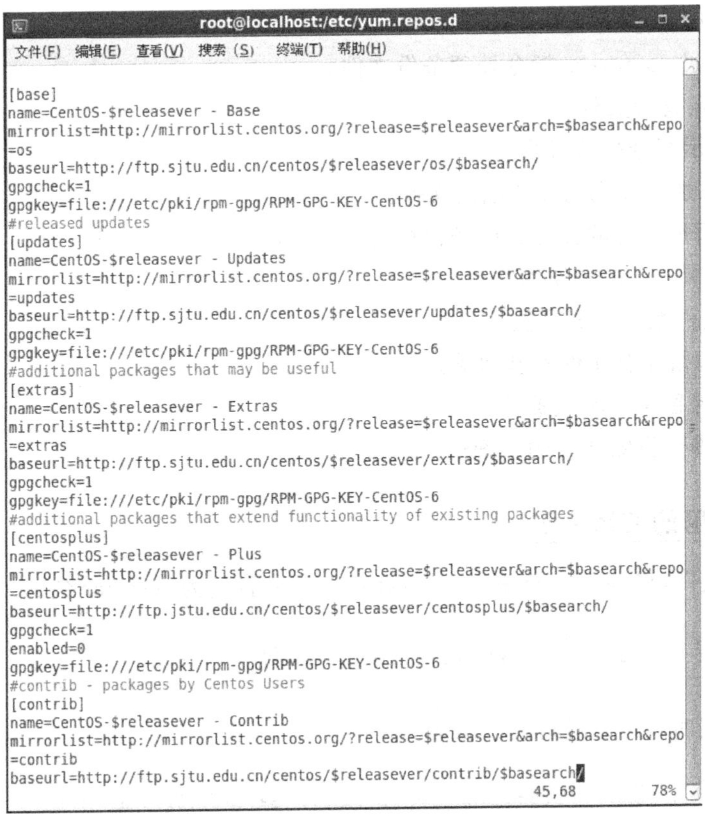

root@localhost:/etc/yum.repos.d

文件(F) 编辑(E) 查看(V) 搜索(S) 终端(T) 帮助(H)

```
[base]
name=CentOS-$releasever - Base
mirrorlist=http://mirrorlist.centos.org/?release=$releasever&arch=$basearch&repo
=os
baseurl=http://ftp.sjtu.edu.cn/centos/$releasever/os/$basearch/
gpgcheck=1
gpgkey=file:///etc/pki/rpm-gpg/RPM-GPG-KEY-CentOS-6
#released updates
[updates]
name=CentOS-$releasever - Updates
mirrorlist=http://mirrorlist.centos.org/?release=$releasever&arch=$basearch&repo
=updates
baseurl=http://ftp.sjtu.edu.cn/centos/$releasever/updates/$basearch/
gpgcheck=1
gpgkey=file:///etc/pki/rpm-gpg/RPM-GPG-KEY-CentOS-6
#additional packages that may be useful
[extras]
name=CentOS-$releasever - Extras
mirrorlist=http://mirrorlist.centos.org/?release=$releasever&arch=$basearch&repo
=extras
baseurl=http://ftp.sjtu.edu.cn/centos/$releasever/extras/$basearch/
gpgcheck=1
gpgkey=file:///etc/pki/rpm-gpg/RPM-GPG-KEY-CentOS-6
#additional packages that extend functionality of existing packages
[centosplus]
name=CentOS-$releasever - Plus
mirrorlist=http://mirrorlist.centos.org/?release=$releasever&arch=$basearch&repo
=centosplus
baseurl=http://ftp.jstu.edu.cn/centos/$releasever/centosplus/$basearch/
gpgcheck=1
enabled=0
gpgkey=file:///etc/pki/rpm-gpg/RPM-GPG-KEY-CentOS-6
#contrib - packages by Centos Users
[contrib]
name=CentOS-$releasever - Contrib
mirrorlist=http://mirrorlist.centos.org/?release=$releasever&arch=$basearch&repo
=contrib
baseurl=http://ftp.sjtu.edu.cn/centos/$releasever/contrib/$basearch/
                                                              45,68          78%
```

图 6-4　CentOS-Base. repo 文件的内容

打包是将大量文件或目录变成一个文件。

压缩是将一个大的文件通过压缩算法变成一个小文件。

为什么要区分这两个概念呢？这源于 Linux 中很多压缩程序只能针对一个文件进行压缩，当想要压缩大量文件时，需要先将这些文件打成一个包(tar 命令)，然后再用压缩程序进行压缩(gzip bzip2 命令)。

1. tar 的命令格式

tar 的命令格式如下。

```
tar [选项] 文件名或目录列表
```

常用的选项如下。

(1) -c：建立新的备份文件。

(2) -C ：这个选项用于解压缩，若要在特定目录解压缩，可以使用这个选项。

(3) -d：记录文件的差别。

(4) -x：从备份文件中还原文件。

(5) -t：列出备份文件的内容。

（6）-z：通过 gzip 指令处理备份文件。

（7）-Z：通过 compress 指令处理备份文件。

（8）-f：指定备份文件。

（9）-v：显示指令执行过程。

（10）-r：添加文件到已经压缩的文件。

（11）-u：添加现有的文件到已经存在的压缩文件。

（12）-j：支持 bzip2 解压缩文件。

（13）-l：文件系统边界设置。

（14）-k：保留原有文件不被覆盖。

（15）-m：保留文件不被覆盖。

（16）-w：确认压缩文件的正确性。

2. 常用的使用方法

（1）打包文件，将 test1.txt 和 test2.txt 两个文件打包为 test.tar 包。

```
tar -cvf  test.tar test1.txt test2.txt      #仅打包,不压缩
```

在打包的同时还可以进行文件压缩。

```
tar -zcvf test.tar.gz test1.txt test2.txt    #打包后,以 gzip 压缩
tar -jcvf test.tar.bz2 test1.txt test2.txt   #打包后,以 bzip2 压缩
```

（2）查阅 test.tar 包内有哪些文件。

```
tar -tvf  test.tar
```

（3）将 test.tar 内的部分文件还原出来。

```
tar -xvf  test.tar
```

如果是经过压缩的软件包，需要加上对应的压缩选项，例如 test.tar.gz 解压缩，执行的命令如下。

```
tar -zxvf  test.tar
```

6.3 项目实施

使用 rpm 和 yum 在 CentOS 环境中实现软件的安装、卸载和更新，使用 tar 实现文件的打包、压缩和解压缩。

任务1　使用rpm管理软件包

1. 任务要求

使用 rpm 命令查看 vsftpd 软件包是否安装,如未安装则进行安装。安装完成后开启 vsftpd 服务,vsftpd 服务正常开启后停止该服务。最后卸载 vsftpd 软件包。

2. 实施过程

(1) 使用 rpm 命令查看 vsftpd 软件包是否安装。

```
[root@localhost 桌面]#rpm -qa|gerp vsftpd
```

(2) 使用 rpm 安装 vsftpd 软件包。

```
[root@localhost Packages]#rpm -ivh vsftpd-2.2.2-6.el6.x86_64.rpm
```

(3) 启动和停止 vsftpd 服务。

```
[root@localhost Packages]#service vsftpd start
[root@localhost Packages]#service vsftpd stop
```

(4) 使用 rpm 卸载 vsftpd 服务。

```
[root@localhost Packages]#rpm -e vsftpd
```

实施过程如图 6-5 所示。

图 6-5　rpm 命令操作

任务 2　使用 yum 管理软件包

1. 任务要求

使用 rpm 命令查看 vsftpd 软件包是否安装，如未安装则使用 yum 进行安装。安装完成后开启 vsftpd 服务，vsftpd 服务正常开启后停止该服务。最后使用 yum 卸载 vsftpd 软件包。

2. 实施过程

（1）使用 rpm 命令查看 vsftpd 软件包是否安装。

```
[root@localhost yum.repos.d]#rpm -qa|gerp vsftpd
```

（2）配置本地 yum 源，修改 CentOS-Media.repo，如图 6-3 所示。

```
[root@localhost yum.repos.d]#vim CentOS-Media.repo
```

（3）禁用默认的 yum 网络源。

将 yum 网络源配置文件改名为 CentOS-Base.repo.bak，否则会先在网络源中寻找适合的包，改名之后直接从本地源读取。

```
[root@localhost yum.repos.d]
#mv CentOS-Base.repo CentOS-Base.repo.bak
```

（4）挂载光盘驱动器到对应的目录。

```
[root@localhost yum.repos.d]#mount /dev/sr0 /mnt/cdrom
```

（5）使用 yum 安装 vsftpd 软件包，如图 6-6 所示。

```
[root@localhost yum.repos.d]#yum -y install vsftpd
```

（6）启动和停止 vsftpd 服务。

```
[root@localhost yum.repos.d]#service vsftpd start
[root@localhost yum.repos.d]#service vsftpd stop
```

（7）使用 yum 卸载 vsftpd 服务。

```
[root@localhost yum.repos.d]#yum remove vsftpd
```

如果想要更新 vsftpd，可以使用 yum 的 update 命令。

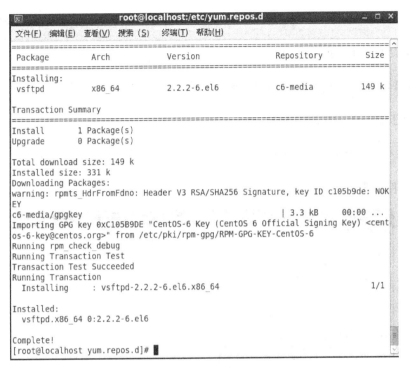

图 6-6 使用 yum 安装 vsftpd

```
[root@ localhost yum.repos.d]#yum update vsftpd
```

任务 3   使用 tar 管理软件包

1. 任务要求

在根目录下创建一个名为 temp 的目录,然后在该文件夹中创建 3 个文件:test1. txt、test2. txt、test3. txt。使用 tar 命令将 test1. txt、test2. txt、test3. txt 打包并压缩为 test. tar. gz 软件包,查看该软件包内的文件,最后解压缩该软件包。

2. 实施过程

(1) 创建目录和文件。

```
[root@ localhost /]#mkdir temp
[root@ localhost /]#cd temp
[root@ localhost temp]#touch test1.txt
[root@ localhost temp]#touch test2.txt
[root@ localhost temp]#touch test3.txt
```

(2) 使用 tar 命令将 test1. txt、test2. txt、test3. txt 打包并压缩为 test. tar. gz 软件包。

```
[root@localhost temp]#tar -zcvf test.tar.gztest1.txt test2.txt test3.txt
```

（3）查看 test. tar. gz 软件包。

```
[root@localhost temp]#tar -tvf test.tar.gz
```

（4）解压缩 test. tar. gz 软件包。

```
[root@localhost temp]#tar -zxvf test.tar.gz
```

上述过程如图 6-7 所示。

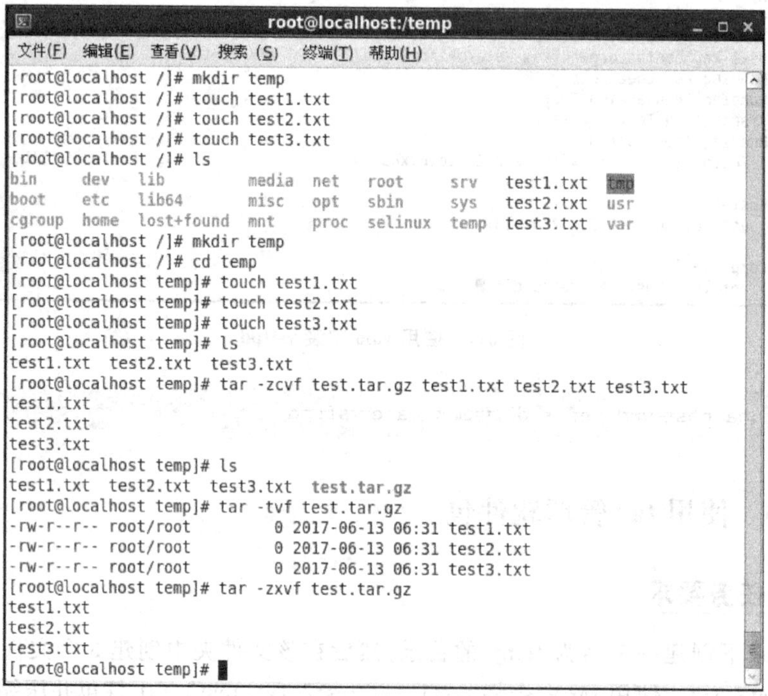

图 6-7　tar 命令操作

6.4　项目总结

1. rpm 管理软件包

rpm 是用于管理 Linux 下软件包的软件，它可以完成软件包的安装、卸载、升级、查询和验证等软件包管理功能，它遵循 GPL 规则且功能强大方便，因而广受欢迎。rpm 套件管理方式的出现，让 Linux 易于安装、升级，提升了 Linux 的适用度。

■ 2. yum 管理软件包

yum 是一个在 Fedora、Red Hat 和 SUSE 中的 Shell 前端软件包管理器。基于 rpm 软件包管理能够从指定的服务器自动下载 rpm 软件包并且安装,可以自动处理依赖性关系,并且一次安装所有依赖的软件包,无须烦琐地一次次下载、安装。yum 提供了查找、安装、删除某个、某组甚至全部软件包的命令,而且命令简单、易记。

■ 3. tar 管理软件包

tar 命令可以为 Linux 的文件和目录创建档案。利用 tar 可以为某一特定文件创建档案(备份文件),也可以在档案中改变文件,或者向档案中加入新的文件。利用 tar 命令,可以把大量的文件和目录全部打包成一个文件,这对于备份文件或将几个文件组合成为一个文件以便于网络传输是非常有用的。

习题

1. 选择题

(1) CentOS 中使用 rpm 命令安装软件包时选用的选项是(　　)。

　　A. -u　　　　　　B. -i　　　　　　C. -e　　　　　　D. -f

(2) CentOS 中使用 rpm 命令卸载软件包时选用的选项是(　　)。

　　A. -d　　　　　　B. -i　　　　　　C. -f　　　　　　D. -e

(3) CentOS 中使用 yum 命令安装软件包时选用的操作命令是(　　)。

　　A. install　　　　B. remove　　　　C. rmd　　　　　D. copy

(4) 查询软件包 vsftpd 是否已经安装,可以使用(　　)。

　　A. rpm -qa|grep vsftpd　　　　　　B. look for vsftpd

　　C. check vsftpd　　　　　　　　　D. find vsftpd

(5) CentOS 中 yum 的主配置文件是(　　)。

　　A. yum. conf　　B. yum. rpo　　　C. yum. doc　　　D. yum. main

(6) 本地 yum 源的配置文件是(　　)。

　　A. CentOS-Base. repo　　　　　　B. CentOS-Media. repo

　　C. CentOS-Debuginfo. repo　　　　D. CentOS-Local. repo

(7) CentOS 中使用 yum 命令卸载软件包时选用的操作命令是(　　)。

　　A. install　　　　B. remove　　　　C. rmd　　　　　D. copy

(8) 使用 rpm 安装 vsftpd 软件包的正确命令是(　　)。

　　A. rpm -ivh vsftpd-2. 2. 2-6. el6. x86_64,rpm

　　B. rpm -evh vsftpd-2. 2. 2-6. el6. x86_64,rpm

　　C. rpm -vh vsftpd-2. 2. 2-6. el6. x86_64,rpm

D. rpm -ql vsftpd-2.2.2-6.el6.x86_64,rpm

(9) CentOS 中 tar 命令用于打包的选项是（　　）。

A. -u　　　　　　B. -i　　　　　　C. -c　　　　　　D. -f

2. 简答题

(1) 什么是软件包依赖关系？

(2) 简述打包和压缩的区别。

(3) 简述本地 yum 源的配置过程。

项目 7

CentOS的网络配置

 学习目标

1. 知识目标

- 掌握网络配置参数。
- 掌握常用的网络配置文件。
- 掌握常用的网络配置与调试命令。
- 掌握图形化网络配置工具的使用方法。

2. 能力目标

- 能够使用命令行工具配置网络。
- 能够使用图形化工具配置网络。
- 能够对网络进行检测和故障排除。

3. 素质目标

熟练运用命令行工具和图形化工具对 CentOS 的网络连接进行配置,实现网络连接,并能够在出现故障时进行检测和排错。

7.1 项目场景

学院的服务器要向网络中的用户提供服务,就必须与各部门的计算机进行网络通信,进行正确的网络配置是服务器与其他计算机通信的前提。网络配置通常包括配置主机名、网卡 IP 地址、子网掩码、网关、DNS 服务器 IP 地址、DHCP 服务等。

7.2 知识准备

7.2.1 CentOS 网络配置基础

1. 网络参数

1) 主机名

在一个局域网中,可以为每台机器设置主机名,以便于记忆和相互访问。比如,可以根据每台机器的功用来为其命名。

2) IP 地址

IP(Internet Protocol,Internet 协议)是为计算机网络相互连接进行通信而设计的协议。在互联网中,它是能使连接到网上的所有计算机实现相互通信的一套规则,规定了计算机在互联网上进行通信时应当遵守的规则。任何厂家生产的计算机系统,只要遵守 IP 协议就可以与互联网互联互通。正是因为有了 IP 协议,互联网才得以迅速发展成为世界上最大的、开放的计算机通信网络。

IP 地址是 IP 协议提供的一种统一的地址格式,它为互联网上的每个网络和每台主机分配一个逻辑地址,以此来屏蔽物理地址的差异。常见的 IP 地址分为 IPv4 与 IPv6 两大类。

IP 地址用来给 Internet 上的计算机编号。大家日常见到的情况是每台联网的 PC 上都需要有 IP 地址,才能正常通信。如果把"个人计算机"比作"一台电话",那么"IP 地址"就相当于"电话号码",而 Internet 中的路由器就相当于电信局的"程控式交换机"。

IP 地址是一个 32 位的二进制数,通常被分割为 4 个"8 位二进制数"(也就是 4 个字节)。IP 地址通常用"点分十进制"表示(a.b.c.d)的形式,其中,a、b、c、d 都是 0~255 的十进制整数。例如,点分十进制 IP 地址 100.4.5.6 实际上是 32 位二进制 IP 地址 01100100.00000100.00000101.00000110。

IP 地址编址方案将 IP 地址空间划分为 A、B、C、D、E 5 类,其中,A、B、C 是基本类,D、E 类作为多播和保留使用。它们适用的类型分别为大型网络、中型网络、小型网络、多目的地址、备用。常用的是 B 和 C 两类。A、B、C 类的 IP 地址范围见表 7-1。

表 7-1 IP 地址范围

类别	最大网络数	IP 地址范围	最大主机数
A	126	0.0.0.0～127.255.255.255	16777214
B	16384	128.0.0.0～191.255.255.255	65534
C	2097152	192.0.0.0～223.255.255.255	254

3）特殊的 IP 地址

（1）IP 地址中的每个字节都为 0 的地址（0.0.0.0）对应于当前主机。

（2）IP 地址中的每个字节都为 1 的 IP 地址（255.255.255.255）是当前子网的广播地址。

（3）凡是以"11110"开头的 E 类 IP 地址都保留用于将来和实验使用。

（4）IP 地址中不能以十进制"127"作为开头，该类地址中 127.0.0.1～127.255.255.255 用于回路测试，如 127.0.0.1 可以代表本机 IP 地址，用 http://127.0.0.1 就可以测试本机中配置的 Web 服务器。

（5）网络 ID 的第一个 8 位组也不能全置为"0"，全"0"表示本地网络。

4）子网掩码

子网掩码（Subnet Mask）又叫网络掩码、地址掩码、子网络遮罩，它是一种用来指明一个 IP 地址的哪些位标识的是主机所在的子网，以及哪些位标识的是主机的位掩码。子网掩码不能单独存在，它必须结合 IP 地址一起使用。子网掩码只有一个作用，就是将某个 IP 地址划分成网络地址和主机地址两部分。

子网掩码是一个 32 位地址，用于屏蔽 IP 地址的一部分以区别网络标识和主机标识，并说明该 IP 地址是在局域网上，还是在远程网上。

（1）子网掩码构成。互联网是由许多小型网络构成的，每个网络上都有许多主机，这样便构成了一个有层次的结构。IP 地址在设计时就考虑到地址分配的层次特点，将每个 IP 地址都分割成网络号和主机号两部分，以便于 IP 地址的寻址操作。

（2）子网掩码规则。子网掩码的设定必须遵循一定的规则。与二进制 IP 地址相同，子网掩码由 1 和 0 组成，且 1 和 0 分别连续。子网掩码的长度也是 32 位，左边是网络位，用二进制数字 1 表示，1 的数目等于网络位的长度；右边是主机位，用二进制数字 0 表示，0 的数目等于主机位的长度。这样做的目的是为了让掩码与 IP 地址做按位与运算时用 0 遮住原主机数，而不改变原网络段数字，而且很容易通过 0 的位数确定子网的主机数。只有通过子网掩码，才能表明一台主机所在的子网与其他子网的关系，使网络正常工作。

（3）选定子网掩码。用于子网掩码的位数决定于可能的子网数目和每个子网的主机数目。在选定子网掩码前，必须弄清楚本来使用的子网数目和主机数目。

5）网关

网关实质上是一个网络通向其他网络的 IP 地址。比如，有网络 A 和网络 B，网络 A 的 IP 地址范围为 192.168.1.1～192.168.1.254，子网掩码为 255.255.255.0；网络 B 的 IP 地址范围为 192.168.2.1～192.168.2.254，子网掩码为 255.255.255.0。在没有路由器的情况下,两个网络之间是不能进行 TCP/IP 通信的,即使是两个网络连接在同一台交换机(或集线器)上,TCP/IP 协议也会根据子网掩码(255.255.255.0)判定两个网络中的主机处在不同的网络里。而要实现这两个网络之间的通信,则必须通过网关。如果网络 A 中的主机发现数据包的目的主机不在本地网络中,就把数据包转发给它自己的网关,再由网关转发给网络 B 的网关,网络 B 的网关再转发给网络 B 的某台主机。网络 B 向网络 A 转发数据包的过程也是如此。所以说,只有设置好网关的 IP 地址,TCP/IP 协议才能实现不同网络之间的相互通信。

6) DNS 服务器

DNS(Domain Name System,域名系统)是由解析器和域名服务器组成的。域名服务器是指保存有该网络中所有主机的域名和对应 IP 地址,并具有将域名转换为 IP 地址功能的服务器。其中,域名必须对应一个 IP 地址,而 IP 地址不一定有域名。域名系统采用类似目录树的等级结构。域名服务器为客户/服务器模式中的服务器方,它主要有两种形式:主服务器和转发服务器。将域名映射为 IP 地址的过程称为"域名解析"。在互联网上域名与 IP 地址之间是一对一(或者多对一)的,也可采用 DNS 轮循实现一对多。域名虽然便于人们记忆,但机器之间只认 IP 地址,它们之间的转换工作称为域名解析。域名解析需要由专门的域名解析服务器来完成,DNS 就是进行域名解析的服务器。

7) DHCP 服务

DHCP(Dynamic Host Configure Protocol,动态主机配置协议)是一个局域网的网络协议,指的是由服务器控制一段 IP 地址范围,客户机登录服务器时就可以自动获得服务器分配的 IP 地址和子网掩码。

两台连接到互联网上的计算机相互之间通信,必须有各自的 IP 地址,由于 IP 地址资源有限,宽带接入运营商不能做到给每个报装宽带的用户都能分配一个固定的 IP 地址(固定IP 就是即使在你不上网的时候,别人也不能用这个 IP 地址,这个资源一直被你所独占),所以要采用 DHCP 方式对上网的用户进行临时的地址分配。

7.2.2 CentOS 的网络接口

1. lo 接口

lo 接口是本地回环接口,用于网络测试以及本地主机各网络进程之间的通信。无论什么应用程序,只要使用回环地址(127 开头的地址)发送数据都不进行任何网络数据传输。

2. eth 接口

eth 接口是网卡设备接口,其设备名用 eth$N$ 来表示,其中 N 为一个从 0 开始的数字,代表物理网卡的序号。例如,第一块网卡的设备名称为 eth0,第二块网卡的设备名称为 eth1。

3. ppp 接口

ppp 接口是点对点设备接口,其设备名用 ppp$N$ 表示,其中 N 为一个从 0 开始的数字,代表 ppp 设备的序号。例如,第一块网卡的设备名称为 ppp0,第二块网卡的设备名称为 ppp1。采用 ISDN 或 ADSL 等方式接入互联网时使用 ppp 接口。

7.2.3 CentOS 常用的网络配置文件

在 CentOS 中,与网络有关的主要配置文件如下。

```
/etc/host.conf              #配置域名服务客户端的控制文件
/etc/hosts                  #完成主机名映射为 IP 地址的功能
/etc/resolv.conf            #域名服务客户端的配置文件,用于指定域名服务器的位置
/etc/sysconfig/network      #包含了主机最基本的网络信息,用于系统启动
/etc/sysconfig/network-scripts/  #系统启动时初始化网络的一些信息
/etc/xinetd.conf            #定义了由超级进程 xinetd 启动的网络服务
/etc/networks               #完成域名与网络地址的映射
/etc/protocols              #设定了主机使用的协议以及各个协议的协议号
/etc/services               #设定主机不同端口的网络服务
```

(1) /etc/host.conf 文件的默认内容如下。

```
multi on              #允许主机拥有多个 IP 地址
order hosts,bind      #主机名解析顺序,即本地解析,DNS 域名解析的顺序
```

这个文件一般不需要修改,默认的解析顺序是本地解析,DNS 服务器解析,也就是说在本系统里对于一个主机名首先进行本地解析,如果本地解析没有,然后进行 DNS 服务器解析。

(2) /etc/hosts 文件的默认内容如下。

```
127.0.0.1   butbueatiful localhost.localdomain localhost
::1             localhost6.localdomain6 localhost6
```

可见,默认的情况是本机 IP 和本机一些主机名的对应关系,第一行是 IPv4 信息,第二行是 IPv6 信息,如果用不上 IPv6 本机解析,一般把该行注释掉。

第一行的解析效果是,butbueatiful localhost.localdomain localhost 都会被解析成 127.0.0.1。

(3) /etc/resolv.conf,指定域名解析的 DNS 服务器 IP 等信息,配置参数一般接触到的有 4 个。

① nameserver:指定 DNS 服务器的 IP 地址。

② domain:定义本地域名信息。

③ search:定义域名的搜索列表。

④ sortlist:对 gethostbyname 返回的地址进行排序。

最常用的配置参数是 nameserver,其他的可以不设置,这个参数指定了 DNS 服务器的 IP 地址,如果设置不正确,就无法进行正常的域名解析。

一般来说，推荐设置 2 台 DNS 服务器，比如用 Google 的免费 DNS 服务器，那么该文件的设置内容如下。

```
nameserver 8.8.8.8                          #设置 DNS 服务器的 IP 地址
nameserver 8.8.4.4                          #设置 DNS 服务器的 IP 地址
```

（4）/etc/sysconfig/network，典型的配置如下。

```
NETWORKTNG= yes                             #设置网络是否有效,yes 有效,no 无效
NETWORKING_IPV6=no                          #设置 IPv6 网络是否有效,yes 有效,no 无效
HOSTNAME=butbueatiful                        #设置服务器的主机名
GATEWAY=192.168.0.1                         #指定默认网关 IP
```

需要注意的是，设置服务器主机名时最好和/etc/hosts 里设置一样，否则在使用一些程序的时候会出现错误。

（5）ifcfg-ethX，设置对应网口的 IP 等信息，比如第一个网口，那么就是/etc/sysconfig/network-scripts/ifcfg-eth0，配置示例如下。

```
DEVICE="eth0"                               #设备名
BOOTPROTO="static"                          #开机协议,最常见的 3 个参数如下:
                                            #static(静态 IP)
                                            #none(不指定,设置静态 IP 的情况,也可以使
                                            #用 none 参数,但是如果要设定多网口绑定
                                            #bond 时,必须设成 none)
                                            #dhcp(动态获得 IP 相关信息)
BROADCAST="192.168.0.255"                   #广播地址
HWADDR="00:16:36:1B:BB:74"                  #物理地址,不能修改
IPADDR="192.168.0.100"                      #IP 地址
NETMASK= "255.255.255.0"                    #子网掩码
ONBOOT="yes"                                #启动或者重启网络时,是否启动该设备,yes 启
                                            #动,no 不启动
```

（6）route-ethX，比如第一个网口 eth0 的路由信息，那么就是/etc/sysconfig/network-scripts/route-eth0。

比如，现在有这样一个需求，通过 eth0 去网络 172.17.27.0/24 不走默认路由，需要走 192.168.0.254，那么我们第一反应，肯定是用 route 命令追加路由信息：

```
[root@localhost 桌面]#route add -net 172.17.27.0
netmask 255.255.255.0 gw 192.168.0.254 dev eth0
```

这样只是动态追加的而已，重启网络后，路由信息就消失了，所以需要设置静态路由，这时候就要设置/etc/sysconfig/network-scripts/route-eth0 文件了，如果没有该文件，就新建一个。

```
[root@localhost 桌面]#vi /etc/sysconfig/network-scripts/route-eth0
```

route-eth0 文件中加入"172.17.27.0/24via 192.168.0.254"。

这样即使重启网络,重启系统,该路由也会自动加载,如果没有这样的需要,那么这个文件就没必要创建和配置。

7.2.4 CentOS 常用的网络配置与调试命令

🖥 1. hostname 命令

hostname 命令用于显示和设置系统的主机名称。在使用 hostname 命令设置主机名后,系统并不会永久保存新的主机名,重新启动机器后还是原来的主机名。如果需要永久修改主机名,需要同时修改/etc/hosts 和/etc/sysconfig/network 的相关内容。命令格式如下。

> hostname [选项] 主机名

常用的选项如下。

(1) -v:详细信息模式。

(2) -a:显示主机别名。

(3) -d:显示 DNS 域名。

(4) -f:显示 FQDN 名称。

(5) -i:显示主机的 IP 地址。

(6) -s:显示短主机名称,在第一个点处截断。

(7) -y:显示 NIS 域名。

🖥 2. ifconfig 命令

ifconfig 命令用于配置和显示 CentOS 内核中网络接口的网络参数。需要注意的是,用 ifconfig 命令配置的网卡信息,在网卡重启或机器重启后,配置就不存在了。要想将上述的配置信息永远存在计算机中,那就要修改网卡的配置文件。命令格式如下。

> ifconfig [网络设备] [选项]

常用的选项如下。

(1) add<地址>:设置网络设备 IPv6 的 IP 地址。

(2) del<地址>:删除网络设备 IPv6 的 IP 地址。

(3) down:关闭指定的网络设备。

(4) up:启动指定的网络设备。

(5) irq:设置网络设备的 IRQ。

(6) media<网络媒介类型>:设置网络设备的媒介类型。

(7) mem_start<内存地址>:设置网络设备在主内存所占用的起始地址。

(8) metric<数目>:指定在计算数据包的转送次数时要加上的数目。

(9) mtu<字节>：设置网络设备的 MTU。

(10) netmask<子网掩码>：设置网络设备的子网掩码。

(11) tunnel<地址>：建立 IPv4 与 IPv6 之间的隧道通信地址。

(12) io_addr：设置网络设备的 I/O 地址。

(13) -broadcast<地址>：将要送往指定地址的数据包当成广播数据包来处理。

(14) -pointopoint<地址>：与指定地址的网络设备建立直接连线，此模式具有保密功能。

(15) -promisc：关闭或启动指定网络设备的 promiscuous 模式。

3. ip 命令

ip 命令用来显示或操纵 CentOS 主机的路由、网络设备、策略路由和隧道，是 Linux 下较新的、功能强大的网络配置工具。命令格式如下。

```
ip [选项] 操作{link|addr|route...}
```

常用的选项如下。

(1) -V：显示指令版本信息。

(2) -s：输出更详细的信息。

(3) -f：强制使用指定的协议族。

(4) -4：指定使用的网络层协议是 IPv4 协议。

(5) -6：指定使用的网络层协议是 IPv6 协议。

(6) -0：每条输出信息占一行，即使内容较多也不换行显示。

(7) -r：显示主机时，不使用 IP 地址，而使用主机的域名。

4. netstat 命令

netstat 命令用来打印 CentOS 中网络系统的状态信息，以便了解 CentOS 的网络情况。命令格式如下。

```
netstat [选项]
```

常用的选项如下。

(1) -a：显示所有连线中的 Socket。

(2) -A<网络类型>：列出该网络类型连线中的相关地址。

(3) -c：持续列出网络状态。

(4) -C：显示路由器配置的快取信息。

(5) -e：显示网络其他相关信息。

(6) -F：显示 FIB。

(7) -g：显示多重广播功能群组组员名单。

（8）-h：在线帮助。

（9）-i：显示网络界面信息表单。

（10）-l：显示监控中的服务器的 Socket。

（11）-M：显示伪装的网络连接。

（12）-n：直接使用 IP 地址，而不通过域名服务器。

（13）-N：显示网络硬件外围设备的符号连接名称。

（14）-o：显示计时器。

（15）-p：显示正在使用 Socket 的程序识别码和程序名称。

（16）-r：显示 Routing Table。

（17）-s：显示网络工作信息统计表。

（18）-t：显示 TCP 协议的连接状态。

（19）-u：显示 UDP 协议的连接状态。

（20）-v：显示指令执行过程。

5. traceroute 命令

traceroute 命令用于追踪数据包在网络上传输时的全部路径，它默认发送的数据包大小是 40 字节。通过 traceroute 可以知道信息从一台计算机到互联网另一端的主机经过了什么路径。当然每次数据包由某一同样的出发点（source）到达某一同样的目的地（destination）经过的路径可能会不一样，但基本上来说大部分时候经过的路由是相同的。traceroute 通过发送小的数据包到目的设备直到其返回，来测量其需要多长时间。一条路径上的每个设备 traceroute 要测 3 次。输出结果中包括每次测试的时间（ms）和设备的名称（如有的话）及其 IP 地址。命令格式如下。

```
traceroute [选项] 主机名或者主机 IP 地址
```

常用的选项如下。

（1）-d：使用 Socket 层级的排错功能。

（2）-f<存活数值>：设置第一个检测数据包的存活数值 TTL 的大小。

（3）-F：设置勿离断位。

（4）-g<网关>：设置来源路由网关，最多可设置 8 个。

（5）-i<网络界面>：使用指定的网络界面送出数据包。

（6）-I：使用 ICMP 回应取代 UDP 数据信息。

（7）-m<存活数值>：设置检测数据包的最大存活数值 TTL 的大小。

（8）-n：直接使用 IP 地址而非主机名称。

（9）-p<通信端口>：设置 UDP 协议的通信端口。

（10）-r：忽略普通的 Routing Table，直接将数据包送到远端主机上。

（11）-s<来源地址>：设置本地主机送出数据包的 IP 地址。

（12）-t<服务类型>：设置检测数据包的 TOS 数值。

(13) -v：详细显示命令的执行过程。

(14) -w<超时秒数>：设置等待远端主机回报的时间。

(15) -x：开启或关闭数据包的正确性检验。

有时我们 traceroute 一台主机时，会看到有一些行是以星号表示的。出现这样的情况，可能是防火墙屏蔽了 ICMP 的返回信息，所以我们得不到相关的数据包返回数据。

🖥 6. arp 命令

arp 命令用于操作主机的 arp 缓冲区，可以显示 arp 缓冲区中的所有条目、删除指定的条目或者添加静态的 IP 地址与 MAC 地址对应关系。命令格式如下。

arp [选项] 主机 (查询 arp 缓冲区中指定主机的 arp 条目)

常用的选项如下。

(1) -a<主机>：显示 arp 缓冲区的所有条目。

(2) -H<地址类型>：指定 arp 指令使用的地址类型。

(3) -d<主机>：从 arp 缓冲区中删除指定主机的 arp 条目。

(4) -D：使用指定接口的硬件地址。

(5) -e：以 Linux 的显示风格显示 arp 缓冲区中的条目。

(6) -i<接口>：指定要操作 arp 缓冲区的网络接口。

(7) -s<主机>：设置指定的主机 IP 地址与 MAC 地址的静态映射。

(8) -n：以数字方式显示 arp 缓冲区中的条目。

(9) -v：显示详细的 arp 缓冲区条目，包括缓冲区条目的统计信息。

(10) -f<文件>：设置主机的 IP 地址与 MAC 地址的静态映射。

🖥 7. ping 命令

ping 命令用来测试主机之间网络的连通性。执行 ping 命令会使用 ICMP 传输协议，发出要求回应的信息，若远端主机的网络功能没有问题，就会回应该信息，因而得知该主机运作正常。命令格式如下。

ping [选项] [参数] 目的主机 (主机名、IP 地址)

常用的选项如下。

(1) -d：使用 Socket 的 SO_DEBUG 功能。

(2) -c<完成次数>：设置完成要求回应的次数。

(3) -f：极限检测。

(4) -i<间隔秒数>：指定收发信息的间隔时间。

(5) -I<网络界面>：使用指定的网络界面送出数据包。

(6) -l<前置载入>：设置在送出要求信息前，先行发出的数据包。

(7) -n：只输出数值。

(8) -p<范本样式>：设置填满数据包的范本样式。

(9) -q：不显示指令执行过程,开头和结尾的相关信息除外。

(10) -r：忽略普通的 Routing Table,直接将数据包送到远端主机上。

(11) -R：记录路由过程。

(12) -s<数据包大小>：设置数据包的大小。

(13) -t<存活数值>：设置存活数值 TTL 的大小。

(14) -v：详细显示命令的执行过程。

🖳 8. route 命令

route 命令用来显示并设置 CentOS 内核中的网络路由表,route 命令设置的路由主要是静态路由。要实现两个不同的子网之间的通信,需要一台连接两个网络的路由器,或者同时位于两个网络的网关来实现。

在 Linux 操作系统中设置路由通常是为了解决以下问题：该 CentOS 在一个局域网中,局域网中有一个网关,能够让机器访问互联网,那么就需要将这台机器的 IP 地址设置为 CentOS 机器的默认路由。

需要注意的是,直接在命令行下执行 route 命令来添加路由,不会永久保存,当网卡重启或者机器重启后,该路由就失效了。可以在/etc/rc.local 中添加 route 命令来保证该路由设置永久有效。命令格式如下。

```
route [选项] [参数]
```

常用的选项如下。

(1) -A：设置地址类型。

(2) -C：打印将 Linux 核心的路由缓存。

(3) -v：详细信息模式。

(4) -n：不执行 DNS 反向查找,直接显示数字形式的 IP 地址。

(5) -e：netstat 格式显示路由表。

(6) -net：到一个网络的路由表。

(7) -host：到一台主机的路由表。

常用的参数如下。

(1) Add：增加指定的路由记录。

(2) Del：删除指定的路由记录。

(3) Target：目的网络或目的主机。

(4) gw：设置默认网关。

(5) mss：设置 TCP 的最大区块长度(MSS),单位为 MB。

(6) window：指定通过路由表的 TCP 连接的 TCP 窗口大小。

(7) dev：路由记录所表示的网络接口。

7.2.5　CentOS 常用的网络配置方法

伴随着时间的推移,Red Hat 公司推出了 RHEL 6.2,随后 CentOS 也紧随其后推出了 CentOS 6.2。新的系统中厂商加入了大量虚拟化及云计算的元素,同时对于细节的改变也不少,这里我们仅对新系统中的网络参数做一说明。

每次 Linux 操作系统中修改参数的方式通常有命令和文件两种。其中通过命令设置可以立即生效但重启后将失效,通过文件修改实现永久生效,但不会立即生效。

🖥 1. 命令方式

(1) ifconfig：查看与设置 IP 地址、子网掩码。

(2) hostname：查看与设置主机名。

(3) route：查看与设置路由信息(默认网关等)。

🖥 2. 修改配置文件

(1) /etc/sysconfig/network-scripts/ifcfg-设备名(通常为 ifcfg-eth0)。

(2) /etc/sysconfig/network。

(3) /etc/resolv.conf。

以上方式可以同时在 CentOS 5.0 与 CentOS 6.0 中实现,但从 CentOS 6.0 后,官方文档中描述：ifconfig 与 route 是非常陈旧的命令,取而代之的是 IP 命令。

🖥 3. 早期的命令使用方法

(1) 命令格式如下。

例如：

```
ifconfig [接口] [选项|地址]
ifconfig eth0  up                             #开启 eth0 网卡
ifconfig eth0  down                           #关闭 eth0 网卡
ifconfig eth0  -arp                           #关闭 eth0 网卡 ARP
ifconfig eth0  promisc                        #开启 eth0 网卡的混合模式
ifconfig eth0  mtu 1400                       #设置 eth0 网卡的最大传输单元为 1400
ifconfig eth0  192.168.0.2/24                 #设置 eth0 网卡 IP 地址
ifconfig eth0  192.168.0.2  netmask 255.255.255.0
                                              #设置 eth0 网卡 IP 地址
```

(2) 主机名配置方式如下。

```
hostname                                      #查看主机名
hostname  butbueatiful.com                    #设置主机名为 butbueatiful.com
```

（3）网关设置。

```
route  add [-net|-host] target [netmask] gw            #设置网关
route  del [-net|-host] target [netmask] gw            #删除网关
```

例如：

```
route add -net 192.168.3.0/24 gw 192.168.0.254
route add -net 192.168.3.0 netmask 255.255.255.0 gw 192.168.0.254
        #两种写法相同设置到 192.168.3.0 网段的网关为 192.168.0.254
route add -host 192.168.4.4 gw 192.168.0.254
        #设置到 192.168.4.4 主机的网关为 192.168.0.254
route del -net 192.168.3.0/24           #删除 192.168.3.0 网段的网关信息
route del -host 192.168.4.4             #删除 192.168.4.4 主机的网关信息
route add default gw 192.168.0.254

                                        #设置默认网关为 192.168.0.254
route del default gw 192.168.0.254

                                        #删除默认网关为 192.168.0.254
```

4. 新版命令的使用方法

官方不再推荐使用上述早期的命令而推荐使用 IP 命令，IP 命令格式如下。

```
ip  [选项]  操作对象{link|addr|route...}
```

例如：

```
ip link show                            #显示网络接口信息
ip link set eth0 upi                    #开启网卡
ip link set eth0 down                   #关闭网卡
ip link set eth0 promisc on             #开启网卡的混合模式
ip link set eth0 promisc offi           #关闭网卡的混合模式
ip link set eth0 txqueuelen 1200        #设置网卡队列长度
ip link set eth0 mtu 1400               #设置网卡最大传输单元
ip addr show                            #显示网卡 IP 信息
ip addr add 192.168.0.1/24 dev eth0

                                        #设置 eth0 网卡 IP 地址 192.168.0.1
ip addr del 192.168.0.1/24 dev eth0     #删除 eth0 网卡 IP 地址


ip route list                           #查看路由信息
ip route add 192.168.4.0/24  via  192.168.0.254 dev eth0
  #设置 192.168.4.0 网段的网关为 192.168.0.254,数据走 eth0 接口
ip route add default via  192.168.0.254  dev eth0

                                        #设置默认网关为 192.168.0.254
ip route del 192.168.4.0/24             #删除 192.168.4.0 网段的网关
ip route del default                    #删除默认路由
```

5. 通过文件修改网络参数

例如：

```
[root@localhost /]#vim  /etc/sysconfig/network-scripts/ifcfg-eth0
DEVICE="eth0"                          #设备名
NM_CONTROLLED="yes"                    #设备是否被 NetworkManager 管理
ONBOOT="no"                            #开机是否启动
HWADDR="00:0C:29:59:E2:D3"             #硬件地址(MAC 地址)
TYPE=Ethernet                          #类型
BOOTPROTO=none                         #启动协议{none|dhcp}
IPADDR=192.168.0.1                     #IP 地址
PREFIX=24                              #子网掩码
GATEWAY=192.168.0.254                  #默认网关
DNS1=202.106.0.20                      #主 DNS
DOMAIN=202.106.46.151                  #辅助 DNS
UUID=5fb06bd0-0bb0-7ffb-45f1-d6edd65f3e03   #设备 UUID 编号

[root@localhost /]vim  /etc/sysconfig/network
HOSTNAME=butbueatiful.com              #主机名
```

注意：在 CentOS 5.0 中 DNS 服务器写在 /etc/resolv.conf 文件中,但到了 CentOS 6.0 时代 DNS 服务器可以写在/etc/resolv.conf 文件中,但是此时需要在 /etc/sysconfig/network-scripts/ifcfg-eth0 文件中添加 PEERDNS＝no 配置,不然每次重启网卡就会重写/etc/resolv.conf 文件的内容,也可以直接写在 /etc/sysconfig/network-scripts/ifcfg-eth0 文件中。

6. 通过 system-config-network 网络配置工具配置

system-config-network 网络配置工具可通过类图形化的配置窗口界面完成对网络接口的各项配置,包括 IP 地址、子网掩码、网关、DHCP 和 DNS 服务器的配置。在命令行方式下输入 system-config-network 即可进入配置窗口界面,或者输入 setup 命令后,选择"网络配置"选项也可进入配置窗口界面,如图 7-1 所示。初始化界面包含 DNS 配置和设备配置两项,选择 DNS 配置可以进入 DNS 配置界面,如图 7-2 所示。选择设备配置选项后会出现"设备名"和"新设备",选择"新设备"选项会进入添加设备界面,如图 7-3 所示。选择"设备名"选项可以进入对应的设备配置界面(可以配置设备名称、DHCP、IP、子网掩码、默认网关、DNS 服务器地址),如图 7-4 所示。

system-config-network 可以完成对网络配置文件的修改,要使修改后的文件生效,还需要重启网络服务。

重启网络服务可使用命令 service network restart。

7. 通过"网络连接"菜单配置

在桌面环境下,可以使用菜单方式配置网络参数,如图 7-5 所示。由 root 用户进入桌面系统后,在菜单中选择"系统"→"首选项"→"网络连接"命令,进入"网络连接"对话框,如图 7-6 所示。

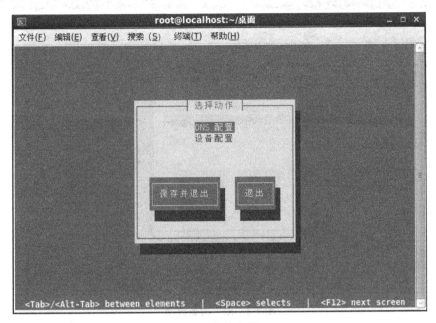

图 7-1 初始化界面

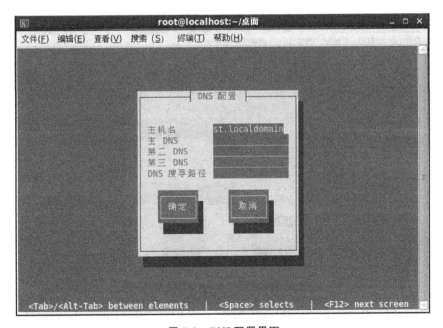

图 7-2 DNS 配置界面

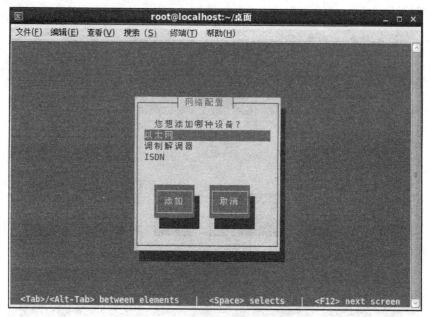

图 7-3　添加设备界面

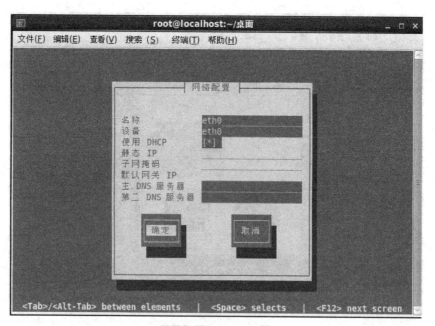

图 7-4　设备配置界面

图 7-5 菜单界面

图 7-6 "网络连接"对话框

在"网络连接"对话框中,可以看到 5 个选项卡,分别为"有线""无线""移动宽带"、VPN 和 DSL。选择"有线"选项卡,可配置有线模式下的网络参数。如果计算机已经正确安装了网卡,则在"有线"选项卡的"名称"窗体内含有一个系统命名的配置,eth0 是第一块网卡的接口名。选择 System eth0,右侧"编辑""删除"按钮被激活,此时单击"编辑"按钮,打开"正在编辑 System eth0"对话框。该对话框上有"有线""802.1x 安全性""IPv4 设置""IPv6 设置" 4 个选项卡,可以对相应的网络参数进行设置,如图 7-7 所示。

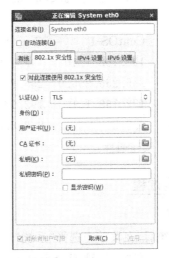

图 7-7 "正在编辑 System eth0"对话框

图 7-7(续)

7.3 项目实施

熟练掌握计算机网络参数的配置方法(图形化菜单方式、命令行方式),实现网络内计算机的通信,同时熟练掌握网络的测试方法。

任务 1 通过"网络连接"菜单配置

1. 任务要求

创建两台虚拟 CentOS 的主机(CentOS-1、CentOS-2),为 CentOS-1、CentOS-2 配置有线网络参数如下。

	CentOS-1	CentOS-2
IP 地址:	192.168.1.10	192.168.1.11
子网掩码:	255.255.255.0	255.255.255.0
默认网关:	192.168.1.1	192.168.1.1
DNS 服务器:	8.8.8.8	8.8.8.8

配置完成后测试连通性。

2. 实施过程

1)网络配置

进入桌面系统后,在菜单中选择"系统"→"首选项"→"网络连接"命令,进入"网络连接"对话框。依次单击"有线"选项卡→System eth0→"编辑"按钮→"IPv4 设置"选项卡,在

"IPv4设置"选项卡"方法"下拉列表框中选择"手动",单击"添加"按钮,在左侧出现的文本框内的对应位置填入IP地址、子网掩码、默认网关、主DNS服务器IP地址、第二DNS服务器IP地址(CentOS-1、CentOS-2的配置如图7-8所示)。完成后单击"应用"按钮,如果登录用户不是root,则单击"应用"后会打开授权对话框,需要正确输入root密码,才能授权完成网络配置。

图7-8 CentOS-1、CentOS-2的配置

需要注意的是,网络参数配置完成后,需要重启网络服务配置才能生效,可以使用命令 # service network restart。网络服务重启后网卡接口是关闭的,要重新开启,单击桌面右上角任务栏中的  ,在弹出的对话框中单击System eth0使网络连接恢复开启状态。

2)网络测试

在CentOS-1主机上使用ping命令测试CentOS-2主机。CentOS中ping命令和Microsoft Windows中的不同,它会持续ping目的主机,只有使用Ctrl+C键,才能终止。因此在ping后加"-c 4"选项和参数,这样就可以只ping目的主机4次就结束,如图7-9所示。

```
[root@localhost 桌面]#ping -c 4 192.168.1.11
```

从图7-9中可以看出,发出4个包,接收4个包,0%包丢失,可见网络内两台主机实现了正常的通信。

任务2 通过system-config-network网络配置工具配置

1. 任务要求

同本项目任务1。

```
                    root@localhost:~/桌面                        _ □ ×
文件(F)  编辑(E)  查看(V)  搜索(S)  终端(T)  帮助(H)
[root@localhost 桌面]# ping -c 4 192.168.1.11
PING 192.168.1.11 (192.168.1.11) 56(84) bytes of data.
64 bytes from 192.168.1.11: icmp_seq=1 ttl=64 time=0.426 ms
64 bytes from 192.168.1.11: icmp_seq=2 ttl=64 time=0.255 ms
64 bytes from 192.168.1.11: icmp_seq=3 ttl=64 time=0.240 ms
64 bytes from 192.168.1.11: icmp_seq=4 ttl=64 time=0.242 ms

--- 192.168.1.11 ping statistics ---
4 packets transmitted, 4 received, 0% packet loss, time 3001ms
rtt min/avg/max/mdev = 0.240/0.290/0.426/0.081 ms
[root@localhost 桌面]#
```

图 7-9　ping 命令测试结果

2. 实施过程

1）网络配置

在命令行方式下输入 system-config-network 即可进入配置窗口界面，或者输入 setup 命令后，选择"网络配置"选项也可进入配置界面。

```
[root@ localhost 桌面]#system-config-network
```

（1）选择 DNS 配置选项进入"DNS 配置"选项卡，在"主 DNS"文本框内填入 DNS 服务 IP 地址 8.8.8.8，这里还可以填入第二 DNS 服务器地址和 DNS 搜寻路径。CentOS-1、CentOS-2 配置方法相同，如图 7-10 所示。

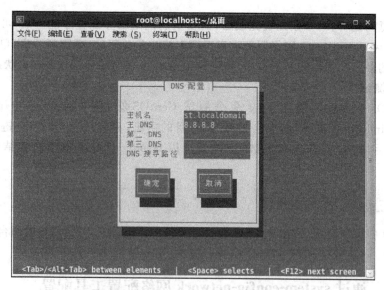

图 7-10　system-config-network DNS 配置

（2）选择"设备配置"选项，单击 eth0 选项进入"网络配置"选项卡，对应位置填入 IP 地址、子网掩码、默认网关、主 DNS 服务器 IP 地址、第二 DNS 服务器 IP 地址（CentOS-1、

CentOS-2 的配置如图 7-11 所示）。

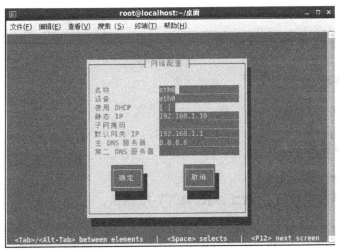

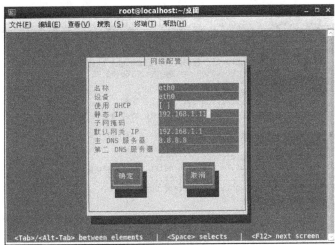

图 7-11 system-config-network 网络配置

2）网络测试

在 CentOS-1 主机上可以使用 ping 命令来测试 CentOS-2 主机的连通性，如图 7-12 所示。

图 7-12 ping 命令测试结果

从图 7-12 中可以看出,发出 4 个包,接收 4 个包,0%包丢失,可见网络内两台主机实现了正常的通信。

任务3　通过命令方式配置

1. 任务要求

同本项目任务1。

2. 实施过程

1)使用 IP 命令进行配置

(1)显示出所有设备的 IP 地址参数,如图 7-13 所示。

```
[root@localhost 桌面]#ip address show
```

图 7-13　所有设备的 IP 地址参数

或者简写为

```
[root@localhost 桌面]#ip addr show
```

从图 7-13 中可以看到,eth0 接口没有配置 IP 地址。

(2)配置 IP 地址,如图 7-14 所示。配置完成后查看 eth0。

```
[root@localhost 桌面]#ip address add 192.168.1.10/24 dev eth0
```

注意:IP 地址要有一个后缀,比如/24。这种用法用于在无类域内路由选择(CIDR)来显示所用的子网掩码。在这个例子中,子网掩码是 255.255.255.0。

(3)配置默认网关,如图 7-15 所示。

```
[root@localhost 桌面]#ip route add default via 192.168.1.1 dev eth0
```

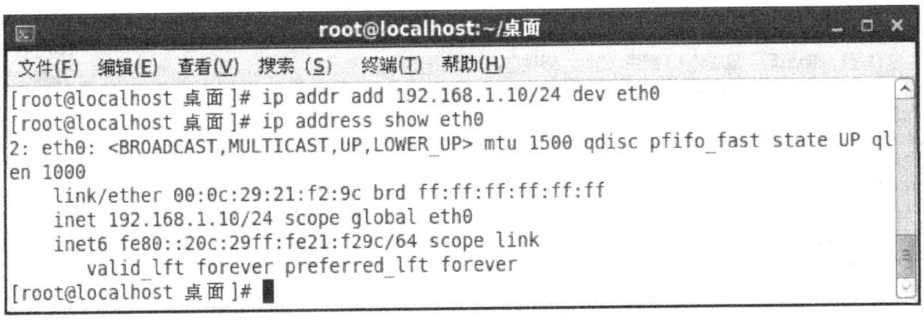

图 7-14　eth0 的 IP 地址参数

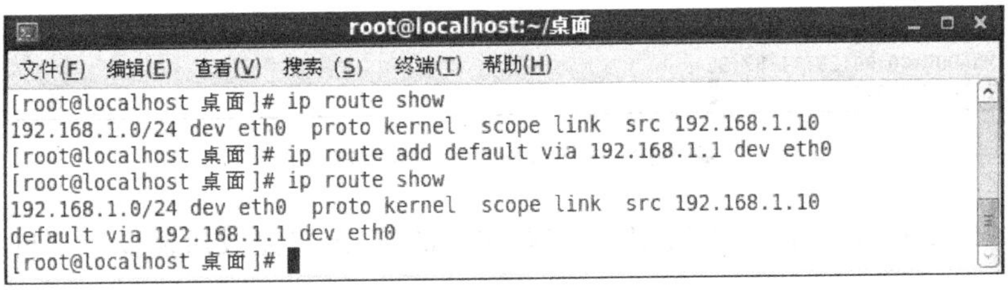

图 7-15　配置默认网关(1)

（4）配置 DNS 服务 IP 地址，如图 7-16 所示。

图 7-16　resolv. conf 文件的内容(1)

在 CentOS 下，有一个默认的 DNS 服务器地址配置文件的设置，存放在文件/etc/resolv. conf 中。设置方法很简单，通过 vi 编辑/etc/resolv. conf 文件，设置首选 DNS 和次要 DNS。排在前面的就是首选 DNS，后面一行就是次要的 DNS 服务器。

```
[root@localhost 桌面]#vim /etc/resolv.conf
```

完成了网络的基础配置后，可以使用 cat 命令来查看设备配置文件。

```
[root@localhost 桌面]#cat /etc/sysconfig/network-scripts/ifcfg-eth0
```

显示结果如图 7-17 所示，从文件内容也可以看到。

```
IPADDR=192.168.1.10
PREFIX=24
GATEWAY=192.16.1.1
DNS1=8.8.8.8
```

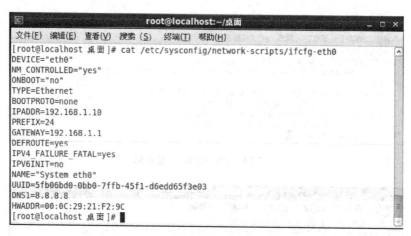

图 7-17   ifcfg-eth0 文件的内容（1）

CentOS-1、CentOS-2 配置方法相同，需要注意的是，配置完成后需要重启网络服务才能生效。

2）使用 ifconfig 命令进行配置

（1）显示网络设备信息（激活状态的），如图 7-18 所示。

```
[root@ localhost 桌面]#ifconfig
```

图 7-18   网络设备信息

（2）配置 IP 地址，如图 7-19 所示。配置完成后查看 eth0。

```
[root@ localhost 桌面]#ifconfig eth0 192.168.1.10 netmask 255.255.255.0
```

（3）配置默认网关，如图 7-20 所示。

```
[root@ localhost 桌面]#route add default gw 192.168.1.1
```

图 7-19　ifconfig 配置 IP 地址

图 7-20　配置默认网关（2）

可以使用 route 命令来显示路由表。

（4）配置 DNS 服务器 IP 地址，如图 7-21 所示。

```
[root@localhost 桌面]#vim /etc/resolv.conf
```

图 7-21　resolv. conf 文件的内容（2）

完成了网络的基础配置后，可以使用 cat 命令来查看设备配置文件。

```
[root@localhost 桌面]#cat /etc/sysconfig/network-scripts/ifcfg-eth0
```

显示结果如图 7-22 所示，从文件内容也可以看到。

```
IPADDR=192.168.1.10
PREFIX=24
GATEWAY=192.16.1.1
DNS1=8.8.8.8
```

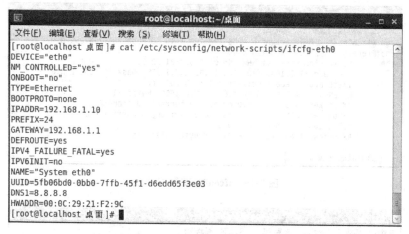

图 7-22　ifcfg-eth0 文件的内容(2)

CentOS-1、CentOS-2 配置方法相同,需要注意的是,配置完成需要重启网络服务才能生效。

3) 网络测试

测试方法同任务 1。

```
[root@localhost 桌面]#ping - c 4 192.168.1.11
```

从图 7-23 中可以看出,发出 4 个包,接收 4 个包,0%包丢失,可见网络内两台主机实现了正常的通信。

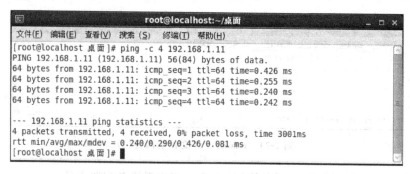

图 7-23　ping 命令测试结果

7.4　项目总结

1. CentOS 网络配置基础

网络配置中的参数:主机名、IP 地址、子网掩码、网关、DNS 服务器地址、DHCP 服务等。CentOS 的网络接口:lo 接口、eth 接口、ppp 接口。CentOS 常用的网络配置文件。

CentOS 常用的网络配置命令。

2. CentOS 常用的网络配置方法

CentOS 网络可以通过系统菜单中网络连接配置,也可以使用 system-config-network 网络配置工具配置,还可以用命令行的方式进行配置。

3. CentOS 的网络测试

常用的网络调试命令有 ping、traceroute、netstat 命令。

习题

1. 选择题

(1) CentOS 中使用(   )命令配置主机名。

    A. servername   B. pcname   C. hostname   D. host

(2) CentOS 中使用(   )命令测试主机之间网络的连通性。

    A. link   B. track   C. ftp   D. ping

(3) CentOS 中使用(   )命令打印网络系统的状态信息。

    A. netstat   B. ifconfig   C. servce   D. print

(4) CentOS 中使用(   )命令显示并设置 CentOS 内核中的网络路由表。

    A. switch   B. rip   C. route   D. ifconfig

(5) 用 ifconfig 命令配置 IP,下列正确的是(   )。

    A. ifconfig eth0 192.168.1.10 netmask 255.255.255.0

    B. ifconfig eth0 192.168.1.10 netmask 255.255.255.0

    C. ifconfig eth0 192.168.1.10   255.255.255.0

    D. ifconfig 192.168.1.10 netmask 255.255.255.0 broadcast 192.168.1.255

(6) 用 IP 命令配置 IP,下列正确的是(   )。

    A. address ip add 192.168.1.10/24 dev eth0

    B. ip address add 192.168.1.10/24 dev eth0

    C. ip address add 192.168.1.10 netmask 24   dev eth0

    D. ip address add 192.168.1.10/24

(7) 用 IP route 命令配置默认网关,下列正确的是(   )。

    A. ip route add default via 192.168.1.1 dev eth0

    B. route add default via 192.168.1.1 dev eth0

    C. ip route add default via 192.168.1.1 dev

    D. ip route add default 192.168.1.1 dev eth0

(8) eth0 的配置文件是(   )。

      A. ifcfg-eth0   B. ifcfg.eth0   C. ifcfg0   D. eth0

（9）CentOS 中默认存储 DNS 服务器信息文件是（   ）。

      A. ifcfg.eth0   B. DNS.conf   C. servername   D. resolv.conf

（10）CentOS 中保存主机名配置文件是（   ）。

      A. ifcfg.eth0   B. hosts   C. servername   D. resolv.conf

2. 简答题

（1）网络配置的参数有哪些？

（2）简述子网掩码的作用。

（3）CentOS 中主要的网络配置文件有哪些？

（4）常用的网络配置与调试命令有哪些？

（5）简述使用 system-config-network 网络配置工具配置网络参数的过程。

项 目 8

Samba服务器的配置与管理

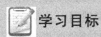 学习目标

1. 知识目标

- 掌握 Samba 服务的功能。
- 掌握 Samba 服务的工作原理。
- 掌握 Samba 服务的安装方法。
- 掌握 Samba 服务的配置方法。
- 掌握 Samba 服务的管理方法。

2. 能力目标

- 能够安装和启动 Samba 服务。
- 能够使用命令配置和操作 Samba 服务。
- 能够通过 Samba 服务实现不同系统间的资源共享。

3. 素质目标

熟练掌握 Samba 服务的安装与配置方法,实现不同系统间的资源共享,为网络内各用户提供便捷的资源获取方式。

8.1 项目场景

随着学院信息化建设的不断推进,对文件共享服务的需求是必不可少的。在学院网络环境中,大部分教职工和学生使用的计算机系统仍然是 Microsoft Windows 系列操作系统。由于运行效率、稳定性和安全性的需要,学院服务器使用了基于 CentOS,这就需要技术人员搭建 Samba 服务,以实现不同系统间的资源共享。技术人员掌握 Samba 服务的配置和管理方法成为必要的能力。

8.2 知识准备

8.2.1 Samba 服务基础知识

1. Samba 服务

Samba 是在 Linux 操作系统和 UNIX 操作系统上实现 SMB 协议的一个免费软件,由服务器及客户端程序构成。SMB(Server Message Block,服务器信息块)是一种在局域网上共享文件和打印机的通信协议,它为局域网内的不同计算机之间提供文件及打印机等资源的共享服务。

使用 Linux 操作系统,接触最多的就是 Samba 服务。正是由于 Samba 的出现,我们可以在 Linux 操作系统和 Windows 操作系统之间相互通信,如复制文件、实现不同操作系统之间的资源共享等。

2. Samba 服务的起源

在早期互联网中,文件在不同主机间的传输大多是使用 FTP 软件来进行的。不过,使用 FTP 传输文件却有个问题,就是无法直接修改主机上面的文件数据,也就是说想要更改 Linux 主机上的某个文件时,必须由 Server 端将该文件下载到 Client 端后才能修改,也因此该文件在 Server 端与 Client 端都会存在。这个时候,如果修改了某个文件,却忘记将数据传回主机,过了一段时间,就无法知道哪个文件才是最新的。

1991 年一个名叫 Andrew Tridgwell 的大学生就有这样的困扰,他手上有 3 台计算机,分别运行 PC DOS、DEC 公司的 Digital UNIX 以及 Sun 的 UNIX。当时,DEC 公司发展出一套称为 PATHWORKS 的软件,这套软件可以用来共享 Digital UNIX 与 PC DOS 两个操作系统的文件。让 Tridgwell 觉得较困扰的是,Sun 的 UNIX 无法通过这个软件来达到数据分享的目的。这个时候 Tridgwell 想:既然这两个系统可以相互沟通,可不可以将这两个系统的运作原理找出来,然后让 UNIX 也能够共享文件呢? 为了解决这个问题,他就自行写了一个程序去侦测 PC DOS 与 Digital UNIX 系统在进行数据共享、传送时所使用的通信协议信息,然后将这些重要的信息提取出来,并且基于这个通信协议开发出 Server Message Block (SMB)。就是这套 SMB 能够让 UNIX 与 DOS 共享数据。

3．Samba 的主要功能

（1）文件和打印机共享。文件和打印机共享是 Samba 的主要功能，SMB 进程实现资源共享，将文件和打印机发布到网络中，供用户访问。

（2）身份验证和权限设置。Samba 服务支持 user mode 和 domain mode 等身份验证和权限设置模式，通过加密方式可以保护共享的文件和打印机。

（3）名称解析。Samba 通过 nmbd 服务可以搭建 NBNS(NetBIOS Name Service)服务器，提供名称解析，将计算机的 NetBIOS 名解析为 IP 地址。

（4）浏览服务。局域网中，Samba 服务器可以成为本地主浏览服务器(LMB)，保存可用资源列表，当使用客户端访问 Windows 网上邻居时，会提供浏览列表，显示共享目录、打印机等资源。

4．Samba 的工作流程

Samba 服务功能强大，这与其通信基于 SMB 协议有关。在早期，SMB 运行于 NBT 协议(NetBIOS over TCP/IP)上，使用 UDP 协议的 137、138 及 TCP 协议的 139 端口，后期 SMB 经过开发，可以直接运行于 TCP/IP 协议上，没有额外的 NBT 层，使用 TCP 协议的 445 端口。

当客户端访问服务器时，信息通过 SMB 协议进行传输，其工作过程可以分成 4 个步骤。

（1）协议协商。客户端在访问 Samba 服务器时，发送 negprot 指令数据包，告知目标计算机其支持的 SMB 类型。Samba 服务器根据客户端的情况，选择最优的 SMB 类型，并做出回应。

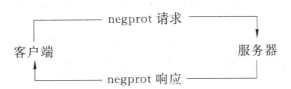

（2）建立连接。当 SMB 类型确认后，客户端会发送 session setup 指令数据包，提交账号和密码，请求与 Samba 服务器建立连接。如果客户端通过身份验证，Samba 服务器会对 session setup 报文做出回应，并为用户分配唯一的 UID，在客户端与其通信时使用。

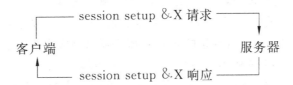

（3）访问共享资源。客户端访问 Samba 共享资源时，发送 tree connect 指令数据包，通知服务器需要访问的共享资源名，如果设置允许，Samba 服务器会为每个客户端与共享资源连接分配 TID，客户端即可访问需要的共享资源。

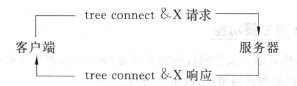

（4）断开连接。共享使用完毕,客户端向服务器发送 tree disconnect 报文关闭共享,与服务器断开连接。

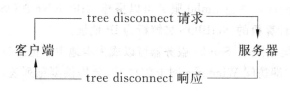

5. Samba 的相关进程

Samba 服务由两个进程组成,分别是 nmbd 和 smbd。

（1）nmbd。其功能是进行 NetBIOS 名解析,并提供浏览服务显示网络上的共享资源列表。

（2）smbd。其主要功能是用来管理 Samba 服务器上的共享目录、打印机等,主要是针对网络上的共享资源进行管理。当访问服务器查找共享文件时,就要依靠 smbd 这个进程来管理数据传输。

6. Samba 服务器的安全模式

Samba 服务器有 share、user、server、domain 和 ads 5 种安全模式,用来适应不同的企业服务器需求。

（1）share 安全模式。客户端登录 Samba 服务器,不需要输入用户名和密码就可以浏览 Samba 服务器的资源,适用于共享资源,安全性差,需要配合其他权限设置,保证 Samba 服务器的安全性。

（2）user 安全模式。客户端登录 Samba 服务器,需要提交合法账号和密码,经过服务器验证才可以访问共享资源,服务器默认为此模式。

（3）server 安全模式。客户端需要将用户名和密码提交到一台指定的 Samba 服务器上进行验证,如果验证出现错误,客户端会用 user 安全模式访问。

（4）domain 安全模式。如果 Samba 服务器加入 Windows 域环境中,验证工作服将由 Windows 域控制器负责,domain 级别的 Samba 服务器只是成为域的成员客户端,并不具备服务器的特性,Samba 早期的版本使用此级别登录 Windows 域。

（5）ads 安全模式。当 Samba 服务器使用 ads 安全模式加入 Windows 域环境中,它就具备了 domain 安全模式中所有的功能并可以具备域控制器的功能。

7. Samba 的主配置文件

Samba 的主配置文件为/etc/samba/smb.conf。

1）主配置文件

主配置文件由两部分构成。Global Settings(55~245 行)设置都是与 Samba 服务整体运行环境有关的选项,它的设置项目是针对所有共享资源的。Share Definitions(246~尾行)设置针对的是共享目录个别的设置,只对当前的共享资源起作用。

2）全局参数

```
[global]
config file=/usr/local/samba/lib/smb.conf.%m
```

config file 可以让客户使用另一个配置文件来覆盖默认的配置文件。如果文件不存在,则该项无效。这个参数可以使 Samba 配置更灵活,可以让一台 Samba 服务器模拟多台不同配置的服务器。比如,想让 PC1(主机名)这台计算机在访问 Samba Server 时使用它自己的配置文件,那么先在/etc/samba/host/下为 PC1 配置一个名为 smb.conf.pc1 的文件,然后在 smb.conf 中加入 config file＝/etc/samba/host/smb.conf.%m。这样当 PC1 请求连接 Samba Server 时,smb.conf.%m 就被替换成 smb.conf.pc1。此时,对于 PC1 来说,它所使用的 Samba 服务就是由 smb.conf.pc1 定义的,而其他机器访问 Samba Server 则还是应用 smb.conf。

```
workgroup=WORKGROUP
```

说明:设定 Samba Server 所要加入的工作组或者域。

```
server string=Samba Server Version %v
```

说明:设定 Samba Server 的注释,可以是任何字符串,也可以不填。宏％v 表示显示 Samba 的版本号。

```
netbios name=smbserver
```

说明:设置 Samba Server 的 NetBIOS 名称。如果不填,则默认会使用该服务器的 DNS 名称的第一部分。netbios name 和 workgroup 名字不要设置成一样的。

```
interfaces=lo eth0 192.168.12.2/24 192.168.13.2/24
```

说明:♯设置 Samba Server 监听网卡,可以写网卡名,也可以写该网卡的 IP 地址。

```
hosts allow=127. 192.168.1. 192.168.10.1
```

说明:表示允许连接到 Samba Server 的客户端,多个参数以空格隔开。可以用一个 IP 表示,也可以用一个网段表示。hosts deny 与 hosts allow 刚好相反。

例如：

```
hosts allow=172.17.2.EXCEPT172.17.2.50
```

表示允许来自 172.17.2.* 的主机连接，但排除 172.17.2.50。

```
hosts allow=172.17.2.0/255.255.0.0
```

表示允许来自 172.17.2.0/255.255.0.0 子网中的所有主机连接。

```
hosts allow=M1,M2
```

表示允许来自 M1 和 M2 两台计算机连接。

```
hosts allow=@pega
```

表示允许来自 pega 网域的所有计算机连接

```
max connections=0
```

说明：max connections 用来指定连接 Samba Server 的最大连接数目。如果超出连接数目，则新的连接请求将被拒绝。0 表示不限制。

```
deadtime=0
```

说明：deadtime 用来设置断掉一个没有打开任何文件的连接的时间。单位是分钟，0 代表 Samba Server 不自动切断任何连接。

```
time server=yes/no
```

说明：time server 用来设置让 nmdb 成为 Windows 客户端的时间服务器。

```
log file=/var/log/samba/log.%m
```

说明：设置 Samba Server 日志文件的存储位置以及日志文件名称。在文件名后加宏 %m(主机名)，表示对每台访问 Samba Server 的机器都单独记录一个日志文件。如果 pc1、pc2 访问过 Samba Server，就会在/var/log/samba 目录下留下 log.pc1 和 log.pc2 两个日志文件。

```
max log size=50
```

说明：设置 Samba Server 日志文件的最大容量，单位为 KB，0 代表不限制。

```
security=user
```

说明：设置用户访问 Samba Server 的验证方式，一共有 4 种验证方式。

```
passdb backend=tdbsam
```

说明：passdb backend 就是用户后台的意思。目前有 3 种后台：smbpasswd、tdbsam 和 ldapsam。sam 是 security account manager(安全账户管理)的简写。

(1) smbpasswd：该方式是使用 smb 自己的工具 smbpasswd 来给系统用户(真实用户或者虚拟用户)设置一个 Samba 密码，客户端就用这个密码来访问 Samba 的资源。smbpasswd 文件默认在/etc/samba 目录下，不过有时候要手动建立该文件。

(2) tdbsam：该方式是使用一个数据库文件来建立用户数据库。数据库文件为 passdb.tdb，默认在/etc/samba 目录下。passdb.tdb 用户数据库可以使用 smbpasswd － a 来建立 Samba 用户，不过要建立的 Samba 用户必须先是系统用户。也可以使用 pdbedit 命令来建立 Samba 账户。pdbedit 命令的参数很多，下面列出几个主要的。

① pdbedit － a username：新建 Samba 账户。

② pdbedit － x username：删除 Samba 账户。

③ pdbedit － L：列出 Samba 用户列表，读取 passdb.tdb 数据库文件。

④ pdbedit － Lv：列出 Samba 用户列表的详细信息。

⑤ pdbedit － c "[D]" － u username：暂停该 Samba 用户的账号。

⑥ pdbedit － c "[ ]" － u username：恢复该 Samba 用户的账号。

(3) ldapsam：该方式则基于 LDAP 的账户管理方式来验证用户。首先要建立 LDAP 服务；其次设置 passdb backend＝ldapsam:ldap://LDAP Server。

```
encrypt passwords=yes/no
```

说明：是否将认证密码加密。因为现在 Windows 操作系统都是使用加密密码，所以一般要开启此项。配置文件默认已开启。

```
smb passwd file=/etc/samba/smbpasswd
```

说明：用来定义 Samba 用户的密码文件。如果没有 smbpasswd 文件，需要新建。

```
username map=/etc/samba/smbusers
```

说明：用来定义用户名映射，比如可以将 root 换成 administrator、admin 等。不过要事先在 smbusers 文件中定义好。比如，root ＝ administrator admin，这样就可以用 administrator 或 admin 这两个用户来代替 root 登录 Samba Server，更贴近 Windows 用户的使用习惯。

```
guest account=nobody
```

说明：用来设置 guest 用户名。

```
socket options=TCP_NODELAY SO_RCVBUF=8192 SO_SNDBUF=8192
```

说明：用来设置服务器和客户端之间会话的 Socket 选项，可以优化传输速率。

```
domain master=yes/no
```

说明：设置 Samba 服务器是否要成为网域主浏览器，网域主浏览器可以管理跨子网域的浏览服务。

```
local master=yes/no
```

说明：local master 用来指定 Samba Server 是否试图成为本地网域主浏览器。如果设为 no，则永远不会成为本地网域主浏览器。但是即使设置为 yes，也不等于该 Samba Server 就能成为本地网域主浏览器，还需要参加选举。

```
preferred master=yes/no
```

说明：设置 Samba Server 开机就强迫进行主浏览器选举，可以提高 Samba Server 成为本地网域主浏览器的机会。如果该参数指定为 yes 时，最好把 domain master 也指定为 yes。使用该参数时要注意：如果在本 Samba Server 所在的子网有其他的机器（不论是 Windows NT 还是其他 Samba Server）也指定为首要主浏览器时，那么这些机器将会因为争夺主浏览器而在网络上大发广播，影响网络性能。

如果同一个区域内有多台 Samba Server，将上面 3 个参数设定在一台即可。

```
os level=200
```

说明：设置 Samba 服务器的 os level。该参数决定 Samba Server 是否有机会成为本地网域主浏览器。os level 为 0～255，Windows NT 的 os level 是 32，Windows 95/98 的 os level 是 1。Windows 2000 的 os level 是 64。如果设置为 0，则意味着 Samba Server 将失去浏览选择。如果想让 Samba Server 成为 PDC，那么将它的 os level 值设置得大一些。

```
domain logons=yes/no
```

说明：设置 Samba Server 是否要作为本地域控制器。主域控制器和备份域控制器都需要开启此项。

```
logon script=%u.bat
```

说明：当使用者用 Windows 客户端登录，Samba 将提供一个登录文件。如果设置成 %u.bat，那么就要为每个用户提供一个登录文件。如果登录的人比较多，那就比较麻烦。

可以设置成一个具体的文件名,比如 start. bat,用户登录后都会去执行 start. bat,而不用为每个用户设定一个登录文件。这个文件要放置在[netlogon]的 path 设置的路径下。

```
wins support=yes/no
```

说明:设置 Samba 服务器是否提供 WINS 服务。

```
wins server=WINS 服务器 IP 地址
```

说明:设置 Samba Server 是否使用别的 WINS 服务器提供 WINS 服务。

```
wins proxy=yes/no
```

说明:设置 Samba Server 是否开启 WINS 代理服务。

```
dns proxy=yes/no
```

说明:设置 Samba Server 是否开启 DNS 代理服务。

```
load printers=yes/no
```

说明:设置是否在启动 Samba 时就共享打印机。

```
printcap name=cups
```

说明:设置共享打印机的配置文件。

```
printing=cups
```

说明:设置 Samba 共享打印机的类型。现在支持的打印系统有 bsd、sysv、plp、lprng、aix、hpux、qnx。

3) 共享参数

```
[共享名]
comment =任意字符串
```

说明:comment 是对该共享的描述,可以是任意字符串。

```
path=共享目录的路径
```

说明:path 用来指定共享目录的路径。可以用%u、%m 这样的宏来代替路径里的 UNIX 用户和客户端的 NetBIOS 名,用宏表示主要用于[homes]共享域。例如,不打算用 home 段作为客户的共享,而是在/home/share/下为每个 Linux 用户以其用户名建立目录作为共享目录,这样 path 就可以写成 path=/home/share/%u;。用户在连接到这个共享时具体的路径会被他的用户名代替,要注意这个用户名路径一定要存在;否则,客户机在访问时会找不到网络路径。同样,如果不是以用户来划分目录,而是以客户机来划分目录,为网络上每台可以访问 Samba 的机器各自建立以其 NetBIOS 名的路径,作为不同机器的共享资源,就可以写为 path=/home/share/%m。

```
browseable=yes/no
```

说明:browseable 用来指定该共享是否可以浏览。

```
writable=yes/no
```

说明:writable 用来指定该共享目录的路径是否可写。

```
available=yes/no
```

说明:available 用来指定该共享资源是否可用。

```
admin users =该共享的管理者
```

说明:admin users 用来指定该共享的管理员(对该共享具有完全控制权限)。在 Samba 3.0 中,如果用户验证方式设置成"security=share",此项无效。
例如:admin users =david,sandy(多个用户中间用逗号隔开)。

```
valid users =允许访问该共享的用户
```

说明:valid users 用来指定允许访问该共享资源的用户。
例如:valid users=david,@dave,@tech(多个用户或者组中间用逗号隔开,如果要加入一个组就用"@组名"表示)。

```
invalid users =禁止访问该共享的用户
```

说明:invalid users 用来指定不允许访问该共享资源的用户。
例如:invalid users=root,@bob(多个用户或者组中间用逗号隔开)。

```
write list =允许写入该共享的用户
```

说明:write list 用来指定可以在该共享下写入文件的用户。
例如:write list=david,@dave。

```
public=yes/no
```

说明:public 用来指定该共享是否允许 guest 账户访问。

```
guest ok=yes/no
```

说明：意义同 public。

4）几个特殊共享

```
[homes]                          //设置用户宿主目录共享
comment=Home Directories
browseable=no
writable=yes
valid users=%S
; valid users=MYDOMAIN\%S


[printers]                       //设置打印机共享
comment=All Printers
path=/var/spool/samba
browseable=no
guest ok=no
writable=no
printable=yes


[netlogon]
comment=Network Logon Service
path=/var/lib/samba/netlogon
guest ok=yes
writable=no
share modes=no


[Profiles]
path=/var/lib/samba/profiles
browseable=no
guest ok=yes
```

8. smbclient 命令

smbclient 命令属于 Samba 套件，它提供一种命令行使用交互式方式访问 Samba 服务器的共享资源。命令格式如下。

```
smbclient [选项] Samba 服务器
```

常用的选项如下。

（1）-B：传送广播数据包时所用的 IP 地址。

（2）-d<排错层级>：指定记录文件所记载事件的详细程度。

（3）-E：将信息送到标准错误输出设备。

（4）-h：显示帮助。

（5）-i<范围>：设置 NetBIOS 名称范围。

（6）-I：指定服务器的 IP 地址。

（7）-l＜记录文件＞：指定记录文件的名称。

（8）-L：显示服务器端分享的所有资源。

（9）-M：可利用 WinPopup 协议，将信息发送给选项中指定的主机。

（10）-n：指定用户端要使用的 NetBIOS 名称。

（11）-N：不用询问密码。

（12）-O＜连接槽选项＞：设置用户端 TCP 连接槽的选项。

（13）-p：指定服务器端 TCP 连接端口编号。

（14）-R＜名称解析顺序＞：设置 NetBIOS 名称解析的顺序。

（15）-s＜目录＞：指定 smb.conf 所在的目录。

（16）-t＜服务器字符码＞：设置用何种字符码来解析服务器端的文件名称。

（17）-T：备份服务器端分享的全部文件，并打包成 tar 格式的文件。

（18）-U＜用户名称＞：指定用户名称。

（19）-w＜工作群组＞：指定工作群组名称。

8.2.2 安装 Samba 服务

1. 安装包说明

（1）samba-3.6.23-43.el6.x86_64.rpm

说明：服务器端软件，主要提供 Samba 服务器的守护程序，共享文档，日志的轮替，开机默认选项。

（2）samba-common-3.6.23-43.el6.x86_64.rpm

说明：主要提供 Samba 服务器的设置文件与设置文件语法检验程序 testparm。

（3）samba-client-3.6.23-43.el6.x86_64.rpm

说明：客户端软件，主要提供 Linux 主机作为客户端时所需要的工具指令集。

（4）samba-swat-3.6.23-43-125.el6.x86_64.rpm

说明：基于 HTTPS 协议的 Samba 服务器 Web 配置界面。

2. 使用 yum 工具安装

在可以联网的机器上使用 yum 工具安装，如果未联网，则挂载系统光盘进行安装。

```
[root@localhost 桌面]#yum -y install samba samba-client samba-swat
```

有依赖关系的包如 samba-common、samba-winbind-clients、libsmbclient 将自动安装上去。

3. 使用 rpm 工具安装

还可以使用 rpm 工具安装，其依赖关系的包需要手动安装。

```
[root@localhost Packages]#rpm -ivh samba-3.6.23-43.el6.x86_64.rpm
[root@localhost Packages]#rpm -ivhsamba-common-3.6.23-43.el6.x86_64.rpm
[root@localhost Packages]#rpm -ivh samba-client-3.6.23-43.el6.x86_64.rpm
[root@localhost Packages]#rpm -ivh samba-swat-3.6.23-43-125.el6.x86_64.rpm
```

Samba 服务器安装完毕,会生成配置文件目录/etc/samba 和其他一些 Samba 可执行命令工具,smb.conf 是 Samba 的核心配置文件,/etc/init.d/smb 是 Samba 的启动/关闭文件。

4. 查看安装结果

安装结果如图 8-1 所示。

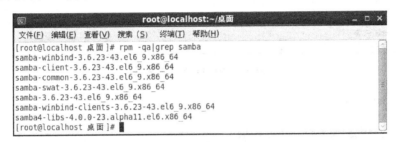

图 8-1　Samba 服务已安装的包

```
[root@localhost Packages]#rpm -qa|grep samba
```

安装 Samba 后,可以使用 testparm 命令测试 smb.conf 配置是否正确。使用 testparm - v 命令可以详细地列出 smb.conf 支持的配置参数。

5. 管理 Samba 服务器

Samba 服务有两个,一个是 SMB;另一个是 NMB。SMB 是 Samba 的核心启动服务,主要负责建立 CentOS Samba 服务器与 Samba 客户机之间的对话,验证用户身份并提供对文件和打印系统的访问,只有 smb 服务启动,才能实现文件的共享,监听 139 TCP 端口。而 NMB 服务是负责解析用的,类似于 DNS 实现的功能。NMB 可以把 CentOS 共享的工作组名称与其 IP 对应起来。如果 NMB 服务没有启动,就只能通过 IP 来访问共享文件,监听 137 和 138 UDP 端口。所以启动 Samba 服务,主要是启动 SMB 和 NMB 服务。

（1）可以通过 service 命令来管理 Samba 服务,如图 8-2 所示。

① 启动 Samba 服务。

```
[root@localhost 桌面]#service smb start
[root@localhost 桌面]#service nmb start
```

② 重启 Samba 服务。

```
[root@localhost 桌面]#service smb restart
[root@localhost 桌面]#service nmb restart
```

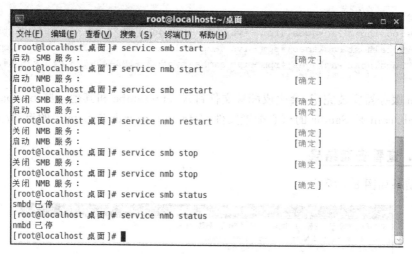

图 8-2　Samba 的服务管理

③ 停止 Samba 服务。

```
[root@ localhost 桌面]#service smb stop
[root@ localhost 桌面]#service nmb stop
```

④ 查看 Samba 服务工作状态。

```
[root@ localhost 桌面]#service smb status
[root@ localhost 桌面]#service nmb status
```

（2）通过/etc/init.d/smb start/stop/restart 来启动、关闭、重启 Samba 服务。

（3）设置开机自启动，在 3、5 级别上自动运行 Samba 服务，如图 8-3 所示。

```
[root@ localhost 桌面]#chkconfig --level 35 smb on
```

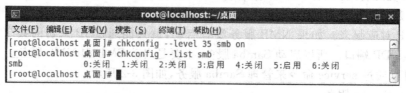

图 8-3　Samba 的服务开机启动设置

6. 添加 Samba 用户

添加一个名为 user1 的用户，密码为 123456，如图 8-4 所示。

```
[root@ localhost 桌面]#smbpsssswd -a testuser
```

图 8-4　添加 Samba 用户

8.2.3　Samba 服务器配置流程

在 Samba 服务安装完成后,并不能直接使用 Windows 或 Linux 的客户端访问 Samba 服务器,还必须对服务器进行设置。

1. 基本的 Samba 服务器的配置流程

(1) 编辑主配置文件 smb.conf,指定需要共享的目录,并为共享目录设置共享权限。

(2) 在 smb.conf 文件中指定日志文件名称和存放路径。

(3) 设置共享目录的本地系统权限。

(4) 重新加载配置文件或重新启动 SMB 服务,使配置生效。

2. 防火墙配置

选定 Samba、"Samba 客户端"复选框,并单击"应用"按钮,如图 8-5 所示。

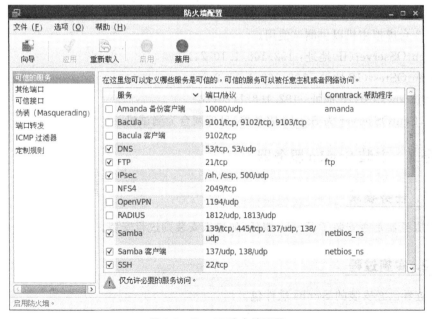

图 8-5　CentOS 防火墙配置

注意：配置完成后一定要对防火墙进行设置，否则可能会影响 Samba 服务的正常使用。

```
[root@ localhost 桌面]#iptables -F
[root@ localhost 桌面]#vi /etc/selinux/config
```

将 SELINUX＝enforcing 修改为 SELINUX＝disabled 以关闭 SELinux，修改后的 config 文件如图 8-6 所示。

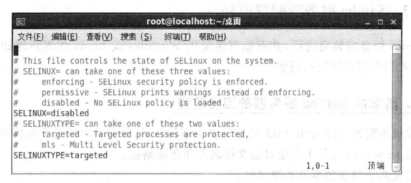

图 8-6　修改后 config 的文件

8.3　项目实施

安装、配置和管理 Samba 服务器，实现不同系统间的资源共享。

创建 3 台虚拟主机以供测试使用。

- CentOSserver(IP 地址：192.168.1.10/24)
- CentOStest(IP 地址：192.168.1.11/24)
- Windowstest(IP 地址：192.168.1.20/24)

其中，CentOSserver 为 Samba 服务器，另外两台为测试机。

任务 1　安装 Samba 服务器

1. 任务要求

查看服务器是否安装了 Samba 服务，如果未安装则进行安装。

2. 实施过程

(1) 查看已经安装的 Samba 软件包。

```
[root@ localhost Packages]#rpm -qa|grep samba
```

（2）安装 Samba 软件包。

```
[root@localhost 桌面]#yum -y install samba samba-client samba-swat
```

也可以使用 rpm 来安装，但是需要手动解决软件依赖性问题。

（3）启动 Samba 服务。

```
[root@localhost 桌面]#service smb start
[root@localhost 桌面]#service nmb start
```

（4）查看 Samba 服务的工作状态。

```
[root@localhost 桌面]#service smb status
[root@localhost 桌面]#service nmb status
```

正确安装后工作状态如图 8-7 所示。

图 8-7 Samba 服务工作状态

任务 2 Samba 服务器基础配置

📋 1. 任务要求

学院现有一个工作组 workgroup，需要添加 Samba 服务器作为文件服务器，并发布共享目录/share，共享名为 public，此共享目录允许所有教职工访问。

📋 2. 实施过程

（1）修改 Samba 的主配置文件。系统默认的配置文件 smb.conf 中有较多注释，为了简洁这里把注释部分去除，修改后的内容如下。

```
[global]
    workgroup=WORKGROUP
    server string=David Samba Server Version %v
    netbios name=MYSERVER
    log file=/var/log/samba/log.%m
    security=share
[public]
    comment=Public Stuff
```

```
        path=/share
        public=yes                于 guest ok=yes
```

（2）创建共享目录。

```
[root@localhost /]#mkdir share
```

（3）修改该目录的权限。

```
[root@localhost /]#chmod 755 /share
```

（4）配置完成后重启。

```
[root@localhost 桌面]#service smb restart
[root@localhost 桌面]#service nmb restart
```

任务 3　测试 Samba 服务器

1. 任务要求

测试不同系统间是否实现文件共享功能。

2. 实施过程

（1）Windows 客户端访问 Samba 共享资源。Windows 操作系统访问 Samba 共享资源需安装 TCP/IP 和 NetBIOS 协议。

① 双击网上邻居。

② 在"开始"菜单的"运行"窗口输入"\\服务器名（或服务器 IP 地址）"，如图 8-8 所示。

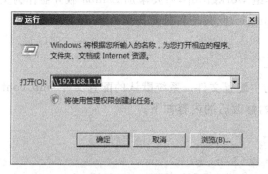

图 8-8　运行窗口

执行后的结果如图 8-9 所示。

（2）CentOS 客户端访问 Samba 共享资源。进入图形化桌面后，单击菜单中的"位置"→"网络"命令，打开"网络"窗口，可以看到 Samba 服务器 MYSERVER，如图 8-10 所示。

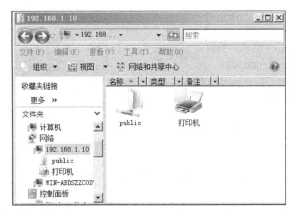

图 8-9　Windows 客户端测试

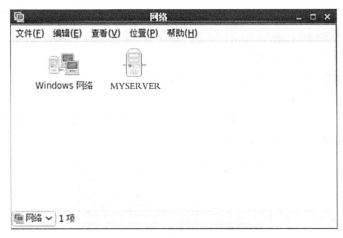

图 8-10　CentOS"网络"窗口

（3）CentOS 客户端访问 Windows 共享资源。进入图形化桌面后，单击菜单中的"位置"→"网络"命令，打开"网络"窗口，可以看到"Windows 网络"，如图 8-10 所示。

任务 4　Samba 服务器用户认证模式配置

1. 任务要求

学院现有多个部门，因工作需要，将教务处的资料存放在 Samba 服务器的/jw 目录中集中管理，以便教务处人员浏览，并且该目录只允许教务处的人员访问。

2. 实施过程

（1）修改 Samba 的主配置文件。系统默认的配置文件 smb.conf 中有较多注释，为了简洁这里把注释部分去除，修改后的内容如下。

```
[global]
    workgroup=WORKGROUP
    server string=David Samba Server Version %v
    netbios name=MYSERVER
    log file=/var/log/samba/log.%m
    security =user
[public]
    comment=Public Stuff
    path=/share
    public=yes
[jw]                          //jw 组目录,只允许 jw 组成员访问
    comment=JW
    path=/jw
    valid users=@jw
```

（2）添加 TS 部组和用户。建立用户的同时加入相应的组中的方式为"useradd -g 组名 用户名"。

（3）在根目录下建立/jw 文件夹。

（4）将刚才建立的账户添加到 Samba 的账户中。

（5）重启 Samba 服务。

（6）到 Windows 客户端验证,访问\\192.168.1.10,提示输入用户名和密码,在此输入已创建的用户名和密码,如图 8-11 所示。

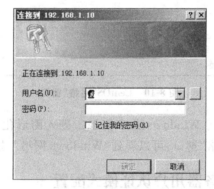

图 8-11　用户认证窗口

（7）访问成功,可以看到公共的 public 目录、用户的宿主目录和其有权限访问的教务目录。

8.4　项目总结

　　Samba 是一套使用 SMB(Server Message Block)协议的应用程序,通过支持这个协议,Samba 允许 Linux 服务器与 Windows 操作系统之间进行通信,使跨平台的互访成为可能。

Samba 采用 C/S 模式，其工作机制是让 NetBIOS（ Windows 网上邻居的通信协议）和 SMB 两个协议运行于 TCP/IP 通信协议之上，并且用 NetBEUI 协议让 Windows 在"网上邻居"中能浏览 Linux 服务器。

Samba 服务包括两个服务：SMB 和 NMB。SMB 是 Samba 的核心，主要负责建立 Linux Samba 服务器与 Samba 客户机之间的对话，验证用户身份并提供对文件和打印系统的访问。NMB 主要负责对外发布 Linux Samba 服务器可以提供的 NetBIOS 名称和浏览服务，使 Windows 用户可以在"网上邻居"浏览 Linux Samba 服务器中共享的资源。

习题

1. 选择题

（1）SMB 通信协议采用的是（　　）架构。

    A. B/S   B. C/C   C. PoP   D. C/S

（2）组成 Samba 运行的两个服务是（　　）。

    A. vsftpd 和 httpd   B. vsftpd 和 NMB

    C. vsftpd 和 SMB   D. NMB 和 SMB

（3）Samba 的主配置文件是（　　）。

    A. nmb. conf   B. smb. conf   C. samb. conf   D. samba

（4）Samba 服务器安全模式中不需要输入用户名和密码就可以浏览 Samba 服务器资源的安全模式是（　　）。

    A. share   B. user   C. server   D. domain

（5）客户端登录 Samba 服务器，需要提交合法账号和密码，经过服务器验证才能访问共享资源的安全模式是（　　）。

    A. share   B. user   C. server   D. domain

（6）Samba 服务器默认的安全模式是（　　）。

    A. share   B. user   C. server   D. domain

（7）smb. conf 配置文件中 public 字段为（　　），允许匿名用户访问。

    A. yes   B. no   C. 1   D. 0

（8）smb. conf 配置文件中 writable 字段为（　　），允许用户写操作。

    A. yes   B. no   C. 1   D. 0

（9）共享目录如果限制用户的权限为只读，可以将 readonly 的值设置为（　　）。

    A. yes   B. no   C. 1   D. 0

（10）用于定义打印机共享的是（　　）。

    A. ［global]   B. ［homes]   C. ［printers]   D. ［share]

2. 简答题

（1）Samba 服务的安全模式有哪些？

（2）简述 SMB 服务和 NMB 服务的作用。

3. 操作题

搭建 Samba 服务器，并根据以下要求配置 Samba 服务器。

（1）设置 Samba 服务的工作组为 testgroup。

（2）设置 Samba 服务安全模式为 user。

（3）设置 Samba 服务的共享目录为/var/share。

项 目 9

DHCP服务器的配置
与管理

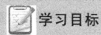 学习目标

1. 知识目标

- 掌握 DHCP 服务的概念。
- 掌握 DHCP 服务的安装。
- 掌握 DHCP 服务的启动和停止。
- 掌握 DHCP 服务的配置。
- 掌握 DHCP 客户机的配置。

2. 能力目标

- 能够安装与配置 DHCP 服务器。
- 能够测试 DHCP 服务器。
- 能够排除 DHCP 服务错误。

3. 素质目标

能够通过 DCHP 服务器的安装与配置,提高和优化网络管理,实现对网络各客户机进行动态的 IP 地址分配和管理。

9.1 项目场景

　　学院各部门共有 180 台计算机,但是除了计算机系的教师会配置网络连接,其他部门的教师和工作人员均不会。为了提高网络的管理效率,技术人员决定配置一台 DHCP 服务器,来提供动态 IP 地址分配,不会配置网络连接的人员选择自动获取 IP 即可。

9.2 知识准备

9.2.1 DHCP 基础知识

1. DHCP

　　DHCP(Dynamic Host Configuration Protocol,动态主机配置协议)是一个局域网的网络协议,使用 UDP 协议工作。

　　在常见的小型网络中(例如家庭网络和学生宿舍网络),网络管理员都是采用手动分配 IP 地址的方法,而对于中大型网络,这种方法就不太适用了。在中大型网络,特别是大型网络中,往往有超过 100 台的客户机,手动分配 IP 地址的方法就不太合适了。因此,必须引入一种高效的 IP 地址分配方法,DHCP 就可以解决这个问题。

2. DHCP 的主要功能

　　(1) 给内部网络或网络服务供应商自动分配 IP 地址。

　　(2) 对所有计算机进行管理。

　　DHCP 有 3 个端口,其中 UDP67 和 UDP68 为 DHCP 服务端口,分别作为 DHCP Server 和 DHCP Client 的服务端口。546 端口用于 DHCPv6 Client,而不用于 DHCPv4,是 DHCP Failover 服务,这是需要特别开启的服务,DHCP Failover 是用来做"双机热备"的。

3. DHCP 的优缺点

　　(1) DHCP 服务的优点。网络管理员可以验证 IP 地址和其他配置参数,而不用去检查每台主机;DHCP 不会同时租借相同的 IP 地址给两台主机;DHCP 管理员可以约束指定的计算机使用特定的 IP 地址;可以为每个 DHCP 作用域设置多个选项;客户机在不同子网间移动时不需要重新设置 IP 地址。

　　(2) DHCP 服务的缺点。DHCP 不能发现网络上非 DHCP 客户机已经在使用的 IP 地址;当网络上存在多台 DHCP 服务器时,一台 DHCP 服务器不能查出已被其他服务器租出去的 IP 地址;DHCP 服务器不能跨路由器与客户机通信,除非路由器允许 BOOTP 转发。

4. DHCP 常用的术语

（1）DHCP 服务器：提供 DHCP 服务的计算机。

（2）DHCP 客户机：启用 DHCP 设置的计算机。

（3）作用域：一个完整连续的可用 IP 地址范围，DHCP 服务主要就是通过作用域来管理网络分布、IP 地址分配及其他相关配置参数。

（4）超级作用域：管理级的作用域集合，用于支持同一物理网络上的多个逻辑 IP 子网，超级作用域包含子作用域的列表，对子作用域进行统一管理。

（5）排除范围：排除范围是作用域内从 DHCP 服务中排除的有限 IP 地址序列，排除范围确保在这些范围中的任何地址都不是由网络上的服务器提供给 DHCP 客户机。

（6）地址池：在定义 DHCP 作用域并应用排除范围后，剩余的地址在作用域内形成可用地址池，就是作用域中可用 IP 的范围，这时的地址才可以由 DHCP 服务器动态分配给 DHCP 客户端使用。

（7）租约：客户机可以使用动态分配 IP 地址的时间，这个时间可以由 DHCP 服务器设置。当一台客户机发出租约后，此租约被看作活动的，在租约终止前，客户机可以向 DHCP 服务器请求更新其租约。当租约到期或被服务器删除后，就变为不活动的了。租约的持续时间决定了租约什么时候终止及客户机隔多久向 DHCP 服务器更新其租约。

（8）预约：创建从 DHCP 服务器客户机的永久地址租约指定，预约可以保证子网上的特定设备总是使用相同的 IP 地址（如网络打印机、DHS 服务器的 IP 等）。

（9）选项类型：当 DHCP 服务器向 DHCP 客户机提供租约服务时，可以指定的其他客户机的配置参数，典型的这些选项类型由各个作用域启用和配置。大多数选项在 RFC21232 中预定了，如果需要，可以在 DHCP 管理器定义并添加自定义选项类型。

（10）选项类别：DHCP 服务器用于进一步提供给客户机的选项类型的方法，选项类别可以在用户的 DHCP 服务器上配置以提供特定的客户机支持。

5. DCHP 的工作流程

（1）发现阶段，即 DHCP 客户机寻找 DHCP 服务器的阶段。

DHCP 客户机以广播方式（因为 DHCP 服务器的 IP 地址对于客户机来说是未知的）发送 DHCPdiscover 发现信息来寻找 DHCP 服务器，即向地址 255.255.255.255 发送特定的广播信息。网络上每一台安装了 TCP/IP 协议的主机都会接收到这种广播信息，但只有 DHCP 服务器才会做出响应。

（2）提供阶段，即 DHCP 服务器提供 IP 地址的阶段。

在网络中接收到 DHCP 发现信息的 DHCP 服务器都会做出响应，它从尚未出租的 IP 地址中挑选一个分配给 DHCP 客户机，向 DHCP 客户机发送一个包含出租的 IP 地址和其他设置的 DHCP 提供信息。

（3）选择阶段，即 DHCP 客户机选择某台 DHCP 服务器提供的 IP 地址的阶段。

如果有多台 DHCP 服务器向 DHCP 客户机发来的 DHCPoffer 提供信息，则 DHCP 客户机只接收第一个收到的 DHCP 提供信息,然后它就以广播方式回答一个 DHCP 请求信息,该信息中包含向它所选定的 DHCP 服务器请求 IP 地址的内容。以广播方式回答,是为了通知所有的 DHCP 服务器,它将选择某台 DHCP 服务器所提供的 IP 地址。

(4) 确认阶段,即 DHCP 服务器确认所提供的 IP 地址的阶段。

当 DHCP 服务器收到 DHCP 客户机回答的 DHCP 请求信息后,它便向 DHCP 客户机发送一个包含它所提供的 IP 地址和其他设置的 DHCP 确认信息,告诉 DHCP 客户机可以使用它所提供的 IP 地址。然后 DHCP 客户机便将其 TCP/IP 协议与网卡绑定,另外,除 DHCP 客户机选中的服务器外,其他的 DHCP 服务器都将收回曾提供的 IP 地址。

(5) 重新登录。

以后 DHCP 客户机每次重新登录网络时,就不需要再发送 DHCP 发现信息了,而是直接发送包含前一次所分配的 IP 地址的 DHCP 请求信息。当 DHCP 服务器收到这一信息后,它会尝试让 DHCP 客户机继续使用原来的 IP 地址,并回答一个 DHCP 确认信息。如果此 IP 地址已无法再分配给原来的 DHCP 客户机使用时(比如,此 IP 地址已分配给其他 DHCP 客户机使用),则 DHCP 服务器给 DHCP 客户机回答一个 DHCP 否认信息。当原来的 DHCP 客户机收到此 DHCP 否认信息后,它就必须重新发送 DHCP 发现信息来请求新的 IP 地址。

(6) 更新租约。

DHCP 服务器向 DHCP 客户机出租的 IP 地址一般都有一个租借期限,期满后 DHCP 服务器便会收回出租的 IP 地址。如果 DHCP 客户机要延长其 IP 租约,则必须更新其 IP 租约。DHCP 客户机启动时和 IP 租约期限过一半时,DHCP 客户机都会自动向 DHCP 服务器发送更新其 IP 租约的信息。

在使用租期超过 50% 时刻处,DHCP 客户机会以单播形式向 DHCP 服务器发送 DHCP Request 报文来续租 IP 地址。如果 DHCP 客户机成功收到 DHCP 服务器发送的 DHCP Ack 报文,则按相应时间延长 IP 地址租期;如果没有收到 DHCP 服务器发送的 DHCP Ack 报文,则 DHCP 客户机继续使用这个 IP 地址。

在使用租期超过 87.5% 时刻处,DHCP 客户机会以广播形式向 DHCP 服务器发送 DHCP Request 报文来续租 IP 地址。如果 DHCP 客户机成功收到 DHCP 服务器发送的 DHCP Ack 报文,则按相应时间延长 IP 地址租期;如果没有收到 DHCP 服务器发送的 DHCP Ack 报文,则 DHCP 客户机继续使用这个 IP 地址,直到 IP 地址使用租期到期时,DHCP 客户机才会向 DHCP 服务器发送 DHCP Release 报文来释放这个 IP 地址,并开始新的 IP 地址申请过程。

需要说明的是,DHCP 客户机可以接收到多个 DHCP 服务器的 DHCP Offer 数据包,然后可能接收任何一个 DHCP Offer 数据包,但客户机通常只接收到的第一个 DHCP Offer 数据包。另外,DHCP 服务器 DHCP Offer 中指定的地址不一定为最终分配的地址,通常情况下,DHCP 服务器会保留该地址直到客户机发出正式请求。

正式请求 DHCP 服务器分配地址 DHCP Request 采用广播包,是为了让其他所有发送 DHCP Offer 数据包的 DHCP 服务器也能够接收到该数据包,然后释放已经 Offer(预分配)

给客户机的 IP 地址。

如果发送给 DHCP 客户机的地址已经被其他 DHCP 客户端使用,客户机会向服务器发送 DHCP Decline 信息包拒绝接收已经分配的地址信息。

在协商过程中,如果 DHCP 客户端发送的 Request 消息中的地址信息不正确,如客户机已经迁移到新的子网或者租约已经过期,DHCP 服务器会发送 DHCP NAck 消息给 DHCP 客户端,让客户端重新发起地址请求过程。

6. DHCP 的地址分配方式

DHCP 有 3 种方式分配 IP 地址。

(1) 自动分配方式(Automatic Allocation)。DHCP 服务器为主机指定一个永久性的 IP 地址,一旦 DHCP 客户机第一次成功从 DHCP 服务器端租用到 IP 地址,就可以永久性地使用该地址。

(2) 动态分配方式(Dynamic Allocation)。DHCP 服务器给主机指定一个具有时间限制的 IP 地址,时间到期或主机明确表示放弃该地址时,该地址可以被其他主机使用。

(3) 手动分配方式(Manual Allocation)。客户机的 IP 地址是由网络管理员指定的,DHCP 服务器只是将指定的 IP 地址告诉客户机。

3 种地址分配方式中,只有动态分配可以重复使用客户机不再需要的地址。

7. DHCP 的主配置文件

DHCP 的主配置文件可以使用 CentOS 自身携带 rpm 包安装。安装结束后,DHCP 端口监督程序 dhcpd 配置文件是/etc/dhcp 目录中的名为 dhcpd.conf 的文件。dhcpd.conf 文件通常包括 3 部分: parameters、declarations 和 option。

(1) DHCP 配置文件中的 parameters(参数)表明如何执行任务,是否要执行任务,或将哪些网络配置选项发送给客户。其主要内容如下。

```
ddns-update-style
```

说明: 配置 DHCP-DNS 互动更新模式。

```
default-lease-time
```

说明: 指定默认租赁时间的长度,单位是秒。

```
max-lease-time
```

说明: 指定最大租赁时间长度,单位是秒。

```
hardware
```

说明: 指定网卡接口类型和 MAC 地址。

```
server-name
```

说明：通知 DHCP 客户服务器名称。

```
get-lease-hostnames flag
```

说明：检查客户端使用的 IP 地址。

```
fixed-address ip
```

说明：分配给客户端一个固定的地址。

```
authritative
```

说明：拒绝不正确的 IP 地址的要求。

（2）DHCP 配置文件中的 declarations（声明）用来描述网络布局、提供客户的 IP 地址等。其主要内容如下。

```
shared-network
```

说明：用来告知是否一些子网络分享相同网络。

```
subnet
```

说明：描述一个 IP 地址是否属于该子网。

```
range 起始 IP 终止 IP
```

说明：提供动态分配 IP 的范围。

```
host 主机名称
```

说明：参考特别的主机。

```
group
```

说明：为一组参数提供声明。

```
allow unknown-clients;deny unknown-client
```

说明：是否动态分配 IP 给未知的使用者。

```
allow bootp;deny bootp
```

说明：是否响应激活查询。

```
allow booting;deny booting
```

说明：是否响应使用者查询。

```
filename
```

说明：开始启动文件的名称，应用于无盘工作站。

```
next-server
```

说明：设置服务器从引导文件中装入主机名，应用于无盘工作站。

（3）DHCP 配置文件中的 option（选项）用来配置 DHCP 可选参数，全部用 option 关键字作为开始。其主要内容如下。

```
subnet-mask
```

说明：为客户机设定子网掩码。

```
domain-name
```

说明：为客户机指明 DNS 名称。

```
domain-name-servers
```

说明：为客户机指明 DNS 服务器的 IP 地址。

```
host-name
```

说明：为客户机指定主机名称。

```
routers
```

说明：为客户机设定默认网关。

```
broadcast-address
```

说明：为客户机设定广播地址。

```
ntp-server
```

说明：为客户机设定网络时间服务器 IP 地址。

```
time-offset
```

说明：为客户端设定和格林尼治时间的偏移时间，单位是秒。

dhcpd. conf 配置文件中默认是没有配置内容的,其中有 3 行说明文字,如图 9-1 所示。第 1 行是 DHCP 服务的配置文件。第 2 行说明可以参照样例文件/usr/share/doc/dhcp＊/dhcpd. conf. sample 来配置,也可以将样例文件直接复制过来进行修改。第 3 行说明可以使用 man 命令查看 dhcpd. conf 的帮助手册。

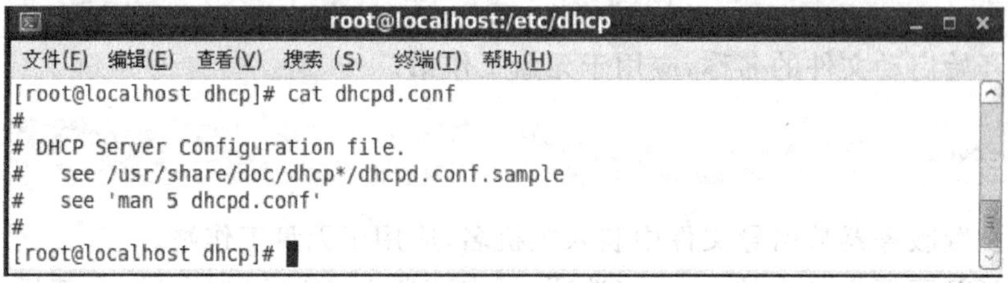

```
root@localhost:/etc/dhcp                          _  □  ×
文件(F)  编辑(E)  查看(V)  搜索 (S)  终端(T)  帮助(H)
[root@localhost dhcp]# cat dhcpd.conf
#
# DHCP Server Configuration file.
#   see /usr/share/doc/dhcp*/dhcpd.conf.sample
#   see 'man 5 dhcpd.conf'
#
[root@localhost dhcp]#
```

图 9-1　默认 dhcpd. conf 文件的内容

dhcpd. conf. sample 样例文件的内容(把文件中的注释部分去除了)如下。

```
option domain-name "example.org";
option domain-name-servers ns1.example.org, ns2.example.org;
default-lease-time 600;
max-lease-time 7200;
log-facility local7;
subnet 10.152.187.0 netmask 255.255.255.0 {
}
subnet 10.254.239.0 netmask 255.255.255.224 {
  range 10.254.239.10 10.254.239.20;
  option routers rtr-239-0-1.example.org, rtr-239-0-2.example.org;
}
subnet 10.254.239.32 netmask 255.255.255.224 {
  range dynamic-bootp 10.254.239.40 10.254.239.60;
  option broadcast-address 10.254.239.31;
  option routers rtr-239-32-1.example.org;
}
subnet 10.5.5.0 netmask 255.255.255.224 {
  range 10.5.5.26 10.5.5.30;
  option domain-name-servers ns1.internal.example.org;
  option domain-name "internal.example.org";
  option routers 10.5.5.1;
  option broadcast-address 10.5.5.31;
  default-lease-time 600;
  max-lease-time 7200;
}
host passacaglia {
  hardware ethernet 0:0:c0:5d:bd:95;
  filename "vmunix.passacaglia";
  server-name "toccata.fugue.com";
}
```

```
host fantasia {
  hardware ethernet 08:00:07:26:c0:a5;
  fixed-address fantasia.fugue.com;
}
class "foo" {
  match if substring(option vendor-class-identifier, 0, 4)="SUNW";
}
shared-network 224-29 {
  subnet 10.17.224.0 netmask 255.255.255.0 {
    option routers rtr-224.example.org;
  }
  subnet 10.0.29.0 netmask 255.255.255.0 {
    option routers rtr-29.example.org;
  }
  pool {
    allow members of "foo";
    range 10.17.224.10 10.17.224.250;
  }
  pool {
    deny members of "foo";
    range 10.0.29.10 10.0.29.230;   }}
```

可以将 dhcpd.conf 的内容按照样例文件修改后进行保存,修改后文件内容如下,重启
服务后生效。

```
ddns-update-style interim;                        #定义所支持的 DNS 动态更新类型(必选)
ignore client-updates;                            #忽略客户机更新 DNS 记录
allow bootp;
subnet 192.168.1.0 netmask 255.255.255.0{         #定义作用域(IP 子网)
    range 192.168.1.11 192.168.1.200;             #定义作用域(IP 子网)范围
    option routers 192.168.0.1;                   #为客户机指定网关
    option subnet-mask 255.255.255.0;             #为客户机指定子网掩码
    option domain-name "test.net";                #为客户机指定 DNS 域名
    option domain-name-servers 8.8.8.8, 8.8.4.4;
                                                  #为客户机指定 DNS 服务器的 IP 地址
    option broadcast-address 192.168.1.255;       #为客户机指定广播地址
    default-lease-time 86400;                     #指定默认的租约期限
    max-lease-time 172800;                        #指定最大租约期限
    host node4{                                   #为某台客户机定义保留地址
        hardware Ethernet 00:03:FF:25:5d:a3;      #客户机的网卡物理地址
        fixed-address 192.168.1.27;               #分配给客户机一个固定的 IP 地址
        filename "vmlinux";
        option root-path "/usr/src/toshiba/target";  }
}
```

9.2.2　安装 DHCP 服务

1. 安装包说明

（1）dhcp-4.1.1-12.P1.el6.x86_64.rpm。DHCP 主程序包，包括 DHCP 服务和中继代理程序，安装此软件包并进行相应配置，就可以为客户机动态分配 IP 地址及其他 TCP/IP 信息。

（2）dhcp-devel-4.1.1-12.P1.el6.x86_64.rpm。DHCP 服务器开发工具软件包，为 DHCP 开发提供库文件支持。

（3）dhcpv6-1.0.10-18.el6.x86_64.rpm。DHCP 的 IPv6 扩展工具，使 DHCP 服务器能够支持 IPv6 最新功能，如 IPv6 地址的动态配置及 IPv6 中继代理等。

（4）dhcpv6-client-1.0.10-18.el6.x86_64.rpm。DHCP 客户端 IPv6 软件包，帮助客户端获取动态 IP 地址。

2. 使用 yum 工具安装

在可以联网的机器上使用 yum 工具安装，如果未联网，则挂载系统光盘进行安装。

```
[root@ localhost 桌面]#yum -y install dhcp
```

有依赖关系的包 samba-common、samba-winbind-clients、libsmbclient 将自动安装。

3. 使用 rpm 工具安装

还可以使用 rpm 工具安装，其依赖关系的包需要手动安装。

```
[root@ localhost Packages]#rpm -ivh dhcp-4.1.1-12.P1.el6.x86_64.rpm
```

DHCP 服务器安装完毕，会生成配置文件目录/etc/dhcp 和 dhcpd.conf 配置文件。

4. 查看安装结果

安装后结果如图 9-2 所示。

```
[root@ localhost Packages]#rpm -qa|grep dhcp
```

图 9-2　DHCP 服务已安装的包

◾ 5. 管理 dhcpd 服务

（1）可以通过 service 命令来管理 dhcpd 服务，如图 9-3 所示。

图 9-3　dhcpd 的服务管理

① 启动 dhcpd 服务。

```
[root@localhost 桌面]#service dhcpd start
```

② 重启 dhcpd 服务。

```
[root@localhost 桌面]#service dhcpd restart
```

③ 停止 dhcpd 服务。

```
[root@localhost 桌面]#service dhcpd stop
```

④ 查看 dhcpd 服务工作状态。

```
[root@localhost 桌面]#service dhcpd status
```

（2）可以通过/etc/init.d/dhcpd start/stop/restart 来启动、关闭、重启服务。

9.2.3　DHCP 服务器配置流程

（1）编辑主配置文件 dhcpd.conf，指定 IP 作用域。
（2）建立租约数据库文件。
（3）重新加载配置文件或重新启动 DHCP 服务使配置文件生效。

9.3　项目实施

安装、配置和管理 DHCP 服务器，实现 IP 地址的动态分配。
创建 3 台虚拟主机供测试使用。
- CentOSserver(IP 地址：192.168.1.10/24)

- CentOStest(IP 地址：DHCP 服务器分配)
- Windowstest(IP 地址：DHCP 服务器分配)

其中，CentOSserver 为 DHCP 服务器，另外两台为测试机。

任务1 安装 DHCP 服务器

1. 任务要求

查看服务器是否安装了 DHCP 服务，如果未安装则进行安装。

2. 实施过程

(1) 查看已经安装的 DHCP 软件包。

```
[root@localhost Packages]#rpm -qa|grep dhcp
```

(2) 使用 yum 工具安装 DHCP 软件包。

```
[root@localhost 桌面]#yum -y install dhcp
```

这里也可以使用 rpm 来安装，但是需要手动解决软件依赖性问题。

(3) 开启 DHCP 服务。

```
[root@localhost 桌面]#service dhcpd start
```

(4) 查看 DHCP 服务的工作状态。

```
[root@localhost 桌面]#service dhcpd status
```

正确安装后工作状态如图 9-4 所示。

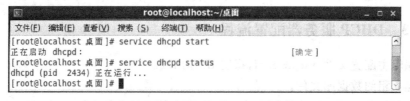

图 9-4　DHCP 服务工作状态

任务2 DHCP 服务器基础配置

1. 任务要求

学院为了提高内网的管理效率，现要配置一台 DHCP 服务器，实现 IP 地址的动态分配，具体参数如下。

(1) 分配的 IP 地址范围：192.168.1.20～192.168.1.200。

(2) 子网掩码：255.255.255.0。

(3) 网关地址：192.168.1.1。

(4) DNS 服务名称：test.com。

(5) DNS 服务器地址：192.168.1.3。

(6) 第二 DNS 服务器地址：192.168.1.4。

(7) 地址的租期：600。

(8) 地址的最大租期：1800。

(9) 保留地址：192.168.1.101(Web 服务器的 IP 地址)；192.168.1.102(FTP 服务器的 IP 地址)。

2. 实施过程

(1) 修改 DHCP 服务的主配置文件，如图 9-5 所示。

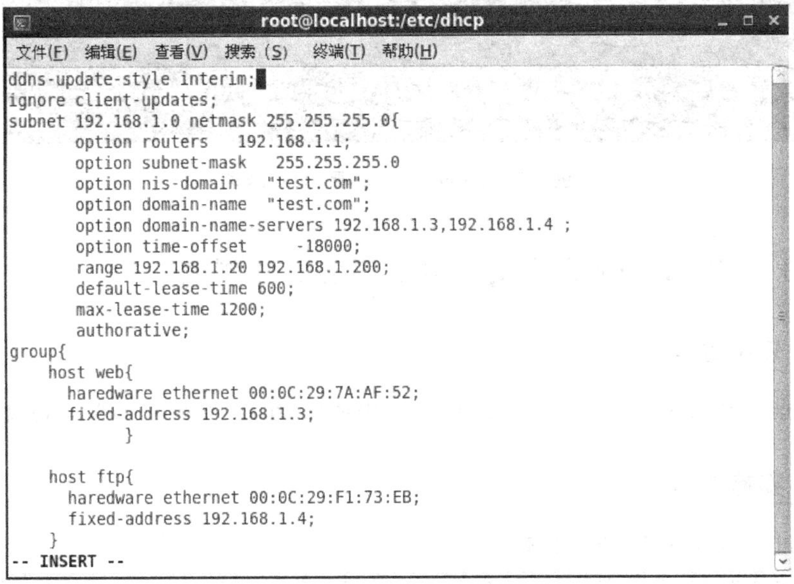

图 9-5　修改后的 dhcpd.conf 文件的内容

(2) 配置完成后重启。

```
[root@localhost桌面]#service dhcpd restart
```

注意：一般给出保留地址的时候都是 IP 地址，如果需要查看设备的 MAC 地址(物理地址)，Linux 操作系统可以使用 ifconfig 命令，如图 9-6 所示。Windows 操作系统可以使用 ipconfig/all 命令，如图 9-7 所示。

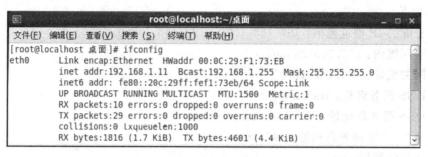

图 9-6　Linux 下查看 MAC 地址

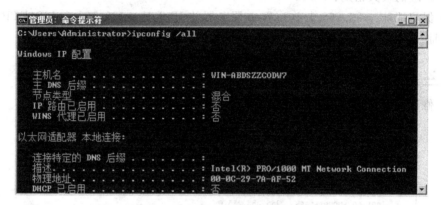

图 9-7　Windows 下查看 MAC 地址

任务 3　配置 Linux 客户机 DHCP 服务器并测试

1. 任务要求

在 Linux 系统(CentOStest)上配置 DHCP 服务器,实现 IP 地址的自动获取。

2. 实施过程

(1) 通过"网络连接"配置,如图 9-8 所示。

进入桌面系统后,在菜单中选择"系统"→"首选项"→"网络连接"命令,进入"网络连接"对话框。依次单击"有线"选项卡→System eth0→"编辑"按钮→"IPv4 设置"选项卡,在"方法"下拉列表框中选择"自动(DHCP)"。

(2) 通过 system-config-network 网络配置工具配置,如图 9-9 所示。

在命令行方式下输入 system-config-network 即可进入网络配置界面,或者输入 setup 命令后,选择"网络配置"选项也可进入网络配置界面,然后选择"设备配置"选项,单击 eth0 选项进入"网络配置"选项卡。在"使用 DHCP"项后的"[]"处按 Space 键(空格键)选定,选定后在[]中会出现 *。

图 9-8　网络连接

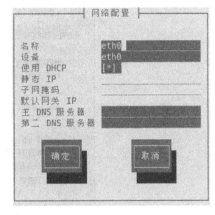

图 9-9　system-config-network 网络配置工具

完成配置后重启网络服务,可以使用 ifconfig 命令来查看,如图 9-10 所示。

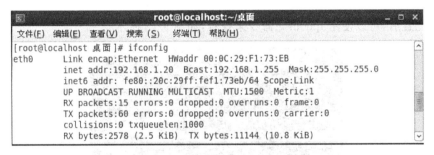

图 9-10　CentOStest IP 地址查看结果

从图 9-10 中可以看到,CentOStest 的 IP 地址为 192.168.1.20,CentOStest 正确获取了 IP 地址。

任务 4　配置 Windows 客户机 DHCP 服务器并测试

1. 任务要求

在 Windows 操作系统(Windowstest)上配置 DHCP 服务器,实现 IP 地址的自动获取。

🖥 2．实施过程

进入桌面系统后,在菜单中选择"开始"→"网络"→"网络和共享中心"→"管理网络连接"命令,然后双击本地连接图标进入网络状态对话框。单击"属性"按钮,在列表框中选择"Internet 版本 4(TCP/IPv4)"进入"Internet 协议版本 4(TCP/IPv4)属性"对话框,在该对话框中选择"自动获得 IP 地址"单选按钮,如图 9-11 所示。

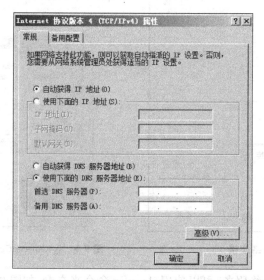

图 9-11 "Internet 协议版本 4(TCP/IPv4)属性"对话框

完成配置后,可以使用 ipconfig 命令来查看,如图 9-12 所示。

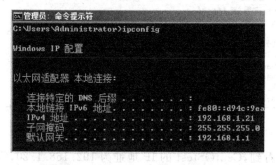

图 9-12 Windows IP 地址查看结果

9.4 项目总结

DHCP 通常被应用在大型的局域网环境中,主要作用是集中管理、分配 IP 地址,使网络环境中的主机动态地获得 IP 地址、Gateway 地址、DNS 服务器地址等信息,并能够提升地址的使用率。

DHCP 协议采用客户/服务器模型,主机地址的动态分配任务由网络主机驱动。当 DHCP 服务器接收到来自网络主机申请地址的信息时,才会向网络主机发送相关的地址配置等信息,以实现网络主机地址信息的动态配置。DHCP 具有以下功能:保证任何 IP 地址在同一时刻只能由一台 DHCP 客户机所使用,DHCP 应当可以给用户分配永久固定的 IP 地址,DHCP 应当可以同用其他方法获得 IP 地址的主机共存(如手动配置 IP 地址的主机)。DHCP 服务器应当向现有的 BOOTP 客户机提供服务。

习题

1. 选择题

(1) DHCP 的工作模式是( )架构。

    A. B/S   B. C/C   C. PoP   D. C/S

(2) 发现阶段客户机以( )方式发送 DHCP 发现信息来查找 DHCP 服务器。

    A. 广播   B. 分组   C. 邮件   D. 报文

(3) DHCP 的主配置文件是( )。

    A. nmb. conf   B. dhcp. conf   C. dhcpd. conf   D. samba

(4) DHCP 服务配置文件中设置子网掩码的选项是( )。

    A. subnet   B. mask   C. subnet-mask   D. 子网掩码

(5) DHCP 服务配置文件中设置网关的选项是( )。

    A. share   B. user   C. routers   D. domain

(6) DHCP 服务配置文件中设置分配 IP 地址范围的选项是( )。

    A. range   B. zone   C. area   D. extent

(7) DHCP 服务配置文件中设置地址租期的选项是( )。

    A. default-lease-time   B. default-left-time

    C. default-leave-time   D. lease-time

(8) DHCP 服务配置文件中设置地址最大租期的选项是( )。

    A. max-lease-time   B. default-left-time

    C. default-leave-time   D. lease-time

(9) DHCP 默认的启动脚本是( )。

    A. DHCP   B. dhcp   C. dhcpd   D. vsdhcp

(10) ( )不是 DHCP 的地址分配方式。

    A. 自动   B. 动态   C. 手动   D. 随机

2. 简答题

(1) 简述 DHCP 服务发现阶段的工作过程。

(2) DHCP 服务是如何更新租约的?

项 目 10

DNS服务器的配置
与管理

 学习目标

1. 知识目标

- 掌握 DNS 服务的概念。
- 掌握 DNS 服务的安装。
- 掌握 DNS 服务的启动和停止。
- 掌握 DNS 服务的配置。
- 掌握 DNS 客户机的配置。

2. 能力目标

- 能够安装与配置 DHCP 服务器。
- 能够测试 DHCP 服务器。
- 能够排除 DHCP 服务错误。

3. 素质目标

能够通过 DNS 服务器的安装与配置,提高和优化网络管理,实现网络中 IP 地址和域名的转换。

10.1　项目场景

　　学院为了提高信息化水平,准备搭建 FTP 服务器、Web 服务器和 E-mail 服务器。用 IP 地址可以方便地连接到对应的主机,但是 IP 地址是一些抽象的数字,不容易记忆,最好使用一些有意义的字符组合来表示一台主机,所以学院决定搭建一台 DNS 服务器负责解析域名和 IP 地址的映射关系,使学院的教职工、人员可以使用网址方便地访问内网的主机。

10.2　知识准备

10.2.1　DNS 基础知识

1. DNS

　　DNS(Domain Name System,域名系统)是互联网上作为域名和 IP 地址相互映射的一个分布式数据库,能够使用户更方便地访问互联网,而不用去记住能够被机器直接读取的数字 IP 地址。通过主机名,最终得到该主机名对应的 IP 地址的过程称为域名解析(或主机名解析)。例如,我们经常访问的网站"Baidu 百度",它的 IP 地址是 202.108.22.5。事实上我们都是通过 202.108.22.5 这个 IP 地址来访问该网站,如图 10-1 所示。但是我们经常使用域名地址 www.baidu.com 来访问该网站。为什么使用网址也能访问到该网站呢,就是因为 DNS 服务器在我们输入 www.baidu.com 域名地址后根据数据库中的映射关系自动将网址转换为 IP 地址,所以我们通过网址也可以进行访问。

图 10-1　IP 地址方式访问网站

2. 域名的概念

网络是基于 TCP/IP 协议进行通信和连接的,每台主机都有唯一的 IP 地址,以区别在网络上成千上万个用户和计算机。为了保证网络上每台计算机 IP 地址的唯一性,用户必须向特定机构申请注册,分配 IP 地址。网络中的地址方案分为两套:IP 地址系统和域名地址系统。这两套地址系统是一一对应的。IP 地址用二进制数表示,每个 IP 地址长 32b,由 4 个小于 256 的数字组成,数字之间用点间隔,例如,100.10.0.1 表示一个 IP 地址。由于 IP 地址是数字标识,使用时难以记忆和书写,因此在 IP 地址的基础上又发展出一种符号化的地址方案,来代替数字型的 IP 地址。每个符号化的地址都与特定的 IP 地址对应,这样网络上的资源访问起来就容易得多了。这个与网络上的数字型 IP 地址相对应的字符型地址就称为域名。

一个公司如果希望在网络上建立自己的主页,就必须取得一个域名。域名由若干部分组成,包括数字和字母。域名是单位和个人在网络上的重要标识,起着识别作用,便于他人识别和检索某一企业、组织或个人的信息资源,从而更好地实现网络上的资源共享。除了识别功能外,在虚拟环境下,域名还可以起到引导、宣传、代表等作用。

3. 域名的构成

通常 Internet 主机域名的一般结构如下。

主机名.三级域名.二级域名.顶级域名

域名系统是分层的,允许定义子域。域名至少由一个标签组成。如果有多个标签,标签必须用点分开。在一个域名中,最右边的标签被称为顶级域。

域名中的标签由英文字母和数字组成,每个标签不超过 63 个字符,不区分大小写字母。标签中除连字符(-)外不能使用其他标点符号。级别最低的域名写在最左边,而级别最高的域名写在最右边。由多个标签组成的完整域名总共不超过 255 个字符。

4. 域名级别

1) 顶级域名

顶级域名又分为两类:一类是国家和地区顶级域名(national top-level domainnames,nTLDs),200 多个国家和地区都按照 ISO 3166 国家和地区代码分配了顶级域名,例如,中国是 cn、美国是 us、日本是 jp 等;另一类是国际顶级域名(international top-level domain-names,iTDs),例如,表示工商企业的 com 和 top,表示网络提供商的 net,表示非营利组织的 org,表示教育的 edu,以及没有限制的中性域名如 xyz 等。大多数域名争议都发生在 com 顶级域名下。为加强域名管理,解决域名资源的紧张,Internet 协会、Internet 分址机构及世界知识产权组织(WIPO)等国际组织经过广泛协商,在原来国际通用顶级域名的基础上,新增加了 7 个国际通用顶级域名:firm(公司企业)、store(销售公司或企业)、web(WWW 活动的单位)、arts(文化、娱乐活动的单位)、rec(消遣、娱乐活动的单位)、info(提供信息服务的单位)、nom(个人),并在世界范围内选择新的注册机构来受理域名注册申请。

2)二级域名

二级域名是指顶级域名之下的域名,在顶级域名下,它是指域名注册人的网上名称,如ibm、yahoo、microsoft 等。在顶级域名下,它是表示注册企业类别的符号,例如 com、top、edu、gov、net 等。

3)三级域名

三级域名用字母(A~Z,a~z)、数字(0~9)和连接符(-)组成,各级域名之间用句点(.)连接,三级域名的长度不能超过 20 个字符。

🖥 5. DNS 的解析过程

(1)客户机提出域名解析请求,并将该请求发送给本地的域名服务器。

(2)当本地域名服务器收到请求后,先查询本地的缓存,如果有该记录项,则本地的域名服务器直接把查询的结果返回。

(3)如果本地的缓存中没有该记录,则本地域名服务器直接把请求发给根域名服务器,根域名服务器再返回给本地域名服务器一个所查询域(根的子域)的主域名服务器的地址。

(4)本地服务器再向第(3)步返回的域名服务器发送请求,然后接收请求的服务器查询自己的缓存,如果没有该记录,则返回相关的下级域名服务器的地址。

(5)重复第(4)步,直到找到正确的记录。

(6)本地域名服务器把返回的结果保存到缓存,以备下一次使用,同时还将结果返回给客户机。

🖥 6. DNS 的查询模式

1)按查询方式分类

(1)递归查询。只要发出递归查询,服务器必须回答目标 IP 地址与域名的映射关系。一般客户机和服务器之间属于递归查询,即当客户机向 DNS 服务器发出请求后,若 DNS 服务器本身不能解析,则会向另外的 DNS 服务器发出查询请求,得到结果后转交给客户机。

(2)循环查询。服务器收到一次循环查询回复一次结果,这个结果若不是目标 IP 与域名的映射关系,将会继续向其他服务器进行查询,直到找到含有所查询的映射关系的服务器为止。一般 DNS 服务器之间属于循环查询,若 DNS 服务器 2 不能响应 DNS 服务器 1 的请求,则它会将 DNS 服务器 3 的 IP 发给 DNS 服务器 1,以便 DNS 服务器 1 向 DNS 服务器 3发出请求。

2)按查询内容分类

(1)正向解析:通过域名查找 IP。

(2)反向解析:通过 IP 查找域名。

🖥 7. DNS 服务器的类型

互联网上的域名服务器是用来存储域名的分布式数据库,并为 DNS 客户提供域名解析。它们也是按照域名层次来安排的,每个域名服务器都只对域名体系中的一部分进行管辖。根据它们的用途,域名服务器有以下几种不同类型。

(1) 主域名服务器。主域名服务器负责维护这个区域的所有域名信息,是特定的所有信息的权威信息源。也就是说,主域名服务器内存储的是该区域的正本数据,系统管理员可以对它进行修改。

(2) 辅助域名服务器。当主域名服务器出现故障、关闭或负载过重时,辅助域名服务器作为备份服务提供域名解析服务。辅助域名服务器中的区域文件内的数据是从另外一台域名服务器复制过来的,并不是直接输入的,也就是说这个区域文件只是一份副本,这里的数据是无法修改的。

(3) 缓存域名服务器。缓存域名服务器可运行域名服务器软件但没有域名数据库。它从某台远程服务器取得每次域名服务器查询的回答,一旦获取一个答案,将它放在高速缓存中,以后查询相同的信息时用它予以回答。缓存域名服务器不是权威性服务器,因为它提供的所有信息都是间接信息。

(4) 转发域名服务器。转发域名服务器负责所有非本地域名的本地查询。转发域名服务器接到查询请求时,在其缓存中查找,如找不到把请求依次转发到指定的域名服务器,直到查询到结果为止,否则返回无法映射的结果。

🖥 8. DNS 资源记录

DNS 服务器在提供域名解析服务时,会查询自己的数据库。在数据库中包含描述 DNS 区域资源信息的资源记录(Resource Record,RR)。常用的资源记录如下。

1) 区域记录

(1) SOA。SOA(起始授权机构)记录定义了区域的全局参数,进行整个域的管理。设置在一个区域内是唯一的,一个区域文件值允许存在唯一的 SOA 记录。其格式如下。

> 区域名 (当前)记录类型 SOA 主域名服务器 (FQDN) 管理员邮箱地址 (序号) 刷新时间 重试时间 过期时间 生存时间

(2) NS。NS(名称服务器)资源记录表示该区的授权服务器,它们表示 SOA 资源记录中指定的该区的主域名服务器和辅助服务器,也表示了任何授权区的服务器。每个区在区根处至少包含一个 NS 记录。其格式如下。

> 区域名 IN NS 完整主机名(FQDN)

2) 可选记录

(1) CNAME。CNAME(别名)记录为主机记录别名。其格式如下。

别名 IN CNAME 主机名

（2）TXT。TXT（文本）记录表示注释。

3）基本记录

（1）A。地址（A）资源记录把 FQDN 映射到 IP 地址,因而解析器能查询到 FQDN 对应的 IP 地址。其格式如下。

完整主机名（FQDN）IN A IP 地址

（2）AAAA。IPv6 地址记录,域名解析为 IPv6 地址的映射。

（3）PTR。反向地址记录,相对于 A 资源记录,PTR（指针）记录把 IP 地址映射到FQDN。其格式如下。

IP 地址 IN PTR 主机名（FQDN）

（4）MX。邮件交换记录,用于控制邮件的路由。其格式如下。

区域名 IN MX 优先级（数字）邮件服务器名称（FQDN）

9. DNS 服务器的配置文件

在 CentOS 中,与 DNS 服务有关的配置文件如下。

```
/etc/named.conf              # 主配置文件,用于定义全局选项部分,以及当前域名服务器负
                             # 责维护的域名地址解析信息
/etc/named.rfc1912.zones     # 主配置文件的扩展文件,用于指示引用了哪些区域文件
/etc/named.iscdlv.key        # 包含 named 守护进程使用的密钥
/var/named/named.ca          # 包含全球主要的根域名服务器的主机名和 IP
                             # 地址
/var/named/named.localhost   # 定义回环网络接口主机名 localhost 的正向解析记录
/var/named/named.loopback    # 定义回环网络接口 IP 地址 127.0.0.1 的正向解析记录
/var/named/                  # 定义本 DNS 服务器负责管理域的所有正向和反向解析记录文
                             # 件,是本 DNS 服务器能够提供的域名解析信息源。主 DNS 服
                             # 务器的区域文件由管理员建立和定义,从 DNS 服务器的区域
                             # 文件指定的主 DNS 服务器中定期复制过来
```

10. 主配置文件 /etc /named. conf

主配置文件的内容如下。

```
#named.conf
#Provided by Red Hat bind package to configure the ISC BIND named(8)DNS
#server as a caching only nameserver(as a localhost DNS resolver only).
#See /usr/share/doc/bind*/sample/ for example named configuration files.
```

```
options {
  listen-on port 53 { 127.0.0.1; };                           #服务监听的端口和 IP 地址
  listen-on-v6 port 53 { ::1; };                              #服务 (IPv6)监听的端口和 IP 地址
  directory "/var/named";                                     #区域文件存放的位置
  dump-file "/var/named/data/cache_dump.db";                  #转储文件存放的位置
  statistics-file "/var/named/data/named_stats.txt";          #静态缓存的位置
  memstatistics-file "/var/named/data/named_mem_stats.txt";
                                                              #服务器输出的内存使用统计文件位置
  allow-query      { localhost; };                            #允许查询的客户机
  recursion yes;                                              #是否使用递归查询
  dnssec-enable yes;                                          #是否使用 DNS 加密
  dnssec-validation yes;                                      #是否使用 DNS 加密高级算法
    /* Path to ISC DLV key */
  bindkeys-file "/etc/named.iscdlv.key";                      #密钥文件的位置
  managed-keys-directory "/var/named/dynamic";
    };                                                        #管理密钥文件的位置
logging {                                                     #日志文件
  channel default_debug {
    file "data/named.run";                                    #运行状态文件
    severity dynamic;                                         #静态服务器地址
        };
    };
zone "." IN {                                                 #"."根区域
    type hint;                                                #区域类型
    file "named.ca";                                          #区域配置文件
    };
include "/etc/named.rfc1912.zones";                           #包含扩展配置文件
include "/etc/named.root.key";
```

其中,type 选项指定的区域类型如下。

(1) master：master 表示定义的是主域名服务器,拥有区域数据文件,并对此区域提供管理数据。

(2) slave：slave 表示定义的是辅助域名服务器,拥有主 DNS 服务器的区域数据文件的副本,辅助 DNS 服务器会从主 DNS 服务器同步所有区域数据。

(3) hint：hint 表示是互联网中根域名服务器。当服务器启动时,它使用根线索来查找根域名服务器,并找到最近的根域名服务器列表。

(4) forward：forward zone 是每个域配置转发的主要部分。

(5) stub：和 slave 类似,但是 stub 只复制主 DNS 服务器上的 NS 记录而不像辅助 DNS 服务器会复制所有区域数据。

(6) delegation-only：delegation-only 用于强制区域的 delegation.ly 状态。

11. 扩展配置文件 /etc /named.conf

扩展配置文件是对主配置文件的扩展说明,其内容如下。

```
#named.rfc1912.zones:
#Provided by Red Hat caching-nameserver package
#ISC BIND named zone configuration for zones recommended by
#RFC 1912 section 4.1 : localhost TLDs and address zones
#and
#http://www.ietf.org/internet-drafts/draft-ietf-dnsop-default-local-z#ones-
02.txt
#(c)2007 R W Franks
#See /usr/share/doc/bind*/sample/ for example named configuration files.
zone"localhost.localdomain"IN{              #本地主机全名解析,IN代表 Internet 类型
    type master;                            #区域类型
    file "named.localhost";                 #区域配置文件
    allow-update { none; };                 #客户端更新选项
  };
zone "localhost" IN {                        #本地主机名解析
    type master;
    file "named.localhost";
    allow-update { none; };
  };
  zone
"1.0.0.0.0.0.0.0.0.0.0.0.0.0.0.0.0.0.0.0.0.0.0.0.0.0.0.0.0.0.0.0.ip6.arpa" IN {
                                            #本地反向解析 (IPv6)
    type master;
    file "named.loopback";
    allow-update { none; };
  };
zone "1.0.0.127.in-addr.arpa" IN {           #本地反向解析
    type master;
    file "named.loopback";
    allow-update { none; };
  };
zone "0.in-addr.arpa" IN {                    #本地全网反向解析
    type master;
    file "named.empty";
    allow-update { none; };
};
```

💻 12. 正向解析文件 /var /named /named.localhost

正向解析文件的内容如下。

```
$ TTL 1D                                    #存在时间
@ IN SOA@ rname.invalid.(
           0 ; serial                       #序列号
           1D ; refresh                      #刷新时间
```

```
                1H ; retry                          #重试时间
                1W ; expire                         #过期时间
                3H); minimum                        #记录在缓存中最小生存时间
        NS@                                         #域名服务器的名称
        A127.0.0.1                                  #正向解析记录
        AAAA::1                                     #正向解析记录(IPv6)
```

13. 反向解析文件 /var /named /named. localhost

反向解析文件的内容如下。

```
$TTL 1D
@ IN SOA@ rname.invalid.(
           0    ; serial
          1D    ; refresh
          1H    ; retry
          1W    ; expire
          3H)   ; minimum
NS @
A  127.0.0.1
AAAA  ::1
PTR localhost.    #反向解析记录
```

正向区域文件和反向区域内容基本相同,只是下面的记录不同。下面具体介绍正向解析文件和反向解析文件中各行的含义。

(1) $ TTL。$ TTL用来设置域名的存在时间,单位为天(D)或是秒(数字后没有单位则表示秒),1D表示1天,有时还经常看到$ TTL 86400,其表示的也是一天,即86400秒。

(2) @ IN SOA @ rname. invalid。

① @:当前域,也就是在 zone 配置段定义的域名。

② IN:地址的类别为 Internet 类。

③ SOA:本记录的关键字,表示起始授权。

④ SOA 之后的@:DNS 主机名。

⑤ rname. invalid:管理员的 E-mail 邮箱地址,由于@符号在区域文件中有特殊的含义,所以邮箱地址中的@被".."所代替,即 rname@invalid. 表示为 rname. invalid. 。

(3) 小括号中的内容(0 1D 1H 1W 3H)。

① 其中的时间单位 W 表示周、D 表示天、H 表示小时,在表示时间的位置如果没有单位则单位是秒。

② 分号后的内容为注释文字,只起说明作用。

③ serial 之前的值代表区域文件的版本号(序列号)。当修改该文件的内容后,应记住更改此序列号,以便让其他服务器从该服务器检索信息时,知道发生了更改,从而执行更新操作。序列号可以是任意的数字。但最多不能超过 10 位。常用的序列号格式为"年十月十

日十修改次数",如 2017051008 表示 2017 年 5 月 10 日第 8 次修改。

④ refresh 之前的值代表刷新时间。1D 表示刷新的时间是 1 天。

⑤ retry 之前的值代表在更新出现通信故障时的重试时间。1H 表示重试的时间为 1 小时。

⑥ expire 之前的值代表重新执行更新动作后仍然无法完成更新任务而终止更新的时间,1W 表示该时间为 1 周。

⑦ minimum 之前的值代表客户查询的域名记录,在域名服务器上放置的时间,即记录的缓存时间。3H 表示缓存时间为 3 小时。

10.2.2. 安装 DNS 服务

🖥 1. 安装包说明

(1) bind-9.8.2-0.62.rc1.el6_9.4.x86_64.rpm:提供域名服务的主要程序及相关文件。

(2) bind-utils-9.8.2-0.62.rc1.el6_9.4.x86_64.rpm:提供对 DNS 服务器的测试工具程序(如 nslookup、dig 等)。

(3) bind-libs-9.8.2-0.62.rc1.el6_9.4.x86_64.rpm:DNS 服务的支持软件包。

(4) bind-chroot-9.8.2-0.62.rc1.el6_9.4.x86_64.rpm:为 bind 提供一个伪装的根目录以增强安全性(将/var/named chroot/文件夹作为 bind 的根目录)。

(5) caching-nameserver-9.8.2-0.62.rc1.el6_9.4.x86_64.rpm:提供一些配置样例文件,对于熟悉 bind 配置文件的系统管理员来说,也可以不用安装该软件包。

🖥 2. 使用 yun 工具安装

在可以联网的机器上使用 yum 工具安装,如果未联网,则挂载系统光盘进行安装。

```
[root@localhost 桌面]#yum -y install bind
```

🖥 3. 使用 rpm 工具安装

还可以使用 rpm 工具安装,其依赖关系的包需要手动安装。

```
[root@localhost Packages]#rpm -ivh bind-9.8.2-0.62.rc1.el6_9.4.x86_64.rpm
[root@localhost Packages]#rpm -ivh bind-utils-9.8.2-0.62.rc1.el6_9.4.x86_64.rpm
[root@localhost Packages]#rpm -ivh bind-libs-9.8.2-0.62.rc1.el6_9.4.x86_64.rpm
[root@localhost Packages]#rpm -ivh bind-chroot-9.8.2-0.62.rc1.el6_9.4.x86_
64.rpm
```

🖥 4. 查看安装结果

安装后结果如图 10-2 所示。

```
[root@ localhost Packages]#rpm -qa|grep bind
```

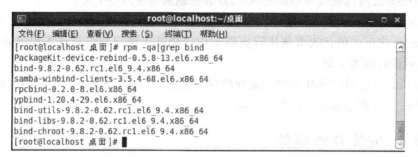

图 10-2　DNS 服务已安装的包

5. 管理 DNS 服务器

（1）通过 service 命令来管理 DNS 服务，如图 10-3 所示。

图 10-3　DNS 的服务管理

① 启动 DNS 服务。

```
[root@ localhost 桌面]#service named start
```

② 重启 DNS 服务。

```
[root@ localhost 桌面]#service named restart
```

③ 停止 DNS 服务。

```
[root@ localhost 桌面]#service named stop
```

④ 查看 DNS 服务工作状态。

```
[root@ localhost 桌面]#service named status
```

（2）可以通过/etc/init. d/named start/stop/restart 来启动、关闭、重启。

10.2.3　DNS 服务器配置流程

1. 基本的 DNS 服务器搭建流程

（1）编辑主配置文件 named.conf，设置 DNS 服务器管理的区域（zone）及这些区域对应的区域文件名和存放目录。

（2）建立区域文件，按照 named.conf 文件中指定的目录建立区域文件，添加资源记录。

（3）重新加载配置文件或重新启动 named 服务，使配置生效。

2. 防火墙配置

选定 DNS 复选框，并单击"应用"按钮，如图 10-4 所示。

图 10-4　CentOS 防火墙配置

注意：配置完成后一定要对防火墙进行设置，否则可能会影响 DNS 服务的正常使用。

10.2.4　DNS 服务器的测试

1. 使用 host 命令测试 DNS 服务器

在 host 命令后输入主机名或 IP 地址即可查询主机名和 IP 地址的对应关系，如图 10-5 所示。

图 10-5　使用 host 命令测试 DNS 服务器

2. 使用 nslookup 命令测试 DNS 服务器

nslookup 命令是常用域名查询工具。nslookup 有两种工作模式,即交互模式和非交互模式。在交互模式下,用户可以向域名服务器查询各类主机、域名的信息,或者输出域名中的主机列表。而在非交互模式下,用户可以针对一台主机或域名仅仅获取特定的名称或所需信息。进入交互模式,直接输入 nslookup 命令,不加任何参数,则直接进入交互模式,此时 nslookup 会连接到默认的域名服务器(/etc/resolv.conf 的第一个 dns 地址)。或者输入 nslookup 主机名或 IP 地址,进入非交互模式,如图 10-6 所示。

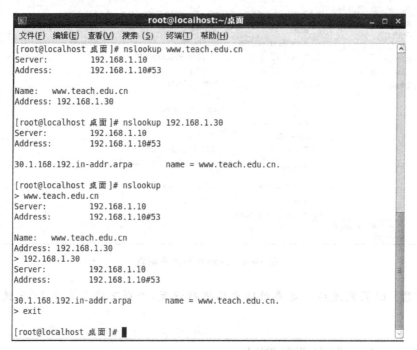

图 10-6　使用 nslookup 命令测试 DNS 服务器

3. 使用 dig 命令测试 DNS 服务器

在 dig 命令后输入主机名或 IP 地址即可查询主机名和 IP 地址的对应关系,如图 10-7 所示。

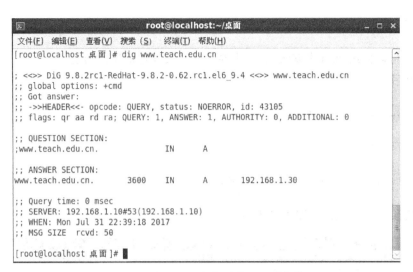

图 10-7　使用 dig 命令测试 DNS 服务器

10.3　项目实施

安装、配置和管理 DNS 服务器,实现域名的正确解析。

创建 4 台虚拟主机供测试使用。

- CentOSserver(IP 地址:192.168.1.10/24)
- CentOSslave(IP 地址:192.168.1.11/24)
- CentOStest(IP 地址:192.168.1.20/24)
- Windowstest(IP 地址:192.168.1.21/24)

其中,CentOSserver 为主 DNS 服务器,CentOSslave 为辅助 DNS 服务器,其他两台主机为测试机。

任务 1　安装 DNS 服务

1. 任务要求

查看服务器是否安装了 DNS 服务的软件包,如果未安装则进行安装。

2. 实施过程

(1) 查看已经安装的 DNS 服务的软件包。

```
[root@localhost Packages]#rpm -qa|grep bind
```

(2) 使用 yum 安装 DNS 服务的软件包。

```
[root@localhost 桌面]#yum -y install bind bind-chroot
```

这里也可以使用 rpm 来安装,但是需要手动解决软件依赖性问题。

(3) 开启 DNS 服务。

```
[root@localhost 桌面]#service named start
```

(4) 查看 DNS 服务的工作状态。

```
[root@localhost 桌面]#service named status
```

正确安装后工作状态如图 10-8 所示。

图 10-8　named 服务工作状态

任务 2　DNS 服务器配置

1. 任务要求

学院所在的域为 teach. edu. cn,现有 3 台服务器,主机名和 IP 地址如下。

(1) www. teach. edu. cn,IP 地址:192.168.1.30/24。

(2) ftp. teach. edu. cn,IP 地址:192.168.1.31/24。

(3) mail. teach. edu. cn,IP 地址:192.168.1.32/24。

要求 DNS 服务器 CentOSserver 的 IP 地址为 192.168.1.10/24,主机名为/dns. tecah. edu. cn,可以解析 3 台服务器的主机名和 IP 地址的对应关系。

2. 实施过程

(1) 修改 DNS 服务的主配置文件 named. conf,如图 10-9 所示。

(2) 在 named. conf 文件末尾处添加正向区域和反向区域,如图 10-10 所示。

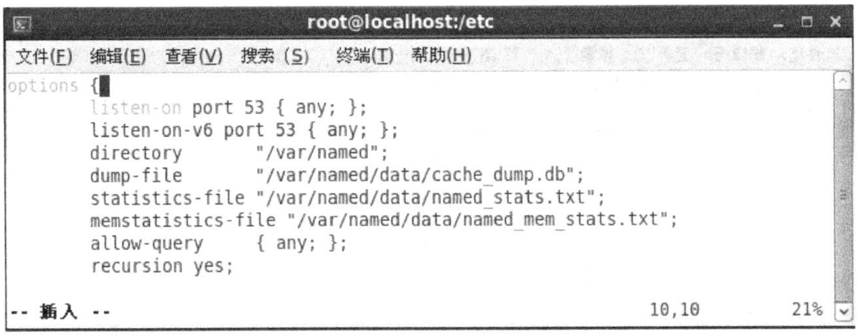

图 10-9　修改后的 named.conf 文件的内容

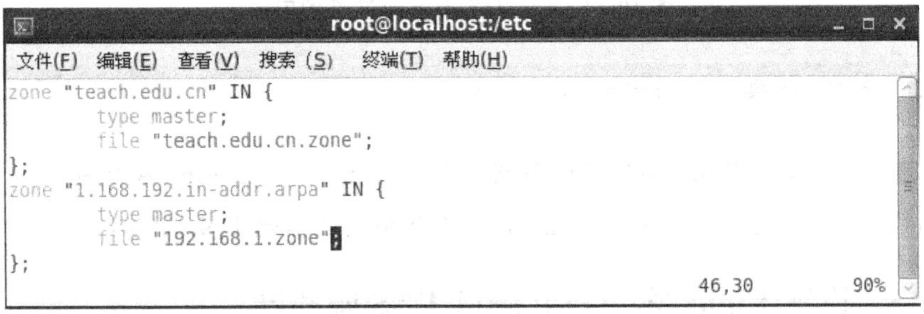

图 10-10　named.conf 末尾处添加的内容

（3）在/var/named 目录下创建正向解析文件 teach.edu.cn.zone，并在文件中添加记录信息，如图 10-11 所示。

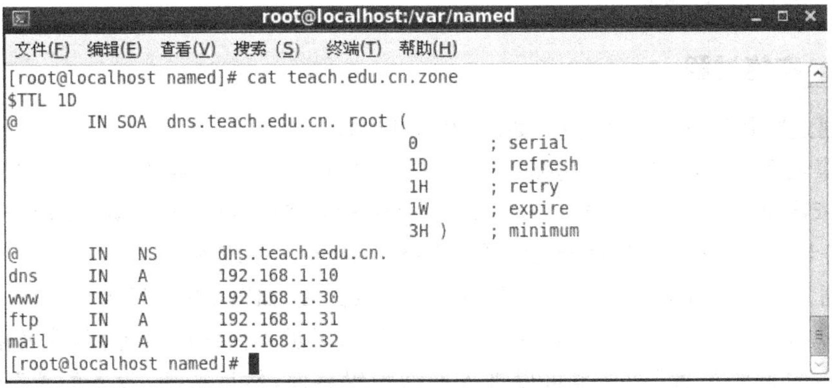

图 10-11　teach.edu.cn.zone 文件的内容

（4）在/var/named 目录下创建反向解析文件 192.168.1.zone，并在文件中添加记录信息，如图 10-12 所示。

（5）防火墙配置中允许 DNS 服务通过。

（6）配置完成后重启，使配置文件生效。

```
[root@localhost named]# cat 192.168.1.zone
$TTL 1D
@       IN SOA  dns.teach.edu.cn. root.teach.edu.cn. (
                                        0       ; serial
                                        1D      ; refresh
                                        1H      ; retry
                                        1W      ; expire
                                        3H )    ; minimum
@       IN   NS      dns.teach.edu.cn.
10      IN   PTR     dns.teach.edu.cn.
30      IN   PTR     www.teach.edu.cn.
31      IN   PTR     ftp.teach.edu.cn.
32      IN   PTR      mail.teach.edu.cn.
[root@localhost named]#
```

图 10-12　192.168.1.zone 文件的内容

```
[root@localhost 桌面]#service named restart
```

注意：主配置文件 named、正向解析文件 teach.edu.cn.zone 和反向解析文件 192.168.1.zone 中需要将所属群组修改为 named，否则将无法启动 DNS 服务。

任务 3　设置 Linux 客户机并测试 DNS 服务器

1. 任务要求

在 Linux 操作系统(CentOStest)上进行设置，测试 DNS 服务器(CentOSserver)是否能正确解析主机名和 IP 地址。

2. 实施过程

(1) 通过“网络连接”继续配置，如图 10-13 所示。

进入桌面系统后，在菜单中选择“系统”→“首选项”→“网络连接”命令，进入“网络连接”对话框。依次单击“有线”选项卡→System eth0→“编辑”按钮→“IPv4 设置”选项卡，在“DNS 服务器”文本框内填入 DNS 服务器(CentOSserver)的 IP 地址。

(2) 通过 system-config-network 网络配置工具配置，如图 10-14 所示。

在命令行方式下输入 system-config-network 即可进入网络配置界面，或者输入 setup 命令后，选择“网络配置”选项也可以进入网络配置界面，然后选择“设备配置”选项，单击 eth0 选项进入“网络配置”选项卡。在“主 DNS 服务器”和“第二 DNS 服务器”文本框内填入 DNS 服务器(CentOSserver)的 IP 地址。

(3) 修改配置文件/etc/resolv.conf，在该文件中添加 DNS 服务器的记录：nameserver 192.168.1.10。

修改配置文件后需要重启服务，使服务生效。

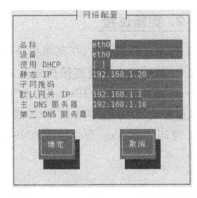

图 10-13 网络连接配置　　　　**图 10-14 system-config-network 网络配置工具**

（4）使用 nslookup 命令测试 DNS 服务器，如图 10-15 所示。

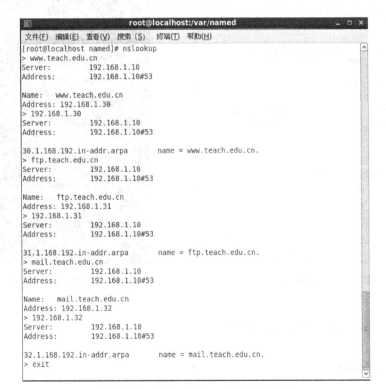

图 10-15 使用 nslookup 命令测试结果

任务 4　设置 Windows 客户机并测试 DNS 服务器

1. 任务要求

在 Windows 操作系统(Windowstest)上进行设置,测试 DNS 服务器(CentOSserver)是否能正确解析主机名和 IP 地址。

2. 实施过程

(1) 进入桌面系统后,在菜单中选择"开始"→"网络"→"网络和共享中心"→"管理网络连接"命令,然后双击本地连接图标进入网络状态对话框。单击"属性"按钮,在列表框中选择"Internet 版本 4(TCP/IPv4)"进入"Internet 协议版本 4(TCP/IPv4)属性"对话框。在"首选 DNS 服务器"文本框中填入 DNS 服务器(CentOSserver)的 IP 地址,如图 10-16 所示。

(2) 使用 nslookup 命令测试 DNS 服务器,如图 10-17 所示。

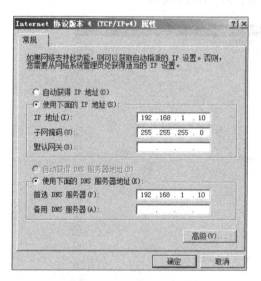

图 10-16　网络连接设置

图 10-17　nslookup 命令测试结果

任务 5　配置辅助 DNS 服务器

1. 任务要求

学院为了缓解主 DNS 服务器的工作,提高 DNS 服务的可靠性,特架设一台辅助 DNS

服务器。使用 CentOSslave(IP：192.168.1.11/24)作为该服务器的主机。

2. 实施过程

(1) 在辅助 DNS 服务器(CentOSslave)上安装 DNS 软件包。

(2) 修改主 DNS 服务器(CentOSserver)的主配置文件 named.conf,修改后的内容如图 10-18 所示,在 options 中加入"allow-transfer{192.168.1.11;};"语句。

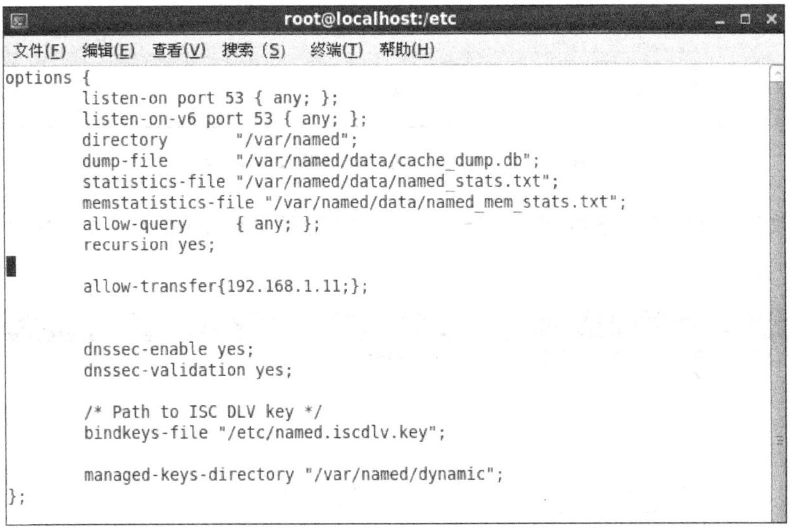

```
root@localhost:/etc                                    _ □ ×
文件(F)  编辑(E)  查看(V)  搜索(S)  终端(T)  帮助(H)
options {
        listen-on port 53 { any; };
        listen-on-v6 port 53 { any; };
        directory        "/var/named";
        dump-file        "/var/named/data/cache_dump.db";
        statistics-file "/var/named/data/named_stats.txt";
        memstatistics-file "/var/named/data/named_mem_stats.txt";
        allow-query      { any; };
        recursion yes;

        allow-transfer{192.168.1.11;};


        dnssec-enable yes;
        dnssec-validation yes;

        /* Path to ISC DLV key */
        bindkeys-file "/etc/named.iscdlv.key";

        managed-keys-directory "/var/named/dynamic";
};
```

图 10-18 修改后的主 DNS 服务器的主配置文件内容

(3) 修改主 DNS 服务器(CentOSserver)的正向解析文件 teach.edu.cn.zone,添加辅助 DNS 的 NS 记录和 A 记录。修改后的内容如图 10-19 所示。

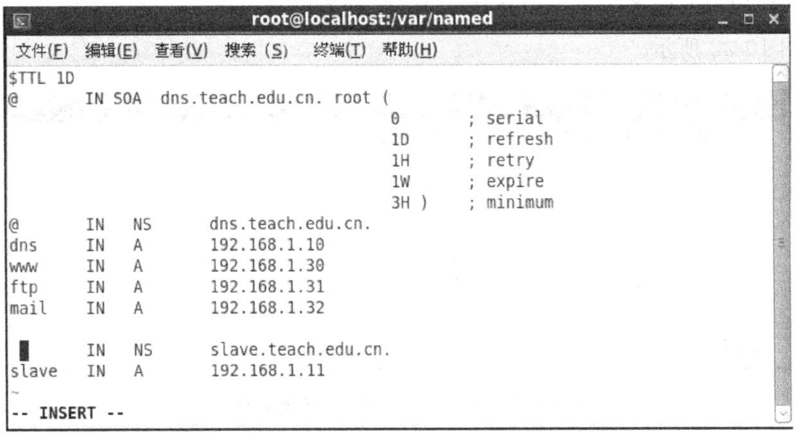

```
root@localhost:/var/named                              _ □ ×
文件(F)  编辑(E)  查看(V)  搜索(S)  终端(T)  帮助(H)
$TTL 1D
@       IN SOA  dns.teach.edu.cn. root (
                                    0       ; serial
                                    1D      ; refresh
                                    1H      ; retry
                                    1W      ; expire
                                    3H )    ; minimum
@       IN    NS      dns.teach.edu.cn.
dns     IN    A       192.168.1.10
www     IN    A       192.168.1.30
ftp     IN    A       192.168.1.31
mail    IN    A       192.168.1.32

        IN    NS      slave.teach.edu.cn.
slave   IN    A       192.168.1.11

-- INSERT --
```

图 10-19 修改后的正向解析文件内容

(4) 修改主 DNS 服务器(CentOSserver)反向解析文件 192.168.1.zone,添加辅助 DNS 的 NS 记录和 PTR 记录。修改后的内容如图 10-20 所示。

```
root@localhost:/var/named                    _ □ ×
文件(F) 编辑(E) 查看(V) 搜索(S) 终端(T) 帮助(H)
@       IN SOA  dns.teach.edu.cn. root.teach.edu.cn. (
                                  0       ; serial
                                  1D      ; refresh
                                  1H      ; retry
                                  1W      ; expire
                                  3H )    ; minimum
@       IN   NS     dns.teach.edu.cn.
10      IN   PTR    dns.teach.edu.cn.
30      IN   PTR    www.teach.edu.cn.
31      IN   PTR    ftp.teach.edu.cn.
32      IN   PTR    mail.teach.edu.cn.

        IN   NS     slave.teach.edu.cn.
11      IN   PTR    slave.teach.edu.cn.█
-- INSERT --
```

图 10-20 修改后的反向解析文件内容

（5）修改辅助 DNS 服务器（CentOSslave）的主配置文件 named. conf，修改后的内容如图 10-21 所示。

```
root@localhost:/etc                    _ □ ×
文件(F) 编辑(E) 查看(V) 搜索(S) 终端(T) 帮助(H)
options {█
        listen-on port 53 { any; };
        listen-on-v6 port 53 { any; };
        directory       "/var/named";
        dump-file       "/var/named/data/cache_dump.db";
        statistics-file "/var/named/data/named_stats.txt";
        memstatistics-file "/var/named/data/named_mem_stats.txt";
        allow-query     { any; };
        recursion yes;

-- 插入 --                              10,10          21%
```

图 10-21 修改辅助 DNS 服务器的主配置文件内容

（6）在辅助 DNS 服务器（CentOSslave）的主配置文件 named. conf 中添加正向区域和反向区域，如图 10-22 所示。

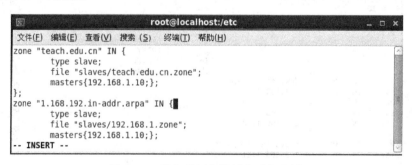

```
root@localhost:/etc                    _ □ ×
文件(F) 编辑(E) 查看(V) 搜索(S) 终端(T) 帮助(H)
zone "teach.edu.cn" IN {
        type slave;
        file "slaves/teach.edu.cn.zone";
        masters{192.168.1.10;};
};
zone "1.168.192.in-addr.arpa" IN {█
        type slave;
        file "slaves/192.168.1.zone";
        masters{192.168.1.10;};
-- INSERT --
```

图 10-22 添加的正向区域和反向区域

（7）重启 DNS 服务。

（8）测试 DNS。测试时禁用主 DNS 服务器主机的网卡，测试端的测试方法与主 DNS 服务器上的测试方法相同。

10.4　项目总结

　　域名系统是 Internet 的基础应用之一,本项目详细介绍了 DNS 服务器的安装、DNS 服务器的配置方法,DNS 服务的主配置文件配置,正向解析区域文件配置和反向解析区域文件配置,DNS 服务器的管理,启动、停止、重启和查看工作状态,辅助 DNS 服务器的配置,DNS 服务器的测试。

习题

1. 选择题

(1) DNS 服务器负责主机名和(　　)之间的解析。

　　A. MAC 地址　　　　B. IP 地址　　　　　C. 别名　　　　　　D. 网络接口

(2) DNS 服务的主配置文件是(　　)。

　　A. slave.conf　　　B. main.conf　　　C. named.conf　　D. dns.conf

(3) DNS 服务的正向解析是(　　)。

　　A. 通过域名查询 IP 地址　　　　　　　B. 通过 IP 地址查询域名

　　C. 通过域名查询域名　　　　　　　　　D. 通过 IP 地址查询 IP 地址

(4) DNS 服务的反向解析是(　　)。

　　A. 通过域名查询 IP 地址　　　　　　　B. 通过 IP 地址查询域名

　　C. 通过域名查询域名　　　　　　　　　D. 通过 IP 地址查询 IP 地址

(5) DNS 服务的扩展文件是(　　)。

　　A. extent.conf　　　　　　　　　　　　B. named.rfc1912.zone

　　C. 192.168.1.zone　　　　　　　　　　D. domain.com.zone

(6) DNS 服务的配置文件中用于记录别名的标记是(　　)。

　　A. A　　　　　　　B. AAAA　　　　　C. CNAME　　　　D. PTR

(7) DNS 服务的配置文件中用于记录指针的标记是(　　)。

　　A. A　　　　　　　B. AAAA　　　　　C. CNAME　　　　D. PTR

(8) DNS 服务的配置文件中用于记录邮件交换的标记是(　　)。

　　A. A　　　　　　　B. MX　　　　　　C. CNAME　　　　D. PTR

(9) DNS 默认的启动脚本是(　　)。

　　A. DNS　　　　　　B. dns　　　　　　C. named　　　　　D. domain

(10) type master 表示的是(　　)类型。

　　A. 主　　　　　　　B. 辅助　　　　　　C. 交换　　　　　　D. 缓存

2. 简答题

(1) 简述 DNS 的解析过程。

(2) DNS 服务配置的相关文件有哪些?

项 目 11

FTP服务器的配置与管理

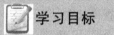

学习目标

1. 知识目标

- 掌握 FTP 服务的概念。
- 掌握 FTP 服务的安装。
- 掌握 FTP 服务的启动和停止。
- 掌握 FTP 服务的配置。
- 掌握 FTP 客户机的配置。

2. 能力目标

- 能够安装与配置 FTP 服务器。
- 能够配置 FTP 的用户。
- 能够测试 DHCP 服务器。
- 能够排除 DHCP 服务错误。

3. 素质目标

能够规划 FTP 服务器配置方案,实施 FTP 服务器配置,管理与维护 FTP 服务器。

11.1 项目场景

学院教职工在日常工作中,经常需要传送一些文件和资料。可以使用移动存储设备转存再复制,或者通过共享文件的方式实现,但是两种方法都不是很简单、方便。相对于这两种方法,使用FTP传送文件和资料要简单方便得多,所以学院决定搭建FTP服务器来解决文件和资料的传送问题。

11.2 知识准备

11.2.1 FTP 基础知识

1. FTP

FTP(File Transfer Protocol,文件传送协议)用于互联网上文件的双向传送。同时,它也是一个应用程序。基于不同的操作系统有不同的 FTP 应用程序,而所有这些应用程序都遵守同一种协议以传送文件。在 FTP 的使用当中,用户经常遇到两个概念:下载(Download)和上传(Upload)。下载文件就是从远程主机复制文件到自己的计算机上;上传文件就是将文件从自己的计算机中复制到远程主机上。用互联网语言来说,用户可通过客户程序向(从)远程主机上传(下载)文件。

2. FTP 服务器

同大多数互联网服务一样,FTP 也是一个客户/服务器系统。用户通过一个客户程序连接到在远程计算机上运行的服务器程序,依照 FTP 协议提供服务。提供文件传送服务的计算机就是 FTP 服务器;连接 FTP 服务器,遵循 FTP 协议与服务器传送文件的计算机就是 FTP 客户机。用户要连上 FTP 服务器,就要用到 FTP 的客户端软件,通常 Windows 自带 FTP 命令,这是一个命令行的 FTP 客户程序,另外常用的 FTP 客户程序还有 FileZilla、CuteFTP、As_FTP、Flashfxp、LeapFTP 等。

3. FTP 的工作方式

FTP 支持两种方式:一种是 PORT(主动方式);另一种是 PASV(被动方式)。通常FTP 客户端发送 PORT 命令到 FTP 服务器。

(1)主动方式。主动方式下,FTP 客户端从任意的非特殊的端口($N>1023$)连接到FTP 服务器的命令端口——21 端口。然后客户端在 $N+1(N+1\geqslant1024)$端口监听,并且通过 $N+1(N+1\geqslant1024)$端口发送命令给 FTP 服务器。服务器会反过来连接用户本地指定的数据端口,如 20 端口。

要支持主动方式 FTP,服务器端防火墙需要打开以下交互中使用到的端口。

① FTP服务器命令(21)端口接受客户端任意端口(客户端初始连接)。

② FTP服务器命令(21)端口到客户端端口>1023(服务器响应客户端命令)。

③ FTP服务器数据(20)端口到客户端端口>1023(服务器初始化数据连接到客户端数据端口)。

④ FTP服务器数据(20)端口接受客户端端口>1023(客户端发送 ACK 包到服务器的数据端口)。

简单归纳:在主动方式下,FTP 客户端随机开启一个大于 1024 的端口 N 向服务器的 21 号端口发起连接,然后开放 $N+1$ 号端口进行监听,并向服务器发出 PORT $N+1$ 命令。服务器接收到命令后,会用其本地的 FTP 数据端口(通常是 20)来连接客户端指定的端口 $N+1$,进行文件传送,如图 11-1 所示。

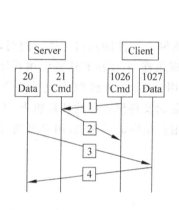

图 11-1　FTP 主动方式

主动方式的 FTP 客户端并没有实际建立一个到服务器数据端口的连接,它只是简单地告诉服务器自己监听的端口号,服务器再回来连接客户端这个指定的端口。对于客户端的防火墙来说,这是从外部系统建立到内部客户端的连接,通常是会被阻塞的。

(2) 被动方式。为了解决服务器发起到客户端的连接问题,人们开发了一种不同的 FTP 连接方式,这就是被动方式(PASV),当客户端通知服务器它处于被动方式时才启用。

在被动方式下,命令连接和数据连接都由客户端发起,这样就可以解决从服务器到客户端的连接被防火墙过滤掉的问题。当开启一个 FTP 连接时,客户端打开两个任意的非特权本地端口($N>1024$ 和 $N+1$)。第一个端口连接服务器的 21 端口,但与主动方式的 FTP 不同,客户端不会提交 PORT 命令并允许服务器来回连它的数据端口,而是提交 PASV 命令。这样做的结果是服务器会开启一个任意的非特权端口($P>1024$),并发送 PORT P 命令给客户端。然后客户端发起从本地端口 $N+1$ 到服务器的端口 P 的连接用来传送文件。对于服务器端的防火墙来说,必须允许下面的通信才能支持被动方式的 FTP。

① FTP 服务器命令(21)端口接受客户端任意端口(客户端初始连接)。

② FTP 服务器命令(21)端口到客户端端口>1023(服务器响应客户端命令)。

③ FTP 服务器数据端口(>1023)接受客户端端口>1023(客户端初始化数据连接到服务器指定的任意端口)。

④ FTP 服务器数据端口(>1023)到客户端端口>1023(服务器发送 ACK 响应和数据到客户端的数据端口)。

简单归纳:在被动方式下,FTP 客户端随机开启一个大于 1024 的端口 N 向服务器的 21 号端口发起连接,同时会开启 $N+1$ 号端口。然后向服务器发送 PASV 命令,通知服务器自己处于被动方式。服务器收到命令后,会开放一个大于 1024 的端口 P 进行监听,然后用 PORT P 命令通知客户端,自己的数据端口是 P。客户端收到命令后,会通过 $N+1$ 号端口连接服务器的端口 P,然后在两个端口之间进行数据传输,如图 11-2 所示。

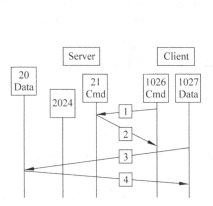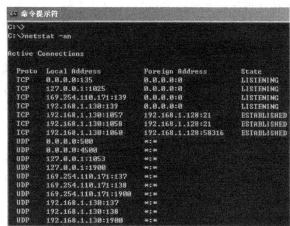

图 11-2　FTP 被动方式

被动方式的 FTP 解决了客户端的许多问题,但同时给服务器端带来了更多的问题。最大的问题是需要允许从任意远程终端到服务器高位端口的连接。幸运的是,许多 FTP 守护程序,包括流行的 WU-FTPD 允许管理员指定 FTP 服务器使用的端口范围。

另一个问题是客户端有的支持被动方式,有的不支持被动方式,必须考虑如何能支持这些客户端,以及为他们提供解决办法。例如,Solaris 提供的 FTP 命令行工具就不支持被动方式,需要第三方的 FTP 客户端,比如 ncFTP。随着 WWW 的广泛流行,许多人习惯用 Web 浏览器作为 FTP 客户端。大多数浏览器只在访问 FTP:// 这样的 URL 时才支持被动方式。这到底是好还是坏取决于服务器和防火墙的配置。

4. FTP 的传输方式

FTP 的任务是将文件从一台计算机传送到另一台计算机,它与这两台计算机所处的位置、连接的方式、是否使用相同的操作系统无关。每种操作系统使用上有某些细微差别,但是每种协议基本的命令结构是相同的。

FTP的传输方式有两种：ASCII传输方式和二进制数据传输方式。

（1）ASCII传输方式。假定用户正在复制的文件包含简单的ASCII码文本，如果在远程机器上运行的是不同的操作系统，当文件传送时FTP通常会自动地调整文件的内容以便把文件解释成另外那台计算机存储文本文件的格式。

（2）二进制数据传输方式。常常有这样的情况，用户正在传送的文件包含的不是文本文件，它们可能是程序、数据库、字处理文件或者压缩文件，尽管字处理文件包含的大部分是文本，其中也包含有指示页尺寸、字库等信息的非打印字符。

在复制任何非文本文件前，用binary命令告诉FTP逐字复制，不要对这些文件进行处理，这也是下面要讲的二进制数据传输。

在二进制数据传输方式下，保存文件的位序，以便原始文件和复制的文件是逐位一一对应的，即使目的地机器上包含位序列的文件是没意义的。例如，Mac OS以二进制数据传输方式传送可执行文件到Windows操作系统，在对方系统上，此文件不能执行。

如果在ASCII传输方式下传输二进制文件，即使不需要也仍会转译。这会使传输稍微变慢，也会损坏数据，使文件变得不能用。在大多数计算机上，一般假设每一字符的第一有效位无意义，因为ASCII字符组合不使用它。如果传输二进制文件，所有的位都是重要的。如果这两台机器操作系统是同样的，则二进制数据传输方式对文本文件和数据文件都是有效的。

5. FTP用户类型

（1）本地用户是指具有本地登录权限的用户。这类用户在登录FTP服务器时，所用的登录名为本地用户名，采用的密码为本地用户的密码。登录成功后进入的为本地用户的Home目录。

（2）虚拟用户只具有从远程登录FTP服务器的权限，只能访问为其提供的FTP服务。虚拟用户不具有本地登录权限。虚拟用户的用户名和密码都由用户密码库指定，一般采用可插入验证模块PAM方式进行认证。

（3）匿名用户在登录FTP服务器时并不需要特别的密码就能访问服务器。一般匿名用户的用户名为FTP或者anonymous。

在搭建FTP服务器时，需要根据用户的类型，对用户进行归类。默认情况下，vsftpd服务器会把建立的所有账户都归属为本地用户。但是，这往往不符合企业安全的需要。因为这类用户不仅可以访问自己的主目录，还可以访问其他用户的目录。这就给其他用户所在的空间带来一定的安全隐患。所以，企业要根据实际情况，修改用户所在的类别。

6. CentOS下的FTP服务器软件vsftpd

vsftpd是very secure FTP daemon的缩写，安全性是它的最大特点。vsftpd是一个UNIX操作系统上运行的服务器的名称，它可以运行在Linux、BSD、Solaris、HP-UNIX等操作系统，是一个完全免费的、开放源代码的FTP服务器软件，支持很多其他的FTP服务器所不支持的特征，如非常高的安全性需求、带宽限制、良好的可伸缩性、可创建虚拟用户、支持IPv6、速率高等。

vsftpd 的特点是小巧轻快、安全易用。

🖥 7. vsftpd 服务的配置文件

vsftpd 作为一个主打安全的 FTP 服务,有很多的选项设置。下面介绍 vsftpd 服务的配置文件列表,所有的配置都是基于 vsftpd.conf 这个配置文件的。

vsftpd 服务的配置文件如下。

① /etc/vsftpd/vsftpd.conf:主配置文件。

② /etc/vsftpd/ftpusers:该文件用来指定哪些用户不能访问。

③ /etc/vsftpd/user_list:该文件用来指定用户是否被允许访问 FTP 服务器。

🖥 8. vsftpd 主配置文件 /etc /vsftpd /vsftpd.conf

vsftpd.conf 的内容非常单纯,每一行即为一项设定。若是空白行或是开头为♯的一行为注释性文字,将会被忽略。内容的格式只有一种,如下所示。

```
option=value
```

需要注意的是,等号两边不能加空白。

(1) 默认配置。

```
anonymous_enable=YES
```

说明:设置是否允许匿名用户访问 FTP 服务器,匿名用户使用的登录名为 FTP 或 anonymous,口令为空。匿名用户不能离开匿名用户 Home 目录/var/ftp,且只能下载不能上传。

```
local_enable=YES
```

说明:设置是否允许本地用户访问 FTP 服务器。本地用户可以在自己的 Home 目录中进行读/写操作。本地用户可以离开 Home 目录切换至有权限访问的其他目录,并在权限允许的情况下进行上传/下载。

```
write_enable=YES
```

说明:设置是否对用户开启写权限(全局设置)。

(2) 匿名用户(anonymous)设置。

```
anonymous_enable=YES/NO(YES)
```

说明:控制是否允许匿名用户登录,YES 为允许匿名登录,NO 为不允许。默认值为 YES。

```
write_enable=YES/NO(YES)
```

说明：是否允许登录用户有写权限。属于全局设置，默认值为 YES。

```
no_anon_password=YES/NO(NO)
```

说明：若是启动这项功能，则使用匿名登录时，不会询问密码。默认值为 NO。

```
ftp_username=ftp
```

说明：定义匿名登录的使用者名称。默认值为 ftp。

```
anon_root=/var/ftp
```

说明：使用匿名登录时所登录的目录。默认值为/var/ftp。注意 ftp 目录不能是 777 的权限属性，即匿名用户的 Home 目录不能有 777 的权限。

```
anon_upload_enable=YES/NO(NO)
```

说明：如果设为 YES，则允许匿名登录者有上传文件（非目录）的权限，只有在 write_enable＝YES 时，此项才有效。当然，匿名用户必须有对上层目录的写入权。默认值为 NO。

```
anon_world_readable_only=YES/NO(YES)
```

说明：如果设为 YES，则允许匿名登录者下载可阅读的文件（可以下载到本机阅读，不能直接在 FTP 服务器中打开阅读）。默认值为 YES。

```
anon_mkdir_write_enable=YES/NO(NO)
```

说明：如果设为 YES，则允许匿名登录者有新建目录的权限，只有在 write_enable＝YES 时，此项才有效。当然，匿名用户必须有对上层目录的写入权。默认值为 NO。

```
anon_other_write_enable=YES/NO(NO)
```

说明：如果设为 YES，则允许匿名登录者更多于上传或者建立目录之外的权限，如删除或者重命名。如果 anon_upload_enable＝NO，则匿名用户不能上传文件，但可以删除或者重命名已经存在的文件；如果 anon_mkdir_write_enable＝NO，则匿名用户不能上传或者新建文件夹，但可以删除或者重命名已经存在的文件夹。默认值为 NO。

```
chown_uploads=YES/NO(NO)
```

说明：设置是否改变匿名用户上传文件（非目录）的属主。默认值为 NO。

```
chown_username=username
```

说明：设置匿名用户上传文件（非目录）的属主名。建议不要设置为 root。

anon_umask＝077：设置匿名登录者新增或上传档案时的 umask 值。默认值为 077，则新建档案的对应权限为 700。

```
deny_email_enable=YES/NO(NO)
```

说明：若启用这项功能，则必须提供一个文件/etc/vsftpd/banner_emails，内容为 E-mail 地址。若是使用匿名登录，则会要求输入 E-mail 地址，若输入的 E-mail 地址在此文件中，则不允许进入。默认值为 NO。banned_email_file＝/etc/vsftpd/banner_emails 文件用来输入 E-mail 地址，只有在 deny_email_enable＝YES 时，才会使用到此文件。若使用匿名登录，则会要求输入 E-mail 地址，若输入的 E-mail 地址在此文件中，则不允许进入。

（3）本地用户设置。

```
local_enable=YES/NO(YES)
```

说明：控制是否允许本地用户登录，YES 为允许本地用户登录，NO 为不允许。默认值为 YES。

```
local_root=/home/username
```

说明：当本地用户登录时，将被更换到定义的目录下。默认值为各用户的 Home 目录。

```
write_enable=YES/NO(YES)
```

说明：是否允许登录用户有写权限。属于全局设置，默认值为 YES。

```
local_umask=022
```

说明：本地用户新建文件时的 umask 值。默认值为 077。

```
file_open_mode=0755
```

说明：本地用户上传文件后的文件权限，与 chmod 所使用的数值相同。默认值为 0666。

（4）欢迎语设置。

```
dirmessage_enable=YES/NO(YES)
```

说明：如果启用这个选项，那么使用者第一次进入一个目录时，会检查该目录下是否有.message 文件，如果有，则会出现此文件的内容，通常这个文件会放置欢迎语，或是对该目录的说明。默认值为 enable。

```
message_file=.message
```

说明：设置目录消息文件，可将要显示的信息写入该文件。默认值为. message。

```
banner_file=/etc/vsftpd/banner
```

说明：当用户登录时，会显示此设定所在的文件内容，通常为欢迎语或是说明。默认值为无。如果欢迎信息较多，则使用该配置项。

```
ftpd_banner=Welcome to BOB's FTP server
```

说明：这里用来定义欢迎语的字符串，banner_file 是文件的格式，而 ftpd_banner 则是字符串格式。预设为无。

（5）控制用户是否允许切换到上级目录。

在默认配置下，本地用户登录 FTP 后可以使用 cd 命令切换到其他目录，这样会对系统带来安全隐患。可以通过以下 3 条配置文件来控制用户切换目录。

```
chroot_list_enable=YES/NO(NO)
```

说明：设置是否启用 chroot_list_file 配置项指定的用户列表文件。默认值为 NO。

```
chroot_list_file=/etc/vsftpd.chroot_list
```

说明：用于指定用户列表文件，该文件用于控制哪些用户可以切换到用户 Home 目录的上级目录。

```
chroot_local_user=YES/NO(NO)
```

说明：用于指定用户列表文件中的用户是否允许切换到上级目录。

通过搭配能实现以下几种效果。

① 当 chroot_list_enable＝YES，chroot_local_user＝YES 时，在/etc/vsftpd. chroot_list 文件中列出的用户，可以切换到其他目录；未在文件中列出的用户，不能切换到其他目录。

② 当 chroot_list_enable＝YES，chroot_local_user＝NO 时，在/etc/vsftpd. chroot_list 文件中列出的用户，不能切换到其他目录；未在文件中列出的用户，可以切换到其他目录。

③ 当 chroot_list_enable＝NO，chroot_local_user＝YES 时，所有的用户均不能切换到其他目录。

④ 当 chroot_list_enable＝NO，chroot_local_user＝NO 时，所有的用户均可以切换到其他目录。

（6）数据传输方式设置。

FTP 在传输数据时，可以使用二进制数据传输方式，也可以使用 ASCII 传输方式来上传或下载数据。

```
ascii_upload_enable=YES/NO(NO)
```

说明：设置是否启用 ASCII 传输方式上传数据。默认值为 NO。

```
ascii_download_enable=YES/NO(NO)
```

说明：设置是否启用 ASCII 传输方式下载数据。默认值为 NO。

（7）访问控制设置。

两种控制方式：一种是控制主机访问；另一种是控制用户访问。

① 控制主机访问。

```
tcp_wrappers=YES/NO(YES)
```

说明：设置 vsftpd 是否与 tcp_wrapper 相结合来进行主机的访问控制。默认值为 YES。如果启用，则 vsftpd 服务器会检查/etc/hosts.allow 和/etc/hosts.deny 中的设置，来决定请求连接的主机，是否允许访问该 FTP 服务器。这两个文件可以起到简易的防火墙功能。

如要仅允许 192.168.0.1～192.168.0.254 的用户连接 FTP 服务器，则在/etc/hosts.allow 文件中添加以下内容。

```
vsftpd:192.168.0. :allow
all:all :deny
```

② 控制用户访问。

用户的访问控制可以通过/etc 目录下的 vsftpd.user_list 和 ftpusers 文件来实现。

```
userlist_file=/etc/vsftpd.user_list
```

说明：控制用户访问 FTP 的文件，里面写着用户名。一个用户名占一行。

```
userlist_enable=YES/NO(NO)
```

说明：是否启用 vsftpd.user_list 文件。

```
userlist_deny=YES/NO(YES)
```

说明：决定 vsftpd.user_list 文件中的用户是否能够访问 FTP 服务器。若设置为 YES，则 vsftpd.user_list 文件中的用户不允许访问 FTP；若设置为 NO，则只有 vsftpd.user_list 文件中的用户才能访问 FTP。

```
/etc/vsftpd/ftpusers
```

说明：文件专门用于定义不允许访问 FTP 服务器的用户列表。注意，如果 userlist_enable＝YES，userlist_deny＝NO，此时若在 vsftpd.user_list 和 ftpusers 中都有某个用户时，那么这个用户是不能够访问 FTP 的，即 ftpusers 的优先级要高。默认情况下 vsftpd.

user_list 和 ftpusers,这两个文件已经预设置了一些不允许访问 FTP 服务器的系统内部账户。如果系统没有这两个文件,那么新建这两个文件,将用户添加进去即可。

(8) 访问速率设置。

```
anon_max_rate=0
```

说明:设置匿名登录者使用的最大传输速率,单位为 B/s,0 表示不限制速率。默认值为 0。

```
local_max_rate=0
```

说明:本地用户使用的最大传输速率,单位为 B/s,0 表示不限制速率。预设值为 0。

(9) 超时时间设置。

```
accept_timeout=60
```

说明:设置建立 FTP 连接的超时时间,单位为秒。默认值为 60。

```
connect_timeout=60
```

说明:设置 PORT 方式下建立数据连接的超时时间,单位为秒。默认值为 60。

```
data_connection_timeout=120
```

说明:设置建立 FTP 数据连接的超时时间,单位为秒。默认值为 120。

```
idle_session_timeout=300
```

说明:设置多长时间不对 FTP 服务器进行任何操作,则断开该 FTP 连接,单位为秒。默认值为 300 。

(10) 日志文件设置。

```
xferlog_enable=YES/NO(YES)
```

说明:是否启用上传/下载日志记录。如果启用,则上传与下载的信息将被完整记录在 xferlog_file 所定义的文件中。默认值为 YES。

```
xferlog_file=/var/log/vsftpd.log
```

说明:设置日志文件名和路径,默认值为/var/log/vsftpd. log。

```
xferlog_std_format=YES/NO(NO)
```

说明:如果启用,则日志文件将会写成 xferlog 的标准格式,如同 wu-ftpd 一般。默认值为 NO。

```
log_ftp_protocol=YES|NO(NO)
```

说明：如果启用此选项，所有的 FTP 请求和响应都会被记录到日志中，默认日志文件为/var/log/vsftpd.log。启用此选项时，xferlog_std_format 不能被激活。这个选项有助于调试。默认值为 NO。

(11) 定义用户配置文件。

在 vsftpd 中，可以通过定义用户配置文件来实现不同的用户使用不同的配置。

```
user_config_dir=/etc/vsftpd/userconf
```

说明：设置用户配置文件所在的目录。当设置了该配置项后，用户登录服务器后，系统就会到/etc/vsftpd/userconf 目录下读取与当前用户名相同的文件，并根据文件中的配置命令，对当前用户进行更进一步的配置。

例如，定义 user_config_dir＝/etc/vsftpd/userconf，且主机上有用户 test1、test2，那么就在 user_config_dir 目录下新建 test1 和 test2 两个文件。若是 test1 登录，则会读取 user_config_dir 下的 test1 这个文件中的设置。默认值为无。利用用户配置文件，可以实现对不同用户进行访问速度的控制，在各用户配置文件中定义 local_max_rate＝××，即可。

(12) FTP 的工作方式与端口设置。

FTP 有两种工作方式：PORT(主动方式)和 PASV(被动方式)。

```
listen_port=21
```

说明：设置 FTP 服务器建立连接所监听的端口，默认值为 21。

```
connect_from_port_20=YES/NO
```

说明：指定 FTP 使用 20 端口进行文件传送，默认值为 YES。

```
ftp_data_port=20
```

说明：设置在 PORT 方式下，FTP 数据连接使用的端口，默认值为 20。

```
pasv_enable=YES/NO(YES)
```

说明：若设置为 YES，则使用 PASV 方式；若设置为 NO，则使用 PORT 方式。默认值为 YES，即使用 PASV 方式。

```
pasv_max_port=0
```

说明：在 PASV 方式下，数据连接可以使用的端口范围的最大端口，0 表示任意端口。默认值为 0。

```
pasv_min_port=0
```

说明：在 PASV 方式下，数据连接可以使用的端口范围的最小端口，0 表示任意端口。默认值为 0。

（13）与连接相关的设置。

```
listen=YES/NO(YES)
```

说明：设置 vsftpd 服务器是否以 standalone 模式运行。以 standalone 模式运行是一种较好的方式，此时 listen 必须设置为 YES，此为默认值。建议不要更改，有很多与服务器运行相关的配置命令，需要在此模式下才有效。若设置为 NO，则 vsftpd 不是以独立的服务运行，要受到 xinetd 服务的管控，功能上会受到限制。

```
max_clients=0
```

说明：设置 vsftpd 允许的最大连接数，默认值为 0，表示不受限制。若设置为 100 时，则同时允许有 100 个连接，超出的将被拒绝。只有在 standalone 模式运行才有效。

```
max_per_ip=0
```

说明：设置每个 IP 允许与 FTP 服务器同时建立连接的数目。默认值为 0，表示不受限制。只有在 standalone 模式运行才有效。

```
listen_address=IP 地址
```

说明：设置 FTP 服务器在指定的 IP 地址上监听用户的 FTP 请求。若不设置，则对服务器绑定的所有 IP 地址进行监听。只有在 standalone 模式运行才有效。

```
setproctitle_enable=YES/NO(NO)
```

说明：设置每个与 FTP 服务器的连接，是否以不同的进程表现出来。默认值为 NO，此时使用 ps aux |grep ftp 只会有一个 vsftpd 的进程。若设置为 YES，则每个连接都会有一个 vsftpd 的进程。

（14）虚拟用户设置。

虚拟用户使用 PAM 验证方式。

```
pam_service_name=vsftpd
```

说明：设置 PAM 使用的名称，默认值为/etc/pam.d/vsftpd。

```
guest_enable=YES/NO(NO)
```

说明：启用虚拟用户，默认值为 NO。

```
guest_username=ftp
```

说明：这里用来映射虚拟用户。默认值为 ftp。

```
virtual_use_local_privs=YES/NO(NO)
```

说明：当该参数值为 YES 时，虚拟用户使用与本地用户相同的权限。当该参数值为 NO 时，虚拟用户使用与匿名用户相同的权限。默认值为 NO。

（15）其他设置。

```
text_userdb_names=YES/NO(NO)
```

说明：设置在执行 ls -la 等命令时，是显示 UID、GID 还是显示出具体的用户名和组名。默认值为 NO，即以 UID 和 GID 方式显示。若希望显示用户名和组名，则设置为 YES。

```
ls_recurse_enable=YES/NO(NO)
```

说明：若是启用此功能，则允许登录者使用 ls - R(可以查看当前目录下子目录中的文件)命令。默认值为 NO。

```
hide_ids=YES/NO(NO)
```

说明：如果启用此功能，所有文件的拥有者与群组都为 FTP，也就是用户登录使用 ls-al 等命令，所看到的文件拥有者跟群组均为 FTP。默认值为 NO。

```
download_enable=YES/NO(YES)
```

说明：如果设置为 NO，所有的文件都不能下载到本地，文件夹不受影响。默认值为 YES。

9. ftp 命令

ftp 命令的功能是用命令的方式来控制在客户机和服务器之间传送文件。

无论是 Windows 操作系统还是 CentOS 操作系统，都可以在命令行方式下面使用 ftp 命令连接和访问 FTP 服务器。

ftp 命令的格式如下。

```
ftp [选项] [主机名或 IP 地址]
```

ftp 命令连接成功后，用户需要在 FTP 服务器上登录，登录成功，将会出现"ftp＞"提示符。在提示符后可以进一步使用 ftp 命令的下级命令。可以用 help 命令取得可供使用的命令清单，也可以在 help 命令后面指定具体的命令名称，获得这条命令的说明。

常用的下级命令如下。

ftp>open：重新建立一个新的连接。

ftp>cd：改变目录。

ftp>dir：列出当前远端主机目录中的文件。

ftp>get：从远端主机中传送至本地主机中。

ftp>delete：删除远端主机中的文件。

ftp>mget：从远端主机接收一批文件至本地主机。

ftp>mput：将本地主机中一批文件传送至远端主机。

ftp>mkdir：在远端主机中建立目录。

ftp>prompt：交互提示模式。

ftp>put：将本地一个文件传送至远端主机中。

ftp>bye：终止主机 FTP 进程，并退出 FTP 管理方式。

🖥 10．访问 FTP 服务器的方法

（1）通过浏览器访问 FTP 服务器，如图 11-3 所示。

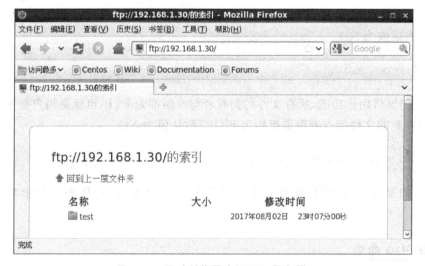

图 11-3　通过浏览器访问 FTP 服务器

在浏览器的地址里输入 FTP 服务器 IP 地址，格式如下。

ftp://用户名：密码@ FTP 服务器 IP 地址或域名：FTP 命令端口/路径/文件名

FTP 服务器 IP 地址或域名为必需项外，其他都不是必需的。如以下地址都是有效的
FTP 地址。

```
ftp://ftp.dz.com
ftp://xxx@ ftp.dz.com
ftp://xxx:123456@ ftp.dz.com
ftp://xxx:123456@ ftp.dz.com:2003/soft/demo.doc
```

（2）通过 ftp 命令访问 FTP 服务器，如图 11-4 所示。

图 11-4　通过 FTP 命令访问 FTP 服务器

（3）在客户端还可以通过一些图形化的 FTP 访问工具来连接和访问 FTP 服务器，如 gFTP、ncFTP、FileZilla 等。

11.2.2　安装 FTP 服务

（1）安装包说明。

vsftpd-2.2.2-24.el6.x86_64.rpm 提供 FTP 服务的主要程序及相关文件。

（2）在可以联网的机器上使用 yum 工具安装，如果未联网，则挂载系统光盘进行安装。

```
[root@localhost桌面]#yum – y install vsftpd
```

（3）还可以使用 rpm 工具安装。

```
[root@localhost Packages]#rpm – ivh vsftpd-2.2.2-24.el6.x86_64.rpm
```

（4）查看安装结果，如图 11-5 所示

```
[root@localhost Packages]#rpm –qa|grep vsftpd
```

图 11-5　FTP 服务已安装的包

（5）管理 FTP 服务器。

① 可以通过 service 命令来管理 FTP 服务，如图 11-6 所示。

```
[root@localhost桌面]#service vsftpd start          #启动 DNS 服务
[root@localhost桌面]#service vsftpd restart        #重启 DNS 服务
```

```
[root@ localhost 桌面]#service vsftpd stop          #停止 DNS 服务
[root@ localhost 桌面]#service vsftpd status        #查看 DNS 服务工作状态
```

图 11-6　FTP 的服务管理

② 可以通过/etc/init. d/vsftpd start/stop/restart 来启动、关闭、重启。

11.2.3　FTP 服务器配置流程

🖥 1. FTP 服务器配置文件设置流程

（1）编辑主配置文件 vsftpd. conf。

（2）编辑用户配置文件 user_list。

（3）编辑用户配置文件 ftpusers。

（4）重新加载配置文件或重新启动 FTP 服务使配置文件生效。

🖥 2. 防火墙配置

选中 FTP 复选框，并单击"应用"按钮，如图 11-7 所示。

图 11-7　CentOS 防火墙配置

注意：配置完成后一定要对防火墙进行设置，否则可能会影响FTP服务的正常使用。

11.3   项目实施

安装、配置和管理FTP服务器，实现文件和资料的传送。

创建3台虚拟主机供测试使用。

- CentOSserver(IP地址：192.168.1.30/24)
- CentOStest(IP地址：192.168.1.11/24)
- Windowstest(IP地址：192.168.1.20/24)

其中，CentOSserver为FTP服务器，另外两台为测试机。

任务1   安装FTP服务器

1. 任务要求

查看服务器是否安装了FTP服务，如果未安装则进行安装。

2. 实施过程

(1)检查是否已经安装了vsftpd软件包，可使用下面的命令。

```
[root@localhost Packages]#rpm -qa|grep vsftpd
```

如果显示vsftpd-2.2.2-6.el6.x86_64，说明系统已经安装了vsftpd服务器。如果没有任何显示这表示没有安装vsftpd服务器。

(2)如果没有安装，可以进入光盘挂载的目录下，输入下面命令来安装。

```
[root@localhost Packages]#rpm -ivh vsftpd-2.2.2-24.el6.x86_64.rpm
```

或者使用yum安装。

```
[root@localhost Packages]#yum install vsftpd
```

(3)启动或停止vsftpd服务。

```
[root@localhost /]#service vsftpd start
```

(4)查看vsftpd服务的工作状态。

```
[root@localhost /]#service vsftpd status
```

正确安装后工作状态如图11-8所示。

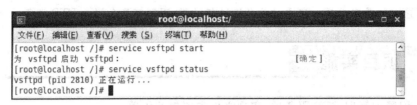

图 11-8　FTP 服务的工作状态

（5）如果需要在引导时启动 vsftpd 服务，可以使用以下命令。

```
[root@localhost /]#chkconfig --level 35 vsftpd on
```

任务 2　为 FTP 服务器添加存储设备

1. 任务要求

增加一块硬盘，新建一个分区，分配 30GB 空间，使用 ext3 文件系统，挂载到/ftp 下，作为 FTP 服务器数据存放的地方，把分区挂载情况写入/etc/fstab。

2. 实施过程

（1）执行以下命令。

```
[root@localhost /]#fdisk /dev/hdb
[root@localhost /]#mkfs.ext3 /dev/hdb1
[root@localhost /]#mkidr /ftp
[root@localhost /]#mount /dev/hdb1 /ftp -o usrquota,grpquota
[root@localhost /]#vim /etc/fstab
```

（2）在/etc/fstab 加入以下语句。

```
/dev/hdb1/ftp ext3 defaults,usrquota,grpquota 0 0
```

测试结果如图 11-9 所示。

```
[root@localhost /]# mkdir ftp
[root@localhost /]# mount -t auto /dev/sdb1 /ftp
[root@localhost /]# df -lh
Filesystem       Size  Used Avail Use% Mounted on
/dev/sda2         18G  2.2G   15G  14% /
tmpfs            491M  100K  491M   1% /dev/shm
/dev/sda1        291M   30M  246M  11% /boot
/dev/sr0         4.0G  4.0G     0 100% /media/CentOS_6.0_Final
/dev/sr0         4.0G  4.0G     0 100% /mnt/cdrom
/dev/sdb1         30G  173M   28G   1% /ftp
[root@localhost /]#
```

图 11-9　磁盘分区显示

任务3 配置匿名用户

1. 任务要求

学院完成 FTP 服务器的安装后,要对 FTP 服务器进行配置,使其允许匿名用户访问 FTP 服务器,匿名用户可以下载文件,同时禁止匿名用户上传、修改、删除、创建目录、重命名 FTP 服务器上的文件。限制其最大下载速度为 512KB/s,在登录 FTP 服务器后所在目录转入/public。

2. 实施过程

(1) 修改主配置文件 vsftpd.conf,修改选项如下。

```
anonymous_enable=YES
anon_mkdir_write_enable=NO
anon_world_readable_only=YES
anon_upload_enable=NO
anon_other_write_enable=NO
anon_max_rate=512000
anon_root=/public
```

(2) 重启 vsftpd 服务,使配置文件生效。

(3) 使用 ftp 命令测试结果如下。

```
[root@ localhost 桌面]#ftp
ftp>open 192.168.1.30
Connected to 192.168.1.30(192.168.1.30).
220(vsFTPd 2.2.2)
Name(192.168.1.30:root): anonymous
331 Please specify the password.
Password:
230 Login successful.                    #匿名用户登录成功
Remote system type is UNIX.
Using binary mode to transfer files.
ftp>dir
227 Entering Passive Mode(192,168,1,30,28,89)
150 Here comes the directory listing.
-rw-r--r--      1 0          0 0 Jun 13 04:14 test
226 Directory send OK.                   #显示目录内文件
ftp>get test
local: test remote: test
227 Entering Passive Mode(192,168,1,30,76,131)
150 Opening BINARY mode data connection for test(0 bytes)
226 Transfer complete.                   #下载成功
ftp>put test
```

```
local: test remote: test
227 Entering Passive Mode(192,168,1,30,107,109).
550 Permission denied.                          #上传文件被拒绝
ftp>mkdir test
550 Permission denied.                          #创建目录被拒绝
```

任务 4　配置本地用户

1. 任务要求

学院完成了匿名用户的设置后,还需要对本地用户进行相关配置,根据需要创建两个本地用户 jw(教务处)和 teacher(教师),用户 jw 可以上传、下载、删除和修改文件,可以访问 Home 目录和其他目录。用户 teacher 可以上传和下载,但不能修改和删除文件,可以访问 Home 目录和其他目录。另外,还要求本地用 user1 不能登录 FTP 服务器。

2. 实施过程

(1) 创建用户并设置密码,如图 11-10 所示。

```
[root@ localhost /]#
useradd jw - r - m - g ftp - d /var/ftp/jw - s /sbin/nologin
[root@ localhost /]#
useradd teacher - r - m - g ftp - d /var/ftp/teacher - s /sbin/nologin
[root@ localhost /]#passwd jw
[root@ localhost /]#passwd teacher
```

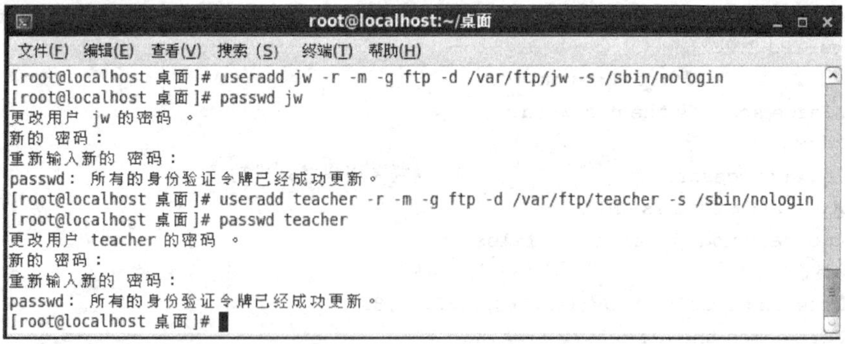

图 11-10　创建用户并设置密码

useradd 命令使用的参数：-r 表示创建 ID 小于 500 的系统用户,默认不创建对应的 Home 目录。-m 表示若 Home 目录不存在便创建 Home 目录,-r 和-m 组合用于为系统用户创建 Home 目录。-g 表示把该用户加入指定的组。-d 表示指定 Home 目录。-s 表示指定用户登录系统时所使用的 Shell。/sbin/nologin 表示新建用户不能登录服务器的操作系统,仅能登录 FTP 服务器。

（2）修改主配置文件 vsftpd.conf,修改选项如下。

```
chroot_local_user=YES
chroot_list_enable=YES
chroot_list_file=/etc/vsftpd/chroot_list
user_config_dir=/etc/vsftpd/userconfig
```

① 在 vsftpd.conf 添加上面前 3 行。

② 在/etc/vsftpd/目录下创建 chroot_list 文件,并将 jw 用户和 teacher 用户的用户名加入该文件。注意,文件中每行只能填写一个用户名,如图 11-11 所示。加入该文件中的用户可以访问 Home 目录和 Home 目录以外的目录。未加入 chroot_list 文件的用户只能访问 Home 目录。

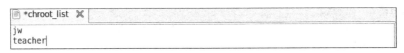

图 11-11 chroot_list 文件

③ 第 4 行设置用户的配置文件所在的目录为/etc/vsftpd/userconfig,用于配置用户权限时存放用户的配置文件。

（3）配置用户的权限。

```
[root@localhost vsftpd]#mkdir userconfig        #创建用户配置文件存放的目录
[root@localhost userconfig]#touch jw teacher    #创建用户的配置文件
```

修改用户 jw 的配置文件。

```
[root@localhost userconfig]#vim jw
```

在该文件中加入下面一行。

```
local_root=/var/ftp/jw                          #设置用户 jw 登录后所在的目录
```

修改用户 teacher 的配置文件。

```
[root@localhost userconfig]#vim teacher
```

在该文件中加入下面两行。

```
local_root=/var/ftp/teacher                     #设置用户 teacher 登录后所在的目录
write_enable=no                                 #设置用户 teacher 没有写权限
```

（4）禁止特定用户访问 FTP 服务器。

```
[root@localhost vsftpd]#vim ftpusers
```

在该文件中加入禁止访问的用户名。

```
user1
```

（5）重启 vsftpd 服务，使配置文件生效。

（6）使用 ftp 命令测试。

① 测试用户 jw。

```
[root@localhost /]#ftp 192.168.1.30
Connected to 192.168.1.30(192.168.1.30).
220(vsFTPd 2.2.2)
Name(192.168.1.30:root): jw
331 Please specify the password.
Password:
230 Login successful.                        #jw用户登录成功
Remote system type is UNIX.
Using binary mode to transfer files.
ftp>pwd                                       #使用 pwd命令显示当前目录
257 "/var/ftp/jw"                             #当前为/var/ftp/jw目录,表示 Home 目录未被锁定
ftp>dir                                       #显示当前目录中的内容
227 Entering Passive Mode(192,168,1,30,133,54).
150 Here comes the directory listing.
-rw-r--r--     1 0        0              0 Jun 13 00:10 gtest
226 Directory send OK.
ftp>get gtest                                 #下载 gtest 文件
local: gtest remote: gtest
227 EnteringPassive Mode(192,168,1,30,161,188).
150 Opening BINARY mode data connection for gtest(18 bytes).
226 Transfer complete.                        #传送完成
18 bytes received in 1.9e-05 secs(947.37 Kbytes/sec)
ftp>put /var/ftp/ptest                        #上传 ptest 文件
local: /var/ftp/ptest remote: /var/ftp/ptest
227 Entering Passive Mode(192,168,1,30,218,72).
150 Ok to send data.                          #发送数据成功
ftp>delete gtest                              #删除 gtest 文件
250 Delete operation successful.              #删除操作成功
ftp>dir                                       #显示当前目录中的内容
227 Entering Passive Mode(192,168,1,30,103,33).
150 Here comes the directory listing.
226 Directory send OK.
```

通过测试，可以看到用户 jw 可以上传、下载、删除和修改文件，可以访问 Home 目录和其他目录。

② 测试用户 teacher。

```
[root@localhost /]#ftp 192.168.1.30
```

```
Connected to 192.168.1.30(192.168.1.30).
220(vsFTPd 2.2.2)
Name(192.168.1.30:root): teacher
331 Please specify the password.
Password:
230 Login successful.                    #teacher 用户登录成功
Remote system type is UNIX.
Using binary mode to transfer files.
ftp>pwd                                  #使用 pwd 命令显示当前目录
257"/var/ftp/teacher"                    #当前为 /var/ftp/teacher 目录,表示 Home
                                         #目录未被锁定
ftp>dir                                  #显示当前目录中的内容
227 Entering Passive Mode(192,168,1,30,133,54).
150 Here comes the directory listing.
-rw-r--r--    1 0         0              0 Jun 13 00:10 gtest
226 Directory send OK.
ftp>get gtest                            #下载 gtest 文件
local: gtest remote: gtest
227 Entering Passive Mode(192,168,1,30,161,188).
150 Opening BINARY mode data connection for gtest(18 bytes).
226 Transfer complete.                   #传送完成
18 bytes received in 2.9e-05 secs(550.46 Kbytes/sec)
ftp>put /var/ftp/ptest                   #上传 ptest 文件
local: /var/ftp/ptest remote: /var/ftp/ptest
227 Entering Passive Mode(192,168,1,30,218,72).
150 Ok to send data.                     #发送数据成功
ftp>delete gtest                         #删除 gtest 文件
550 Permission denied.                   #删除操作失败
ftp>dir                                  #显示当前目录中的内容
227 Entering Passive Mode(192,168,1,30,133,54).
150 Here comes the directory listing.
-rw-r--r--    1 0         0              0 Jun 13 00:10 gtest
226 Directory send OK.
```

通过测试,可以看到用户 teacher 可以上传和下载,但不能修改和删除文件,可以访问 Home 目录和其他目录。

③ 测试用户 user1。

```
[root@ localhost 桌面]#ftp 192.168.1.30
Connected to 192.168.1.30(192.168.1.30).
220(vsFTPd 2.2.2)
Name(192.168.1.30:root): user1
331 Please specify the password.
Password:
530 Login incorrect.
Login failed.                            #登录失败
```

11.4 项目总结

（1）FTP 实现了服务器和客户机之间的文件传送与资源的再分配，是网络中普遍采用的资源共享方式之一。

（2）FTP 支持两种工作方式：主动方式（PORT 方式）和被动方式（PASV 方式）。

（3）CentOS 的默认 FTP 服务器是 vsftpd。

（4）vsftpd 的配置通过修改其配置文件/etc/vsftpd/vsftpd.conf 实现。

（5）在客户端可以通过 ftp 命令和图形界面的 FTP 客户端软件、浏览器等连接和访问FTP 服务器。

习题

1. 选择题

（1）FTP 是互联网提供的（　　）服务。

    A. 远程登录　　　　　B. 文件传送　　　　　C. 资源共享　　　　　D. 电子邮件

（2）以下命令或软件中，不能用来登录 FTP 服务器的是（　　）。

    A. ftp　　　　　　　　　　　　　　　B. CuteFTP Pro

    C. gftp　　　　　　　　　　　　　　D. http://FTP[IP]

（3）用 FTP 进行文件传送时的两种模式是（　　）。

    A. Word 和 Binary　　　　　　　　B. TXT 和 Word

    C. ASCII 和 Binary　　　　　　　　D. ASCII 和 Word

（4）FTP 传送中使用的两个端口是（　　）。

    A. 20 和 21　　　B. 21 和 22　　　C. 22 和 23　　　D. 23 和 24

（5）在使用匿名用户登录 FTP 时，默认的用户名为（　　）。

    A. root　　　　　B. user　　　　　C. guest　　　　　D. anonymous

（6）若使用 vsftpd 的默认配置，使用匿名账户登录 FTP 服务器，所处的目录是（　　）。

    A. /home/hp　　　B. var/ftp　　　C. /home　　　D. /home/vsftpd

（7）安装 vsftpd FTP 服务器后，若要启动该服务，则正确的命令是（　　）。

    A. server vsftpd start　　　　　　B. service vsftd restart

    C. service vsftd start　　　　　　D. /etc/rc.d/init.d/vsftpd restart

（8）若 CentOS 用户需要将 FTP 默认的 21 端口修改为 8080，可以通过修改配置文件（　　）实现。

    A. userconf　　　B. vsftpd.conf　　　C. resolv.conf　　　D. hosts

（9）使用 FTP 一次下载多个文件可以用（　　）命令。

    A. get　　　　　B. put　　　　　C. mget　　　　　D. mput

（10）以下对 vsftpd 的描述，不正确的是（　　）。

    A. Linux 操作系统组建 FTP 服务器可使用 vsftpd 或者 ProFTP。

    B. 在默认配置下，匿名登录 vsftpd 服务器后，在服务器端的位置是/var/ftp。

    C. 客户端可使用 ftp 或 gftp 命令、FTP 客户端软件来登录 FTP 服务器。

    D. vsftpd 不能对用户的上传或下载速度进行控制。

2. 简答题

（1）简述 vsftpd 的特点。

（2）FTP 服务器有哪两种工作方式？它们的区别是什么？

（3）简述如何配置匿名账号 FTP 服务器。

（4）简述如何配置本地账号 FTP 服务器。

项目 12

Web服务器的配置与管理

学习目标

1. 知识目标

- 掌握 Web 服务器的概念。
- 掌握 Web 服务器的安装。
- 掌握 Web 服务器的启动和停止。
- 掌握 Web 服务器的配置。

2. 能力目标

- 能够安装与配置 Apache。
- 能够配置虚拟主机。
- 能够安装与配置 Web 站点工作环境。
- 能够排除 Web 服务器错误。

3. 素质目标

能够规划 Web 服务器配置方案，实施 Web 服务器配置，管理与维护 Web 服务器。

12.1 项目场景

一方面,学院为进一步提高信息化建设,希望通过互联网实现对教务系统的访问,有利于管理人员对教务信息进行处理,同时教师和学生可以通过互联网获取学院的教学资源。另一方面学院还想通过学院的网站在互联网上发布信息和进行宣传,这就需要搭建 Web 服务器来现实。所以技术人员需要掌握 Web 服务器的搭建与管理。

12.2 知识准备

12.2.1 Web 服务器的基础知识

1. Web

Web 是一种基于超文本和 HTTP 的、全球性的、动态交互的、跨平台的分布式图形信息系统,是建立在互联网上的一种网络服务,为浏览者在互联网上查找和浏览信息提供了图形化的、易于访问的直观界面,其中的文档及超链接将互联网上的信息节点组织成一个互为关联的网状结构。

2. Web 的表现形式

(1) 超文本(Hyper Text)。超文本是一种用户界面方式,用于显示文本及与文本相关的内容。超文本普遍以电子文档的方式存在,其中的文字包含有可以链接到其他字段或者文档的超链接,允许从当前阅读位置直接切换到超链接所指向的内容。

超文本的格式有很多,目前最常使用的是超文本置标语言(HyperText Markup Language,HTML)及富文本格式(RichText Format,RTF)。我们日常浏览的网页上的链接都属于超文本。

超文本链接是一种全局性的信息结构,它将文档中的不同部分通过关键字建立链接,使信息得以用交互方式搜索。

(2) 超媒体(HyperMedia)。超媒体是超文本(HyperText)和多媒体在信息浏览环境下的结合。用户不但能从一个文本跳到另一个文本,而且可以激活一段声音,显示一个图形,可以播放动画和视频。

3. Web 的特点

(1) 图形化。Web 非常流行的一个很重要的原因就在于它可以在一页上同时显示色彩丰富的图形和文本。Web 具有将图形、音频、视频信息集合于一体的特点。

(2) 与平台无关。无论用户的系统平台是什么,都可以通过互联网访问 Web。浏览 Web 对系统平台没有限制。

（3）分布式的。大量的图形、音频和视频信息会占用相当大的磁盘空间，我们甚至无法预知信息的多少。对于 Web 没有必要把所有信息都放在一起，信息可以放在不同的站点上，只需在浏览器中指明这个站点就可以了。在物理上信息并不一定在一个站点上，从用户来看这些信息是一体的。

（4）动态的。由于各 Web 站点的信息包含站点本身的信息，信息的提供者可以经常对站上的信息进行更新。如某个协议的发展状况、公司的广告等。一般各信息站点都尽量保证信息的时间性。所以 Web 站点上的信息是动态的、经常更新的，这一点是由信息的提供者保证的。

（5）交互的。Web 的交互性首先表现在它的超链接上，用户的浏览顺序和所到站点完全由他自己决定。另外，通过表单的形式可以从服务器方获得动态的信息。用户通过填写表单可以向服务器提交请求，服务器可以根据用户的请求返回相应信息。

4. 超文本传输协议（HyperText Transfer Protocol，HTTP）

HTTP 协议是互联网上应用最为广泛的一种网络协议。所有的 WWW 文件都必须遵守这个标准。设计 HTTP 最初的目的是为了提供一种发布和接收 HTML 页面的方法。

（1）HTTP 协议的功能。HTTP 协议可以使浏览器更加高效，使网络传输减少。它不仅保证计算机正确快速地传输超文本文档，还可以确定传输文档中的哪一部分，以及哪部分内容首先显示（如文本先于图形）等。

HTTP 协议是客户端浏览器或其他程序与 Web 服务器之间的应用层通信协议。在互联网的 Web 服务器上存放的都是超文本信息，客户机需要通过 HTTP 协议传输所要访问的超文本信息。

在浏览器的地址栏里输入的网站地址称为 URL（Uniform Resource Locator，统一资源定位符）。就像每家每户都有一个门牌地址一样，每个网页也都有一个互联网地址。当在浏览器的地址框中输入一个 URL 或是单击一个超链接时，URL 就确定了要浏览的地址。浏览器通过 HTTP 协议，将 Web 站点中的网页代码提取出来，并翻译成网页。

（2）HTTP 的工作原理。一次 HTTP 操作称为一个事务，其工作过程可分为 4 步。

① 客户机与服务器需要建立连接。只要单击某个超链接，HTTP 的工作就开始了。

② 建立连接后，客户机发送一个请求给服务器，请求方式的格式为：统一资源定位符（URL）＋协议版本号。后边是 MIME 信息，包括请求修饰符、客户机信息和可能的内容。

③ 服务器接到请求后，给予相应的响应信息，其格式为一个状态行，包括信息的协议版本号、一个成功或错误的代码，后边是 MIME 信息，包括服务器信息、实体信息和可能的内容。

④ 客户机接收服务器所返回的信息通过浏览器显示在用户的显示屏上，然后客户机与服务器断开连接。

如果在以上过程中的某一步出现错误，那么产生错误的信息将返回到客户机，由显示屏输出。对于用户来说，这些过程是由 HTTP 协议完成的，用户只要用鼠标单击，等待信息显示就可以了。

许多 HTTP 通信是由一个用户代理初始化的并且包括一个申请在源服务器上资源的请求。最简单的情况可能是在用户代理和服务器之间通过一个单独的连接来完成。在互联网上，HTTP 通信通常发生在 TCP/IP 连接之上。默认端口是 TCP 80，其他的端口也是可用的。但这并不意味着 HTTP 协议在互联网或其他网络的协议之上才能完成，它只代表一个可靠的传输。

5. Web 服务器

Web 服务器是指驻留于互联网上某种类型计算机的程序，可以向浏览器等 Web 客户端提供文档，也可以放置网站文件，供浏览；也可以放置数据文件，供下载。

UNIX 和 Linux 平台下使用最广泛的免费 Web 服务器软件是 Apache 和 Nginx，而 Windows 平台使用 IIS。在选择 Web 服务器时应考虑的因素有性能、安全性、日志和统计、虚拟主机、代理服务器、缓冲服务和集成应用程序等，下面介绍几种常用的 Web 服务器。

① IIS：Microsoft 的 Web 服务器产品为 Internet Information Services(IIS)，IIS 是允许在公共局域网或互联网上发布信息的 Web 服务器。IIS 是目前最流行的 Web 服务器产品之一，很多著名的网站都是建立在 IIS 的平台上。IIS 提供了一个图形界面的管理工具，可用于监视配置和控制互联网服务。IIS 中包括 Web 服务器、FTP 服务器、NNTP 服务器和 SMTP 服务器，分别用于网页浏览、文件传输、新闻服务和邮件发送等，它使得在网络（包括互联网和局域网）上发布信息成了一件很容易的事。IIS 提供 ISAPI(Intranet Server API) 作为扩展 Web 服务器功能的编程接口；同时，它还提供一个互联网数据库连接器，可以实现对数据库的查询和更新。

② Kangle：Kangle 是一款跨平台、功能强大、安全稳定、易操作的高性能 Web 服务器和反向代理服务器软件。Kangle 也是一款专为做虚拟主机研发的 Web 服务器。它实现虚拟主机独立进程、独立身份运行，用户之间安全隔离，一个用户出问题不影响其他用户。安全支持 PHP、ASP、ASP. NET、Java、Ruby 等多种动态开发语言。

③ WebSphere：WebSphere Application Server 是一种功能完善、开放的 Web 应用程序服务器，是 IBM 电子商务计划的核心部分，它是基于 Java 的应用环境，用于建立、部署和管理互联网与局域网的应用程序。WebSphere 针对以 Web 为中心的开发人员，他们都是在基本 HTTP 服务器和 CGI 编程技术上成长起来的。IBM 将提供 WebSphere 产品系列，通过提供综合资源、可重复使用的组件、功能强大并易于使用的工具，以及支持 HTTP 和 IIOP 通信的可伸缩运行时环境，来帮助这些用户从简单的 Web 应用程序转移到电子商务世界。

④ WebLogic：BEA WebLogic Server 是一种多功能、基于标准的 Web 应用服务器，为企业构建自己的应用提供了坚实的基础。各种应用开发、部署所有关键性的任务，无论是集成各种系统和数据库，还是提交服务、跨互联网协作，起始点都是 BEA WebLogic Server。由于它具有全面的功能、对开放标准的遵从性、多层架构、支持基于组件的开发，基于互联网的企业都选择它来开发、部署最佳的应用。BEA WebLogic Server 在使应用服务器成为企业应用架构的基础方面继续处于领先地位。BEA WebLogic Server 为构建集成化的企业级应用提供了稳固的基础，它们以互联网的容量和速度，在联网的企业之间共享信息、提交服

务,实现协作自动化。

⑤ Apache:Apache 仍然是世界上用得最多的 Web 服务器软件,市场占有率达 60%左右,源于 NCSA httpd 服务器。当 NCSA WWW 服务器项目停止后,那些使用 NCSA WWW 服务器的人们开始交换用于此服务器的补丁,这也是 Apache 名称的由来(Apache,补丁)。世界上很多著名的网站都是 Apache 的产物,它的成功之处主要在于它的源代码开放、有一支开放的开发队伍、支持跨平台的应用(可以运行在几乎所有的 UNIX、Windows、Linux 操作系统平台上)以及它的可移植性等方面。

⑥ Tomcat:Tomcat 是一个开放源代码、运行 Servlet 和 JSP Web 应用软件的基于 Java 的 Web 应用软件。Tomcat Server 是根据 Servlet 和 JSP 规范进行执行的,因此可以说 Tomcat Server 也实行了 Apache-Jakarta 规范且比绝大多数商业应用软件服务器要好。 Tomcat 是 Java Servlet 2.2 和 JavaServer Pages 1.1 技术的标准实现,是基于 Apache 许可证下开发的自由软件。Tomcat 是完全重写的 Servlet API 2.2 和 JSP 1.1 兼容的 Servlet/ JSP 容器。Tomcat 使用了 JServ 的一些代码,特别是 Apache 服务适配器。随着 Catalina Servlet 引擎的出现,Tomcat 第四版的性能得到提升,使得它成为一个值得考虑的 Servlet/ JSP 容器,因此许多 Web 服务器都采用 Tomcat。

⑦ JBoss:JBoss 是一个基于 J2EE 的开放源代码的应用服务器。JBoss 代码遵循 LGPL 许可,可以在任何商业应用中免费使用,而不用支付费用。JBoss 是一个管理 EJB 的容器和 服务器,支持 EJB 1.1、EJB 2.0 和 EJB 3.0 的规范。但 JBoss 核心服务不包括支持 Servlet/ JSP 的 Web 容器,一般与 Tomcat 或 Jetty 绑定使用。

本书将以 Apache 讲解 Web 服务器的搭建。

📟 6. Apache 的配置文件

Apache 安装成功后会自动生成配置文件和相关的目录。

```
/etc/httpd/conf/httpd.conf        # 主配置文件
/etc/httpd/conf.d/                # 附加的配置文件目录
/usr/lib64/httpd/modules/         # Apache 的扩展模块目录
/var/log/httpd/                   # 服务器的日志文件目录
/var/www/html/                    # 网站发布的根目录
```

📟 7. Apache 的主配置文件

Apache 的主配置文件/etc/httpd/conf/httpd.conf 由 3 个部分组成。

(1) Global Environment:全局环境配置,决定 Apache 服务器的全局参数。

(2) Main Server Configuration:主服务配置,相当于是 Apache 中默认的 Web 站点,如 果服务器中只有一个站点,那么就只需在这里配置就可以了。

(3) Virtual Hosts:虚拟主机。

📓注意:虚拟主机不能与 Main Server 主服务器共存,当启用了虚拟主机后,Main

Server 就不能使用了。

```
Global Environment:
ServerTokens OS
```

说明：在出现错误页的时候是否显示服务器操作系统的名称，ServerTokens Prod 为不显示。

```
ServerRoot "/etc/httpd"
```

说明：用于指定 Apache 的运行目录，服务启动后自动将目录改变为当前目录，在后面使用到的所有相对路径都是相对这个目录下。

```
PidFile run/httpd.pid
```

说明：记录 httpd 守护进程的 PID 号码，这是系统识别一个进程的方法，系统中 httpd 进程可以有多个，但这个 PID 对应的进程是其他的父进程。

```
Timeout 60
```

说明：服务器与客户端收发数据超时的断开时间。

```
KeepAlive Off
```

说明：是否持续连接（因为每次连接都要三次握手，如果是访问量不大，建议打开此项，如果网站访问量比较大关闭此项比较好），修改为 KeepAlive On 表示允许程序性联机。

```
MaxKeepAliveRequests 100
```

说明：表示一个连接的最大请求数。

```
KeepAliveTimeout 15
```

说明：断开连接前的时间。

prefork.c 系统默认的模块，为每个访问启动一个进程，即当有多个连接共用一个进程的时候，在同一时刻只能有一个获得服务。

```
<IfModule prefork.c>
    StartServers         8          #开始服务时启动 8 个进程
    MinSpareServers      5          #最少空闲 5 个进程
    MaxSpareServers      20         #最多空闲 20 个进程
```

```
    ServerLimit          256        #服务器的最大连接数
    MaxClients           256        #同一时刻客户端的最大连接请求数量超过的要进入等候
                                     #队列
    MaxRequestsPerChild  4000       #每个进程生存期内允许服务的最大请求数量,0 表示永不
                                     #结束
</IfModule>
```

worker.c 是系统默认的模块,为 Apache 配置线程访问,即每对 Web 服务访问启动一个线程,这样对内存占用率比较小。

```
<IfModule worker.c>
    StartServers         4          #服务器启动时建立的子进程数
    MaxClients           300        #同时最多能发起的访问数,超过的要进入队列等待
    MinSpareThreads      25         #最小空闲进程数
    MaxSpareThreads      75         #最大空闲进程数
    ThreadsPerChild      25         #每个子进程生存期间常驻执行线程数
    MaxRequestsPerChild  0          #每个进程启动的最大线程数,如达到限制数时进程将
                                    #结束,如置为 0 则子线程永不结束
</IfModule>
```

prefork.c 和 worker.c 两个配置项主要针对 Apache 性能的优化。

```
Listen 80
```

说明:监听的端口,如有多块网卡,默认监听所有网卡。

```
LoadModule auth_basic_module modules/mod_auth_basic.so
...
LoadModule version_module modules/mod_version.so
```

说明:启动时加载的模块。

```
Include conf.d/*.conf
```

说明:加载的配置文件。

```
User apache
Group apache
```

说明:通常以 root 身份启动服务时,然后转换身份,这样可以增强系统安全性。

```
Main server configuration:
ServerAdmin root@localhost
```

说明:管理员的邮箱。

```
#ServerName www.example.com:80
```

说明：默认是不需要指定的，服务器通过名称解析过程来获得自己的名称，但如果解析有问题（如反向解析不正确），或者没有 DNS 名称，也可以在这里指定 IP 地址，当这项不正确的时候服务器不能正常启动。

```
UseCanonicalName Off
```

说明：如果客户端提供了主机名和端口，Apache 将会使用客户端提供的这些信息来构建自引用 URL。这些值与用于实现基于域名的虚拟主机的值相同，并且对于同样的客户端可用。CGI 变量 SERVER_NAME 和 SERVER_PORT 也会由客户端提供的值来构建。

```
DocumentRoot "/var/www/html"
```

说明：网页文件存放的目录。

```
<Directory />
    Options FollowSymLinks          #在此目录下可以使用符号链接
    AllowOverride None              #表示不允许这个目录下的访问控制文件来改变
                                    #这里的配置
</Directory>
```

说明：设置根目录的权限。

```
<Directory "/var/www/html">
    Options Indexes FollowSymLinks
    AllowOverride None
    Order allow,deny
    Allow from all
</Directory>
```

说明：设置/var/www/html 目录的权限。Options 中 Indexes 表示当网页不存在时允许索引显示目录中的文件，FollowSymLinks 是否允许访问符号链接文件。有的选项有 ExecCGI 表示是否使用 CGI，如 Options Includes ExecCGI FollowSymLinks 表示允许服务器执行 CGI 及 SSI，禁止列出目录。SymLinksOwnerMatch 表示当符号链接的文件和目标文件为同一用户拥有时才允许访问。AllowOverrideNone 表示不允许这个目录下的访问控制文件来改变这里的配置，这也意味着不用查看这个目录下的访问控制文件，修改为 AllowOverride All 表示允许.htaccess。Order 对页面的访问控制顺序后面的一项是默认选项，如 allow,deny 则默认是 deny，Allowfromall 表示允许所有的用户，通过和上一项结合可以控制对网站的访问控制。

```
DirectoryIndex index.html index.html.var
```

说明：指定所要访问的主页的默认主页名字，默认为 index. html。

```
AccessFileName .htaccess
```

说明：定义每个目录下的访问控制文件名，默认为. htaccess。

```
TypesConfig /etc/mime.types
```

说明：用于设置保存有不同 MIME 类型数据的文件名。

```
DefaultType text/plain
```

说明：默认的网页类型。

```
HostnameLookups Off
```

说明：当打开此项功能，在记录日志时同时记录主机名，这需要服务器来反向解析域名，增加了服务器的负载，通常不建议启用。

```
ErrorLog logs/error_log
```

说明：错误日志存放的位置。

```
LogLevel warn
```

说明：Apache 日志的级别。

```
CustomLog logs/access_log combined
```

说明：日志记录的位置，这里面使用了相对路径，所以 ServerRoot 需要指出，日志位置就存放在/etc/httpd/logs。

```
ServerSignature On
```

说明：定义当客户请求的网页不存在，或者错误的时候是否提示 Apache 版本的一些信息。

```
Alias /icons/ "/var/www/icons/"
```

说明：定义一些不在 DocumentRoot 下的文件，而可以将其映射到网页根目录中，这也是访问其他目录的一种方法，但在声明时需在目录后面加"/"。

```
AddLanguage ca .ca
...
AddLanguage zh-TW .zh-tw
```

说明：添加语言。

```
LanguagePriority en ca cs da de el eo es et fr he hr it ja ko ltz nl nn no pl pt pt-BR
ru sv zh-CN zh-TW
```

说明：设置 Apache 支持的语言。

```
AddDefaultCharset UTF-8
```

说明：添加默认支持的语言。

```
Virtual Hosts:
#NameVirtualHost *:80
```

说明：如果启用虚拟主机的话，必须将前面的注释去掉，而且，第二部分的内容都可以出现在每台虚拟主机部分。

```
VirtualHost example:
<VirtualHost *:80>
    ServerAdmin webmaster@www.linux.com         #设置管理员邮箱地址
    DocumentRoot /www/docs/www.linux.com        #网页文件存放的目录
    ServerName www.linuxc.com                   #服务器名称
    ErrorLog logs/www.linux.com-error_log       #存放错误日志的位置
    CustomLog logs/www.linux.com-access_log common
                                                #日志记录的位置
</VirtualHost>
```

说明：www.linux.com 可以替换为客户的网址。

12.2.2 安装 Apache

（1）安装包说明。

① httpd-2.2.15-60.el6.centos.4.x86_64.rpm：提供 Apache 的主要程序及相关文件。

② httpd-tool-2.2.15-60.el6.centos.4.x86_64.rpm：Apache 的相关工具软件。

（2）使用 yum 工具安装。在可以联网的机器上使用 yum 工具安装，如果未联网，则挂载系统光盘进行安装。

```
[root@localhost 桌面]#yum -y install httpd
```

（3）使用 rpm 工具安装。

```
[root@localhost Packages]#rpm httpd-2.2.15-60.el6.centos.4.x86_64.rpm
```

（4）查看安装结果。安装结果如图 12-1 所示。

```
[root@localhost Packages]#rpm -qa|grep httpd
```

图 12-1　Apache 已安装的包

（5）管理 Web 服务器。

① 可以通过 service 命令来管理 Web 服务器，如图 12-2 所示。

```
[root@localhost 桌面]#service httpd start        #启动 Apache 服务
[root@localhost 桌面]#service httpd restart      #重启 Apache 服务
[root@localhost 桌面]#service httpd stop         #停止 Apache 服务
[root@localhost 桌面]#service httpd status       #查看 Apache 服务工作状态
```

图 12-2　Apache 的管理

② 可以通过/etc/init. d/httpd start/stop/restart 来启动、关闭、重启。

（6）测试 Web 服务器。在浏览器的地址中输入 Web 服务器的 IP 地址或者服务器名（需 DNS 服务器配置正确），如果在浏览器中正确显示 Apache 的测试页，则表示安装成功，如图 12-3 所示。

12.2.3　Web 的配置流程

🖥 1. Web 服务器配置文件设置流程

（1）编辑主配置文件 httpd. conf。

（2）重新加载配置文件或重新启动 Apache 服务使配置文件生效。

🖥 2. 防火墙配置

选定 WWW（HTTP）复选框，并单击"应用"按钮，如图 12-4 所示。

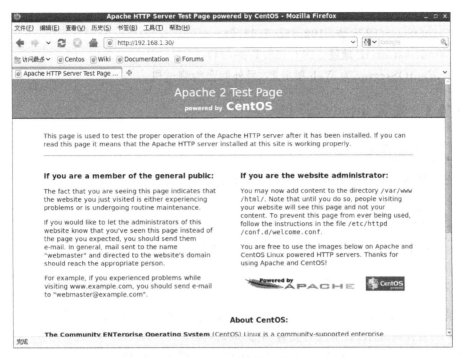

图 12-3　Apache 的测试页

图 12-4　CentOS 防火墙配置

注意：配置完成后一定要对防火墙进行设置，否则可能会影响 Apache 服务的正常使用。

12.3　项目实施

安装、配置和管理 Web 服务器，实现 Web 服务器的搭建。

创建 3 台虚拟主机供测试使用。

• CentOSserver(IP 地址：192.168.1.30/24)
• CentOStest(IP 地址：192.168.1.11/24)
• Windowstest(IP 地址：192.168.1.20/24)

其中，CentOSserver 为 Web 服务器，另外两台为测试机。

任务 1　安装 httpd 软件包

1. 任务要求

查看服务器是否安装了 Apache，如果未安装则进行安装。

2. 实施过程

(1) 检查是否已经安装了 httpd 软件包，可使用下面的命令。

```
[root@localhost Packages]#rpm -qa|grep httpd
```

如果显示 httpd-2.2.15-60.el6.centos.4.x86_64，说明系统已经安装了 Apache 服务器。如果没有任何显示，表示没有安装 Apache。

(2) 如果没有安装，可以进入光盘挂载的目录下，输入下面命令来安装。

```
[root@localhost Packages]#rpm -ivh vhttpd-2.2.15-60.el6.centos.4.x86_64.rpm
```

或者使用 yum 工具安装。

```
[root@localhost Packages]#yum install httpd
```

(3) 启动或停止 httpd 服务。

```
[root@localhost /]#service httpd start
```

(4) 查看 httpd 服务的状态。

```
[root@localhost /]#service httpd status
```

正确安装后工作状态如图 12-5 所示。

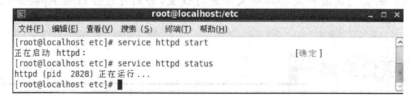

图 12-5　httpd 服务的工作状态

（5）如果需要在引导时启动 httpd 服务,可以使用以下命令。

```
[root@localhost /]#chkconfig --level 35 httpd on
```

任务 2　Web 服务器的基础配置

1. 任务要求

搭建一个简单的 Web 站点。

2. 实施过程

（1）创建网站主页：在/var/www/html 内创建 index. html 文件。

```
[root@localhost html]#touch index.html
```

（2）编辑 index. html,在文件中输入"欢迎访问学院主页",如图 12-6 所示。

```
[root@localhost html]#vim index.html
```

图 12-6　index. html 文件

（3）重启 httpd 服务。

```
[root@localhost html]#service httpd restart
```

（4）测试 Web 服务器,在浏览器中输入 Web 服务器的 IP 地址或服务器名。Web 服务器的 IP 地址为 192.168.1.30,服务器名为 www. teach. edu. cn,如图 12-7 所示。

图 12-7　网站的主页

任务 3　Web 服务器的虚拟主机配置

🖥 1. 任务要求

在一台服务器上搭建多个 Web 站点。

🖥 2. 实施过程

在一台服务器上搭建多个 Web 站点可以通过虚拟主机来实现,而虚拟主机有两种方式,如果每个 Web 站点拥有不同的 IP 地址,则称为基于 IP 地址的虚拟主机。如果每个 Web 站点 IP 地址相同,但域名不同,则称为基于主机名的虚拟主机。使用基于主机名的虚拟主机技术,不同的虚拟主机可以共享一个 IP 地址,以解决 IP 地址缺乏的问题。

1) 基于 IP 地址的虚拟主机配置

将 CentOSserver(IP:192.168.1.30/24)主机上的 IP 地址 192.168.1.30/24 用作学院主 Web 站点的 IP 地址,域名为 www.teach.edu.cn,并增加 IP 地址 192.168.1.35/24、域名 jw.teach.edu.cn 用作教务管理站点的 IP 地址和主机名。

(1) 添加 IP 地址。使用图形化工具,在 System eth0 编辑窗口下的"IPv4 设置"选项卡上单击"添加"按钮,将 192.168.1.35/24 填入,如图 12-8 所示。添加完成后单击"应用"按钮。

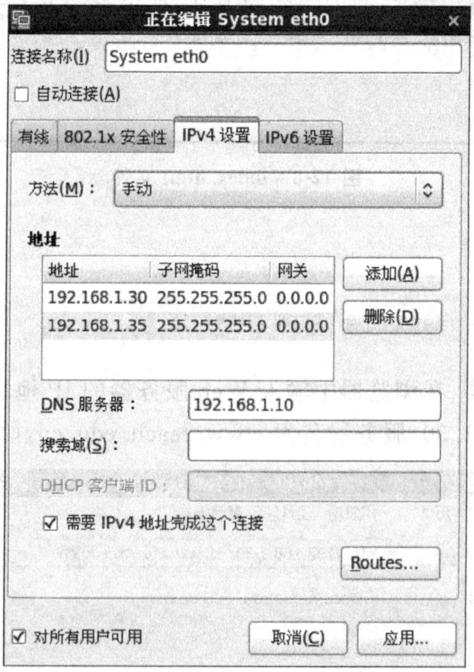

图 12-8　System eth0 编辑窗口

还可以通过修改网卡的配置文件来添加 IP 地址,在配置文件中添加 IPADDR=192.168.1.35 PREFIX=24,如图 12-9 所示。

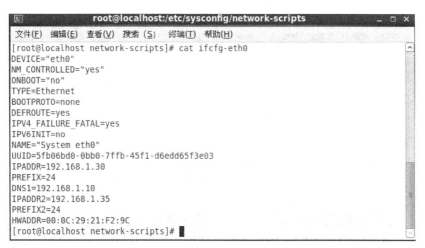

图 12-9　网卡配置文件

（2）编辑/etc/hosts 文件。在文件中填入 IP 地址和对应的主机名,完成主机名和 IP 地址的映射关系,如图 12-10 所示。

图 12-10　hosts 文件的内容

（3）创建 Web 站点的根目录和主页文件。

```
[root@localhost 桌面]#mkdir -p /var/www/html/www
[root@localhost 桌面]#mkdir -p /var/www/html/jw
```

在两个目录内创建主页文件 index. html,其内容分别为"欢迎访问学院主页"和"欢迎访问教务系统主页"。

（4）修改 httpd. conf 主配置文件,配置虚拟主机。在主配置末尾添加如图 12-11 所示的内容。

（5）重启 httpd 服务,使配置文件生效。

```
[root@localhost 桌面]#service httpd restart
```

（6）测试 Web 服务器。

① 在浏览器的地址栏中输入 192. 168. 1. 30 或 www. teach. edu. cn,显示结果如图 12-12 所示。

图 12-11　httpd.conf 主配置文件添加的内容

图 12-12　学院主页测试

② 在浏览器的地址栏中输入 192.168.1.35 或 jw.teach.edu.cn,显示结果如图 12-13 所示。

图 12-13　教务系统主页测试

2) 基于主机名的虚拟主机配置

在 CentOSserver(IP: 192.168.1.30/24)主机上使用同一 IP 地址运行 www.teach.edu.cn 和 jw.teach.edu.cn 两个 Web 站点。

(1) 编辑/etc/hosts 文件,在文件中添加 IP 地址和对应的主机名,完成主机名和 IP 地址的映射关系,如图 12-14 所示。

(2) 创建 Web 站点的根目录和主页文件,同基于 IP 地址的虚拟主机配置。

(3) 修改 httpd.conf 主配置文件,配置虚拟主机。在主配置末尾添加,如图 12-15 所示的内容。

图 12-14　hosts 文件的内容

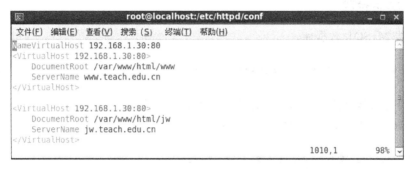

图 12-15　httpd. conf 主配置文件添加的内容

（4）重启 httpd 服务,使配置文件生效。

（5）测试 Web 服务器。

① 在浏览器的地址栏中输入 www. teach. edu. cn,显示结果如图 12-16 所示。

图 12-16　学院主页测试

② 在浏览器的地址栏中输入 jw. teach. edu. cn,显示结果如图 12-17 所示。

图 12-17　教务系统主页测试

任务 4　数据库的安装与配置

1. 任务要求

在 CentOSserver 上安装 MySQL 数据库,为 Web 站点提供数据库支持。

2. 实施过程

(1) 安装 MySQL 数据库。

```
[root@localhost 桌面]#yum - y install mysql mysql-server
```

也可以下载 MySQL 的安装包,使用 rpm 工具进行安装。

(2) 启动 MySQL 数据库,如图 12-18 所示。

```
[root@localhost 桌面]#service mysqld start
```

图 12-18　启动 MySQL 数据库

(3) 测试 MySQL 数据库,如图 12-19 所示。

```
[root@localhost 桌面]# mysql -u root
Welcome to the MySQL monitor.  Commands end with ; or \g.
Your MySQL connection id is 4
Server version: 5.1.73 Source distribution

Copyright (c) 2000, 2013, Oracle and/or its affiliates. All rights reserved.

Oracle is a registered trademark of Oracle Corporation and/or its
affiliates. Other names may be trademarks of their respective
owners.

Type 'help;' or '\h' for help. Type '\c' to clear the current input statement.

mysql> show databases;
+--------------------+
| Database           |
+--------------------+
| information_schema |
| mysql              |
| test               |
+--------------------+
3 rows in set (0.00 sec)

mysql>
```

图 12-19　测试 MySQL 数据库

```
[root@localhost 桌面]#mysql -u root
```

任务5　安装 PHP 语言环境

1. 任务要求

在 CentOSserver 上安装 PHP 语言环境,为 Web 站点提供 PHP 语言支持。

2. 实施过程

(1) 安装 PHP。

```
[root@localhost 桌面]#yum -y install php php-devel php-mysql
```

也可以下载 PHP 的安装包使用 rpm 工具进行安装。

(2) 启动 httpd 服务。

```
[root@localhost 桌面]#service httpd restart
```

重启后 Apache 已经支持 PHP 了。

(3) 测试 PHP。

在/var/www/html/www 目录中新建一个 PHP 脚本 info.php,内容如下。

```
<?php
    phpinfo();
?>
```

在浏览器地址栏中输入 192.168.1.30/info.php,显示结果如图 12-20 所示。

任务6　安装 Apache 用户验证

1. 任务要求

在 CentOSserver 上配置基于用户名和密码的身份验证。

2. 实施过程

(1) 生成密码文件。使用 htpasswd 工具生成密码文件,如图 12-21 所示。

```
[root@localhost 桌面]#htpasswd -cm /etc/httpd/userauth user1
```

htpasswd 工具的选项-c 表示创建新的密码文件,-m 表示使用 MD5 算法存储用户的
密码。

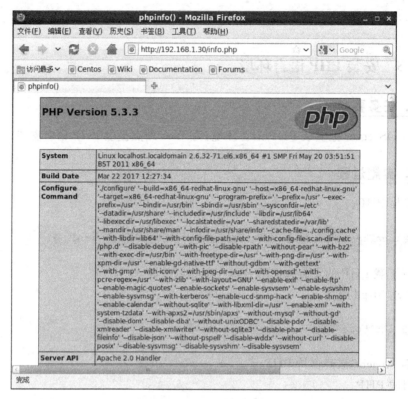

图 12-20　PHP 测试页

图 12-21　生成密码文件

（2）修改文件、添加内容。修改 httpd.conf 主配置文件，添加指定 Web 站点的身份验证，添加的内容如图 12-22 所示。

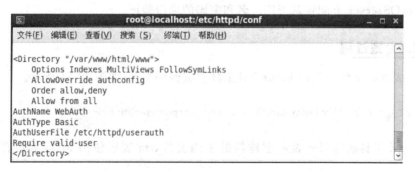

图 12-22　httpd.conf 添加的内容

（3）验证。在浏览器中填入 Web 站点名,会提示用户验证,如图 12-23 所示。

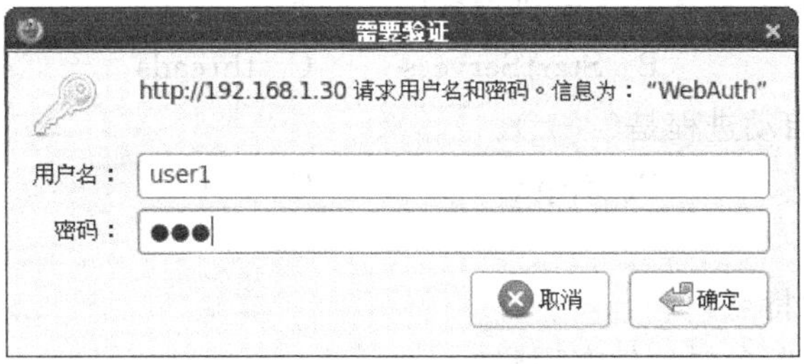

图 12-23 用户验证

12.4 项目总结

（1）Web 的基础知识,Web 的表现形式,Web 的特点以及 Web 服务器。HTTP 的概念,HTTP 协议的功能及工作原理。

（2）常用的 Web 服务器。

（3）Apache 配置与管理。

习题

1. 选择题

（1）Apache 提供的是（　　）服务。

    A. Web　　　　　　B. 文件传送　　　　C. 资源共享　　　　D. 电子邮件

（2）CentOS 中提供 Web 服务器软件的是（　　）。

    A. IIS　　　　　　B. Apache　　　　　C. httpd　　　　　D. Web

（3）默认情况下,Apache 的配置文件放在（　　）目录中。

    A. /etc/httpd　　　　　　　　　　B. /var/httpd

    C. /etc　　　　　　　　　　　　　D. /etc/httpd/conf/

（4）Web 服务器默认的监听端口是（　　）。

    A. 20　　　　　　　B. 30　　　　　　　C. 80　　　　　　　D. 8080

（5）设置 Web 服务器配置文件根目录的参数是（　　）。

    A. root　　　　　　B. DocumentRoot　C. adminroot　　　D. ServerRoot

（6）设置 Web 站点主目录的参数是（　　）。

    A. root　　　　　　B. DocumentRoot　C. adminroot　　　D. ServerRoot

（7）设置服务器和客户端收发数据的超时时间的参数是（　　）。

    A. timeout　　　　B. shuttime　　　　C. out　　　　　　D. overtime

（8）设置服务器的最大连接数的参数是（　　）。

    A. userconf   B. ServerLimit   C. max   D. clientmax

（9）设置服务器启动时建立的子进程数的参数是（　　　）。

    A. pid   B. StartServers   C. threads   D. sparethreads

（10）Apache 的启动进程是（　　）。

    A. vsftpd   B. httpd   C. webd   D. bind

2. 简答题

（1）简述 Web 的特点。

（2）常用的 Web 服务器软件有哪些？

（3）简述如何配置基于 IP 地址的虚拟主机。

（4）简述如何配置基于主机名的虚拟主机。

邮件服务器的配置
与管理

学习目标

1. 知识目标

- 掌握邮件服务器的功能。
- 掌握邮件服务器的工作原理。
- 掌握邮件服务器的安装。
- 掌握邮件服务器的配置。
- 掌握邮件服务器的管理。

2. 能力目标

- 能够安装与配置 postfix 服务。
- 能够安装与配置 dovecot 服务。
- 能够实现 POP 和 IMAP 服务。
- 能够使用电子邮件客户端发送和接收邮件。

3. 素质目标

能够按照企业的要求搭建邮件服务器。

13.1　项目场景

学院计划搭建内部邮件服务,使教师之间、教师和学生之间、教师和管理部门之间可以通过电子邮件进行沟通和联系。

通过对当前邮件服务器的对比,学院技术人员从兼容性、安全性、使用效率和成本多个方面考虑,决定使用 postfix 来架设学院的邮件服务器。

13.2　知识准备

13.2.1　电子邮件的基础知识

1. 电子邮件

电子邮件是一种用电子手段提供信息交换的通信方式,是互联网应用较广泛的服务之一。通过网上的电子邮件系统,用户可以以非常低廉的价格(不管发送到哪里,都只需负担网费)、非常快速的方式与世界上任何一个角落的网络用户联系。

电子邮件可以是文字、图像、声音等多种形式。同时,用户可以得到大量免费的新闻、专题邮件,并实现轻松的信息搜索。电子邮件的存在极大地方便了人与人之间的沟通与交流,促进了社会的发展。

2. 电子邮件的特点

电子邮件与传统邮件比有传输速率快、内容和形式多样、使用方便、费用低、安全性好等特点。

3. 电子邮件服务的工作原理

(1)邮件系统的组成。电子邮件服务是一个系统服务,由多个软件协同运行,电子邮件服务的主要组成部分如下。

① 用户代理:就是用户与电子邮件系统的接口,如 Outlook、Foxmail 等邮件客户端软件。

② 邮件服务器:SMTP 服务＋POP3 服务或 IMAP4 服务。

③ 电子邮件使用的协议。

• SMTP 协议:用来发送或中转发出的电子邮件。

• POP3 协议:从服务器上把邮件存储到本地机即自己的计算机上。

• IMAP4:用于从本地服务器上访问电子邮件。

(2)常见的邮件服务名词。

① MUA(Mail User Agent)。MUA(邮件用户代理)程序提供了收信、写信和寄信功

能。收信时使用 POP3 或 IMAP4 协议访问邮件服务器获取邮件。寄信时使用 SMTP 协议（简单邮件传送协议）将邮件发送给 MTA。

② MTA(Mail Transfer Agent)。MTA(邮件传送代理)程序负责接收、发送邮件。它决定邮件的传递路径，并对邮件地址适当改写。该代理程序接收的邮件将交给 MDA 进行最后的投递。

③ MDA(Mail Delivery Agent)。MDA(邮件投递代理)程序负责投递本地邮件到目的邮箱。

（3）邮件传递流程。

① 使用邮件用户代理(MUA)创建一封电子邮件，然后将其传送到该用户的本地邮件服务器的邮件传输代理(MTA)，传送过程使用的是 SMTP 协议。此邮件被加入本地 MTA 的服务队列中。

② MTA 检查收件用户是否为本地邮件服务器的用户，如果收件人是本机的用户，服务器将邮件存入本机的 MailBox。

③ 如果邮件收件人并非本机用户，MTA 检查该邮件的收信人，向 DNS 服务器查询接收方 MTA 对应的域名，然后将邮件发送至接收方的 MTA，使用的仍然是 SMTP 协议，这时，邮件已经从本地的用户工作站发送到了收件人 ISP 的邮件服务器，并且转发到了远程的域中。

④ 远程邮件服务器比对收到的邮件，如果邮件地址是本服务器地址则将邮件保存在 MailBox 中，否则继续转发到目标邮件服务器。

⑤ 远端用户连接到远程邮件服务器的 POP3(110 端口)或者 IMAP4(143 端口)接口上，通过账号密码获得使用授权。

⑥ 邮件服务器将远端用户账号下的邮件取出并且发送给收件人 MUA。

4. 电子邮件使用的协议

（1）SMTP 协议。SMTP(Simple Mail Transfer Protocol，简单邮件传送协议)是一组用于由源地址到目的地址传送邮件的规则，由它来控制信件的中转方式。SMTP 协议属于 TCP/IP 协议族，它帮助每台计算机在发送或中转信件时找到下一个目的地。通过 SMTP 协议所指定的服务器，就可以把 E-mail 寄到收信人的服务器上。

（2）POP3 协议。POP3(Post Office Protocol 3，邮局协议版本 3)是规定个人计算机如何连接到互联网上的邮件服务器进行收发邮件的协议。它是互联网电子邮件的第一个离线协议标准，POP3 协议允许用户从服务器上把邮件存储到本地主机（即自己的计算机）上，同时根据客户端的操作删除或保存在邮件服务器上的邮件。POP3 协议是 TCP/IP 协议族中的一员，由 RFC 1939 定义。本协议主要用于支持使用客户端远程管理在服务器上的电子邮件。

（3）IMAP4 协议。IMAP4(Internet Mail Access Protocol 4，交互式邮件存取协议版本 4)的主要作用是使邮件客户端（例如 Outlook Express）可以从邮件服务器上获取邮件的信息、下载邮件等。IMAP4 协议运行在 TCP/IP 协议之上，使用的端口是 143。它与 POP3 协议的主要区别是用户不用把所有的邮件全部下载，可以通过客户端直接对服务器上的邮件进行操作。

5. 电子邮件服务器软件

在 Linux 平台中,有许多邮件服务器软件可供选择,目前使用较多的是 Sendmail、postfix 和 Qmail。

(1) Sendmail。从使用的广泛程度和代码的复杂程度来看,Sendmail 是一个很优秀的邮件服务器软件。几乎所有 Linux 的默认配置中都内置了这个软件,只需设置好操作系统,它就能立即运转起来。但它的安全性较差,Sendmail 在大多数系统中都是以 root 身份运行,一旦邮件服务器发生安全问题,就会对整个系统造成严重影响。同时在 Sendmail 开放之初,互联网用户数量及邮件数量都较少,使 Sendmail 的系统结构并不适合较大的负载,对于高负载的邮件系统,需要对 Sendmail 进行复杂的调整。

(2) postfix。postfix 是一个由 IBM 资助、由 Wietse Venema 负责开发的自由软件工程产物,它的目的就是为用户提供除 Sendmail 之外的邮件服务器软件。postfix 在快速、易于管理和提供尽可能的安全性方面都进行了较好的考虑。postfix 是基于半驻留、互操作的进程的体系结构,每个进程完成特定的任务,没有任何特定的进程衍生关系,使整个系统进程得到很好的保护。同时 postfix 也可以和 Sendmail 邮件服务器保持兼容性以满足用户的使用习惯。

(3) Qmail。Qmail 是由 Dan Bemstein 开发的可以自由下载的邮件服务器软件,是按照将系统划分为不同的模块的原则进行设计的,在系统中有负责接收外部邮件的模块,有管理缓冲目录中待发送的邮件队列的模块,也有将邮件发送到远程服务器或本地用户的模块。同时只有必要的程序才是 setuid 程序(以 root 用户权限执行),这样就减少了安全隐患,并且由于这些程序都比较简单,因此可以达到较高的安全性。

CentOS 提供了 Sendmail 和 postfix 两种邮件服务器软件,用户可以随意选择其中一种。与 Sendmail 相比,postfix 的安全性和配置文件的可读性优于 Sendmail,同时,postfix 也和 Sendmail 邮件服务器保持兼容性,满足用户的使用习惯。因此我们以 postfix 为服务器软件进行搭建邮件服务器。

6. postfix 的配置文件及目录

postfix 的配置文件及目录如下。

```
/etc/postfix/main.cf     # 主配置文件
/etc/postfix/master.cf   # postfix 子程序的运行状态设置,例如是否使用 chroot 等
/etc/postfix/access      # 类似黑白名单的作用,设置完成后,需要在 main.cf 中激活,并
                         # 使用 postmap 生成相关的数据库
/etc/aliases             # 别名的设置目录,同样需要在 main.cf 中激活,并使用
                         # postalias 生成相关的数据库
```

7. postfix 的主要配置选项

main.cf 主配置文件内容如下。

```
myhostname=host.domain.tld
```

说明：myhostname 指定运行 postfix 邮件系统主机的主机名。默认该值被设定为本地机器名。可以指定该值，需要注意的是，要指定完整的主机名，如 myhostname = zero.domain.com。

```
mydomain=domain.tld
```

说明：mydomain 指定域名，缺省时，postfix 将 myhostname 的第一部分删除而作为 mydomain 的值。

```
myorigin=$mydomain
```

说明：myorigin 指明发件人所在的域名。如果用户的邮件地址为 user@domain.com，则指定@后面的域名。缺省时，postfix 使用本地主机名作为 myorigin，但是建议最好使用域名，因为这样更具有可读性。比如，安装 postfix 的主机为 zero.domain.com，则可以这样指定 myorigin：myorigin=domain.com。当然也可以引用其他参数，如 myorigin= $ mydomain。

```
inet_interfaces=localhost
```

说明：inet_interfaces 指定 postfix 系统监听的网络接口。默认时，postfix 监听所有的网络接口。如果 postfix 运行在一个虚拟的 IP 地址上，则必须指定其监听的地址，如 inet_interfaces=all, inet_interface=192.168.1.1。

```
mydestination=$myhostname, localhost.$mydomain, localhost
```

说明：mydestination 指定 postfix 接收邮件时收件人的域名，也就是说 postfix 系统要接收什么样的邮件。比如，用户的邮件地址为 user@domain.com，也就是域为 domain.com，则就需要接收所有收件人为 user_name@domain.com 的邮件。与 myorigin 一样，缺省时，postfix 使用本地主机名作为 mydestination。如 mydestination= $ mydomain,mydestination=domain.com。

```
mynetworks=168.100.189.0/28, 127.0.0.0/8
```

说明：mynetworks 指定所在网络的网络地址，postfix 系统根据其值来区别用户是远程的还是本地的，如果是本地网络用户则允许其访问。可以用标准的 A、B、C 类网络地址，也可以用 CIDR（无类域间路由）地址来表示，如 192.168.1.0/24、192.168.1.0/26。

```
header_checks=regexp:/etc/postfix/header_checks
```

说明：在 postfix 中，通过 header_checks 参数限制接收邮件信头的格式，如果符合指定的格式，则拒绝接收该邮件。可以指定一个或多个查询列表，如果新邮件的信头符合列表中的某一项则拒绝该接收邮件。

```
relay_domains=$mydestination
```

说明：系统转发邮件的目的域名列表，也就是允许转发的下一个 MTA。如果留空，可以保证所管理的邮件服务器不对不信任的网络开发。

```
home_mailbox=Maildir/
```

说明：设置邮箱路径，此路径与用户目录有关，也可以指定要使用的邮箱目录，如果不设置该参数，系统默认的邮箱都放在/var/spool/mail 目录下的使用者用户名文件中。

```
alias_maps=hash:/etc/aliases
```

说明：设置邮件别名的配置文件在/etc/aliases 里。

```
message_size_limit=10485760
```

说明：系统默认设置单封邮件最大容量为 10MB，可以通过修改此项来改变大小，单位为 Byte。

```
mailbox_size_limit=524288000
```

说明：设置用户账号的邮箱容量，单位为 Byte。

```
root:root,test      #root 用户的邮件，用户 root 和 test 都能接收到
```

说明：邮箱别名设置。在邮箱别名配置文件/etc/aliases 里添加对应的别名，格式如下。账号：收件账号 A，收件账号 B，收件账号 C。

```
root:root,test1,test2,test3
```

说明：这样设置还可以起到群发邮件的作用，当发送一封邮件到 root 用户的邮箱时，root、test1、test2、test3 都会收到邮件。

当邮箱别名修改完成后，需要使用 newaliases 命令激活邮箱别名功能。

🖥 8. dovecot

dovecot 是一个开源的 IMAP4 和 POP3 邮件服务器软件，支持 Linux/UNIX 操作系统。POP3/IMAP4 是 MUA 从邮件服务器中读取邮件时使用的协议。开发者将安全性考虑在第一位，所以 dovecot 在安全性方面比较出众。另外，dovecot 支持多种认证方式，所以在功能方面也比较符合一般的应用。

（1）dovecot 的基础配置。为了支持 IMAP4 和 POP3，需要修改配置文件/etc/dovecot/目录下 dovecot.conf，修改该文件的配置项将下面所示的行前面的"＃"去掉使其生效即可。

```
#protocols=imap pop3
```

如果需要支持 SSL 可在该选项上填入 imaps pop3s,如下所示。

```
protocols=imap imaps pop3 pop3s
```

配置后需要重启 dovecot 服务使配置文件生效。
(2) 设置 dovecot 服务的开机启动。

```
[root@localhost 桌面]#chkconfig --level 345 dovecot on
```

📖 9. 安装 postfix 服务

(1) 安装包说明。
postfix-2.6.6-8.el6.x86_64.rpm:提供 postfix 服务的主要程序及相关文件。
(2) 使用 yum 工具安装。在可以联网的机器上使用 yum 工具安装,如果未联网,则挂载系统光盘进行安装。

```
[root@localhost 桌面]#yum -y install postfix
```

(3) 使用 rpm 工具安装。

```
[root@localhost Packages]#rpm -ivh postfix-2.6.6-8.el6.x86_64.rpm
```

(4) 查看安装结果。
安装结果如图 13-1 所示。

```
[root@localhost Packages]#rpm -qa|grep postfix
```

图 13-1　postfix 服务已安装的包

(5) 管理 postfix 服务器。
① 可以通过 service 命令来管理 postfix 服务,如图 13-2 所示。

```
[root@localhost 桌面]#service postfix start      #启动 postfix 服务
[root@localhost 桌面]#service postfix restart    #重启 postfix 服务
[root@localhost 桌面]#service postfix stop       #停止 postfix 服务
[root@localhost 桌面]#service postfix status     #查看 postfix 服务工作状态
```

② 可以通过/etc/init.d/postfix start/stop/restart 来启动、关闭、重启 postfix 服务。

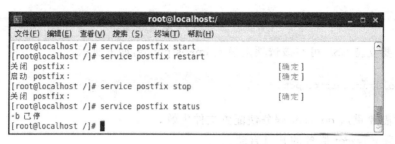

图 13-2　postfix 服务的管理

📠 10. 安装 dovecot 服务

（1）安装包说明。

dovecot-2.0.9-22.el6.x86_64.rpm：提供 postfix 服务的主要程序及相关文件。

（2）使用 yum 工具安装。在可以联网的机器上使用 yum 工具安装，如果未联网，则挂载系统光盘进行安装。

```
[root@localhost 桌面]#yum -y install dovecot
```

（3）使用 rpm 工具安装。

```
[root@localhost Packages]#rpm -ivh dovecot-2.0.9-22.el6.x86_64.rpm
```

（4）查看安装结果。

安装结果如图 13-3 所示。

```
[root@localhost Packages]#rpm -qa|grep dovecot
```

图 13-3　dovecot 服务已安装的包

（5）管理 dovecot 服务器。

① 可以通过 service 命令来管理 dovecot 服务，如图 13-4 所示。

```
[root@localhost 桌面]#service dovecot start        #启动 dovecot 服务
[root@localhost 桌面]#service dovecot restart      #重启 dovecot 服务
[root@localhost 桌面]#service dovecot stop         #停止 dovecot 服务
[root@localhost 桌面]#service dovecot status       #查看 dovecot 服务工作状态
```

② 可以通过/etc/init.d/dovecot start/stop/restart 来启动、关闭、重启 dovecot 服务。

图 13-4 dovecot 服务的管理

13.2.2 邮件服务器配置流程

1. 邮件服务器配置文件设置流程

（1）编辑 postfix 主配置文件 main.cf。

（2）编辑 dovecot 配置文件 dovecot.conf。

（3）重新加载配置文件或重新启动服务使配置文件生效。

2. 防火墙配置

选定"邮件（SMTP）"复选框，并单击"应用"按钮，如图 13-5 所示。

图 13-5 CentOS 防火墙配置

也可以通过 iptables 命令打开系统的 25 端口，命令如下。

```
[root@localhost /]#iptables –A INPUT  –p tcp --dport 25 –j ACCEPT
```

注意：配置完成后一定要对防火墙进行设置，否则可能会影响邮件服务器的正常使用。

13.3 项目实施

安装、配置和管理 postfix 服务器，实现电子邮件服务功能。

创建 3 台虚拟主机供测试使用。

- CentOSserver(IP 地址：192.168.1.33/24)
- CentOStest(IP 地址：192.168.1.11/24)
- Windowstest(IP 地址：192.168.1.20/24)

其中，CentOSserver 为 FTP 服务器，另外两台为测试机。

任务 1 安装 postfix 服务

1. 任务要求

查看服务器是否安装了 postfix 服务，如果未安装则进行安装。

2. 实施过程

(1) 检查是否已经安装了 postfix 软件包，可使用下面的命令。

```
[root@localhost Packages]#rpm –qa|grep postfix
```

如果显示 postfix-2.6.6-8.el6.x86_64，说明系统已经安装了 postfix 服务。如果没有任何显示，表示没有安装 postfix 服务。

(2) 如果没有安装，可以进入光盘挂载的目录下，输入下面命令来安装。

```
[root@localhost Packages]#rpm –ivh postfix-2.6.6-8.el6.x86_64.rpm
```

或者使用 yum 工具安装。

```
[root@localhost Packages]#yum –y install postfix
```

(3) 启动或停止 postfix 服务。

```
[root@localhost /]#service postfix start
```

(4) 查看 postfix 服务的工作状态。

```
[root@localhost /]#service postfix status
```

正确安装后工作状态如图 13-6 所示。

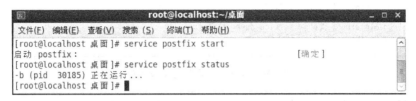

图 13-6   postfix 服务的工作状态

（5）如果需要在引导时启动 postfix 服务，可以使用以下命令。

```
[root@localhost /]#chkconfig --level 35 postfix on
```

任务 2   安装 dovecot 服务

1. 任务要求

查看服务器是否安装了 dovecot 服务，如果未安装则进行安装。

2. 实施过程

（1）检查是否已经安装了 dovecot 软件包，可使用下面的命令。

```
[root@localhost Packages]#rpm -qa|grep dovecot
```

如果显示 dovecot-2.0.9-22.el6.x86_64，说明系统已经安装了 dovecot 服务。如果没有任何显示，表示没有安装 devecot 服务。

（2）如果没有安装，可以进入光盘挂载的目录下，输入下面命令来安装。

```
[root@localhost Packages]#rpm -ivh dovecot-2.0.9-22.el6.x86_64.rpm
```

或者使用 yum 工具安装。

```
[root@localhost Packages]#yum -y install dovecot
```

（3）启动或停止 dovecot 服务。

```
[root@localhost /]#service dovecot start
```

（4）查看 dovecot 服务的工作状态。

```
[root@localhost /]#service dovecot status
```

正确安装后工作状态如图 13-7 所示。

图 13-7　dovecot 服务的工作状态

（5）如果需要在引导时启动 dovecot 服务，可以使用以下命令。

```
[root@localhost /]#chkconfig --level 35 dovecot on
```

任务 3　配置 postfix 与 dovecot

1. 任务要求

配置 postfix 使主机名为 mail.teach.edu.cn，监听所有客户端主机的邮件收发请求。配置 dovecot 服务，打开 POP3 和 IMAP4 服务，关闭 SSL。配置服务器本机防火墙，允许访问服务器的 25、110 和 143 端口。

2. 实施过程

（1）配置 postfix。

编辑 postfix 的主配置文件/etc/postfix/main.cf。

```
[root@localhost /]#vi /etc/postfix/main.cf
```

基础配置修改如下。

```
myhostname=mail.teach.edu.cn
mydomain=lomu.me
myorigin=$mydomain
inet_interfaces=all
inet_protocols=ipv4
mydestination=$myhostname, localhost.$mydomain, localhost, $mydomain
mynetworks=192.168.1..0/8, 127.0.0.0/8
home_mailbox=Maildir/
smtpd_banner=$myhostname ESMTP
message_size_limit=10485760
mailbox_size_limit=1073741824
```

SMTP 验证配置修改如下。

```
smtpd_sasl_type=dovecot
smtpd_sasl_path=private/auth
smtpd_sasl_auth_enable=yes
smtpd_sasl_security_options=noanonymous
smtpd_sasl_local_domain=$myhostname
smtpd_recipient_restrictions =permit_mynetworks,
    permit_auth_destination,permit_sasl_authenticated,reject
```

（2）配置 dovecot。

修改 dovecot 的配置文件/etc/dovecot/dovecot.conf。

```
[root@localhost /]#vi /etc/dovecot/dovecot.conf
```

修改内容如下。

```
listen= *
protocols=imap pop3
```

（3）防火墙设置。

```
[root@localhost /]#iptables -A INPUT  -p tcp --dport 25 -j ACCEPT
[root@localhost /]#iptables -A INPUT  -p tcp --dport 110 -j ACCEPT
[root@localhost /]#iptables -A INPUT  -p tcp --dport 143 -j ACCEPT
```

到这里，邮件服务器就已经搭建成功了。

注意：还需要进行域名解析工作。添加一个子域名 mail，A 记录解析到服务器 IP。再添加一个 MX 记录，主机记录为空，记录值为上面解析的二级域名 mail.lomu.me，优先级 10。

（4）重启服务器使配置文件生效。

```
[root@localhost /]#service postfix restart
[root@localhost /]#service dovecot restart
```

任务 4　测试邮件服务器

■ 1. 任务要求

测试邮件服务器的收发邮件功能。

■ 2. 实施过程

使用 Telnet（系统默认未安装 Telnet，可使用 yum 或 rpm 工具自行安装）命令进行测试，测试结果如下。

（1）发送邮件测试。

```
[root@mail 桌面]#telnet localhost 25
Trying 127.0.0.1...
Connected to localhost.
Escape character is '^]'.
220 mail.teach.edu.cn ESMTP Postfix
mail from:user1                              #mail from 命令指定邮件从哪里来
250 2.1.0 Ok
rcpt to:user2                                #rcpt to 命令指定邮件发送到哪里
250 2.1.5 Ok
data                                         #data 编辑邮件内容
354 End data with <CR><LF>.<CR><LF>
test mail.                                   #编辑的邮件内容
.                                            #"."表示编辑结束
250 2.0.0 Ok: queued as 0C667E2F22
quit                                         #退出
221 2.0.0 Bye
Connection closed by foreign host.
```

（2）接收邮件测试。

```
[user1@mail 桌面]$su user2                   #切换用户至 user2
密码：
[user2@mail ~]$mail                          #mail 命令查看 user2 用户的邮件
Heirloom Mail version 12.4 7/29/08.  Type ? for help.
"/var/spool/mail/user2": 1 message 1 new
>N  1 user1@teach.edu.cn    Tue Jun 13 19:08   14/472
                                             #从上可以看到有 1 封来自 user1 用户的邮件
& 1                                          #查看邮件 1
Message  1:
From user1@teach.edu.cn  Tue Jun 13 19:08:47 2017
Return-Path: <user1@teach.edu.cn>
X-Original-To: user2
Delivered-To: user2@teach.edu.cn
Date: Tue, 13 Jun 2017 19:07:58 +0800(CST)
From: user1@teach.edu.cn
To: undisclosed-recipients:;
Status: R

test mail.                                   #邮件的内容
```

任务5　使用电子邮件客户端软件

1. 任务要求

设置电子邮件客户端软件 Foxmail，让学院内教师和学生可以使用邮件客户端收发邮件。

🖥️ 2. 实施过程

默认系统一般都没有电子邮件客户端软件,需要在网络上下载并安装客户端软件,常见的电子邮件客户端软件有 Outlook、Foxmail、Gmail、Hotmail 等,这里以 Foxmail 为例进行介绍。

添加邮箱账号的方法如下。

启动 Foxmail 软件,选择"邮箱"→"账号管理"→"账号"→"新建"命令进入账号创建窗口,如图 13-8 所示。填写电子邮件和密码同时需要手动设置 POP3 服务器和 SMTP 服务器,如图 13-9 所示。

图 13-8 账号创建窗口

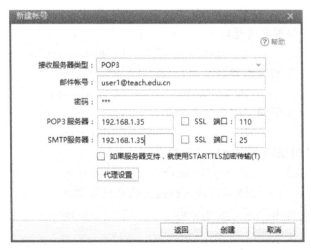

图 13-9 手动设置

13.4 项目总结

(1) 电子邮件的基础知识：什么是电子邮件、电子邮件的特点、电子邮件的工作原理、电子邮件使用的协议和常用的电子邮件服务器软件。

(2) postfix 服务器的配置文件和配置方法。

(3) dovecot 服务的配置文件和配置方法。

(4) 电子邮件服务器的搭建过程和测试方法。

(5) 电子邮件客户端软件的使用。

习题

1. 选择题

(1) postfix 是(　　)服务器软件。

  A. 远程登录　　　　B. 文件传输　　　　C. 资源共享　　　　D. 电子邮件

(2) dovecot 是一个开源的(　　)邮件服务器软件。

  A. FTP　　　　　　　　　　　　　B. IMAP4 和 POP3

  C. mail　　　　　　　　　　　　　D. SMTP

(3) 简单邮件传送协议的缩写是(　　)。

  A. SMTP　　　　　B. POP　　　　　C. IMAP　　　　　D. TCP

(4) SMTP 使用的 TCP 端口号是(　　)。

  A. 25　　　　　　　B. 80　　　　　　C. 8080　　　　　D. 113

(5) 交互邮件访问协议的缩写是(　　)。

  A. SMTP　　　　　B. IMAP　　　　　C. POP　　　　　D. TCP

(6) postfix 的主配置文件是(　　)。

  A. main.cf　　　　B. postfix.conf　　C. main.conf　　　D. conf.cf

(7) dovecot 的主配置文件是(　　)。

  A. conf.d　　　　　B. auth.conf　　　C. mail.conf　　　D. dovecot.conf

(8) 指定 postfix 监听网络端口的参数是(　　)。

  A. userconf　　　　B. inet　　　　　C. interfaces　　　D. inet_interfaces

(9) 指定所在的网络的网络地址的参数是(　　)。

  A. mynetwork　　　B. mynetworks　　C. network　　　　D. net

(10) 指定运行 postfix 邮件系统的主机的主机名的参数是(　　)。

  A. myhostname　　B. hostname　　　C. mydomain　　　D. domain

2. 简答题

(1) 简述电子邮件的工作原理。

(2) 简述电子邮件的特点。

(3) 简述电子邮件服务器的搭建过程。

项目 14

CentOS的安全配置

学习目标

1. 知识目标

- 掌握防火墙的概念。
- 掌握防火墙的原理。
- 掌握 NAT(网络地址转换)的原理。
- 掌握 iptables 的表结构和命令语法。
- 掌握 SELinux 的配置方法。

2. 能力目标

- 能够安装与配置 iptables。
- 能够安装与配置 SELinux。

3. 素质目标

能够使用 iptables、SELinux 提高 CentOS 服务器的安全性。

14.1　项目场景

　　学院服务器的基础网络服务功能已经建设完成。服务器上运行了 Web 服务、FTP 服务、DNS 服务、Samba 服务、电子邮件服务。在配置这些服务时,技术人员关闭了 iptables 防火墙和 SELinux。但随着使用范围的扩大和互联网的接入,服务器的安全问题也日益突出,就需要启用 iptables 防火墙和 SELinux 来提高服务器的安全性。

14.2　知识准备

14.2.1　防火墙基础知识

1. 防火墙

　　防火墙是由软件和硬件设备组合而成,在内部网与外部网之间、专用网与公共网之间的接口上构造的保护屏障。防火墙主要由服务访问规则、验证工具、包过滤和应用网关 4 个部分组成。

2. 防火墙的分类及工作原理

　　传统意义上的防火墙技术分为三大类,包过滤(Packet Filtering)、应用代理(Application Proxy)和状态监测(Status Inspection),无论一个防火墙的实现过程多么复杂,归根结底都是在这 3 种技术基础上进行功能扩展的。

　　(1)包过滤技术。包过滤是最早使用的一种防火墙技术,它的第一代模型是静态包过滤(Static Packet Filtering)。使用包过滤技术的防火墙通常工作在 OSI 参考模型中的网络层(Network Layer)上,后来发展更新的动态包过滤(Dynamic Packet Filtering)增加了传输层(Transport Layer)。简而言之,包过滤技术工作的地方就是各种基于 TCP/IP 协议的数据报文进出的通道,它把这两层作为数据监控的对象,对每个数据包的头部、协议、地址、端口、类型等信息进行分析,并与预先设定好的防火墙过滤规则(Filtering Rule)进行核对,一旦发现某个包的某个或多个部分与过滤规则匹配并且条件为"阻止"的时候,这个包就会被丢弃。

　　基于包过滤技术的防火墙,其缺点是很显著的:它得以进行正常工作的一切依据都在于过滤规则的实施,但是又不能满足建立精细规则的要求(规则数量和防火墙性能成反比),而且它只能工作于网络层和传输层,并不能判断高级协议里的数据是否有害,但是由于它廉价,容易实现,所以依然服役在各种领域,在技术人员频繁的设置下为我们工作着。

　　(2)应用代理技术。由于包过滤技术无法提供完善的数据保护措施,而且一些特殊的报文攻击仅仅使用过滤的方法并不能消除危害(如 SYN 攻击、ICMP 洪水等),因此人们需要一种更全面的防火墙保护技术,在这样的需求背景下,采用应用代理(Application Proxy)

技术的防火墙诞生了。代理服务器作为一个为用户保密或者突破访问限制的数据转发通道，在网络上应用广泛。我们都知道，一台完整的代理设备包含一个服务端和客户端，服务端接收来自用户的请求，调用自身的客户端模拟一个基于用户请求的连接到目标服务器，再把目标服务器返回的数据转发给用户，完成一次代理工作过程。那么，如果在一台代理设备的服务端和客户端之间连接一个过滤措施呢？这样的思想便造就了"应用代理"防火墙，这种防火墙实际上就是一台小型的带有数据检测过滤功能的透明代理服务器（Transparent Proxy），但是它并不是单纯地在一台代理设备中嵌入包过滤技术，而是一种称为应用协议分析（Application Protocol Analysis）的新技术。

应用协议分析技术工作在 OSI 参考模型的最高层——应用层上，在这一层里能接触到的所有数据都是最终形式，也就是说，防火墙"看到"的数据和我们看到的是一样的，而不是一个个带着地址端口协议等原始内容的数据包，因而它可以实现更高级的数据检测过程。整个代理防火墙把自身映射为一条透明线路，在用户方面和外界线路看来，它们之间的连接并没有任何阻碍，但是这个连接的数据收发实际上是经过了代理防火墙转向的。

当外界数据进入代理防火墙的客户端时，应用协议分析模块便根据应用层协议处理这个数据，通过预置的处理规则（没错，又是规则，防火墙离不开规则）查询这个数据是否具有危害，由于这一层面对应的已经不再是组合有限的报文协议，甚至可以识别类似于"GET / sql.asp? id＝1 and 1"的数据内容，所以防火墙不仅能根据数据层提供的信息判断数据，更能像管理员分析服务器日志那样"看"内容辨危害。

而且由于工作在应用层，防火墙还可以实现双向限制，在过滤外部网络有害数据的同时也监控着内部网络的信息，管理员可以配置防火墙实现一个身份验证和连接时限的功能，进一步防止内部网络信息泄露的隐患。由于代理防火墙采取代理机制进行工作，内外部网络之间的通信都需先经过代理服务器审核，通过后再由代理服务器连接，根本没有给分隔在内外部网络两边的计算机直接会话的机会，可以避免入侵者使用"数据驱动"攻击方式（一种能通过包过滤技术防火墙规则的数据报文，但是当它进入计算机处理后，却变成能够修改系统设置和用户数据的恶意代码）渗透内部网络，可以说，"应用代理"是比包过滤技术更完善的防火墙技术。

但是，代理防火墙的结构特征偏偏正是它的最大缺点。由于它是基于代理技术的，通过防火墙的每个连接都必须建立在为之创建的代理程序进程上，而代理进程自身是要消耗一定时间的，更何况代理进程里还有一套复杂的协议分析机制在同时工作，于是数据在通过代理防火墙时就不可避免地发生数据迟滞现象。代理防火墙是以牺牲速度为代价换取了比包过滤防火墙更高的安全性能，在网络吞吐量不是很大的情况下，也许用户不会察觉到什么，然而到了数据交换频繁的时刻，代理防火墙就成了整个网络的瓶颈。而且一旦防火墙的硬件配置支撑不住高强度的数据流量而发生罢工，整个网络可能就会因此瘫痪。所以，代理防火墙的普及范围还远远不及包过滤防火墙，而在软件防火墙方面更是几乎没见过类似产品了——单机并不具备代理技术所需要的条件，所以就目前整个庞大的软件防火墙市场来说，代理防火墙很难有立足之地。

（3）状态监测技术。这是继包过滤技术和应用代理技术后发展的防火墙技术，它是

CheckPoint技术公司在基于包过滤原理的动态包过滤技术发展而来的,与之类似的有其他厂商联合发展的深度包监测(Deep Packet Inspection)技术。这种防火墙技术通过状态监测模块,在不影响网络正常工作的前提下采用抽取相关数据的方法对网络通信的各个层次实行监测,并根据各种过滤规则做出安全决策。

状态监测(Status Inspection)技术在保留了对每个数据包的头部、协议、地址、端口、类型等信息进行分析的基础上,进一步发展了会话过滤(Session Filtering)功能,在每个连接建立时,防火墙会为这个连接构造一个会话状态,里面包含了这个连接数据包的所有信息,以后这个连接都基于这个状态信息进行,这种监测的高明之处是能对每个数据包的内容进行监视,一旦建立了一个会话状态,则此后的数据传输都要以此会话状态作为依据。例如,一个连接的数据包源端口是8000,那么在以后的数据传输过程里防火墙都会审核这个包的源端口还是不是8000,否则这个数据包就被拦截。而且会话状态的保留是有时间限制的,在超时的范围内如果没有再进行数据传输,这个会话状态就会被丢弃。状态监测可以对包内容进行分析,从而摆脱了传统防火墙仅局限于几个包头部信息的监测弱点,而且这种防火墙不必开放过多端口,进一步杜绝了可能因为开放端口过多而带来的安全隐患。

由于状态监测技术相当于结合了包过滤技术和应用代理技术,因此是最先进的,但是由于实现技术复杂,在实际应用中还不能做到真正的完全有效的数据安全监测,而且在一般的计算机硬件系统上很难设计出基于此技术的完善防御措施(市面上大部分软件防火墙使用的其实只是包过滤技术加上一点其他新特性而已)。

14.2.2　iptables

1. iptables 简介

netfilter/iptables(以下简称为 iptables)组成 Linux 平台下的包过滤防火墙,与大多数的 Linux 软件一样,这个包过滤防火墙是免费的,它可以代替昂贵的商业防火墙解决方案,实现封包过滤、封包重定向和网络地址转换(NAT)等功能。

2. iptables 基础

规则其实就是网络管理员预定义的条件,规则一般的定义为“如果数据包头符合这样的条件,就这样处理这个数据包”。规则存储在内核空间的信息包过滤表中,这些规则分别指定了源地址、目的地址、传输协议(如 TCP、UDP、ICMP)和服务类型(如 HTTP、FTP 和 SMTP)等。当数据包与规则匹配时,iptables 就根据规则所定义的方法来处理这些数据包,如放行(Accept)、拒绝(Reject)和丢弃(Drop)等。配置防火墙的主要工作就是添加、修改和删除这些规则。

3. iptables 和 netfilter 的关系

iptables 和 netfilter 的关系是一个很容易让人搞不清的问题。很多人知道 iptables 却不知道 netfilter。其实 iptables 只是 Linux 防火墙的管理工具而已,位于/sbin/iptables。真正实现防火墙功能的是 netfilter，它是 Linux 内核中实现包过滤的内部结构。

4. iptables 传输数据包的过程

（1）当一个数据包进入网卡时，它首先进入 PREROUTING 链，内核根据数据包目的 IP 判断是否需要转发出去。

（2）如果数据包就是进入本机的，它就会到达 INPUT 链。数据包到达 INPUT 链后，任何进程都会收到它。本机上运行的程序可以发送数据包，这些数据包会经过 OUTPUT 链，然后到达 POSTROUTING 链输出。

（3）如果数据包是要转发出去的，且内核允许转发，数据包就会经过 FORWARD 链，然后到达 POSTROUTING 链输出。

5. iptables 的规则表和链

表提供特定的功能，iptables 内置了 4 个表，即 filter 表、nat 表、mangle 表和 raw 表，分别用于实现包过滤、网络地址转换、包重构（修改）和数据跟踪处理。

链是数据包传播的路径，每一条链其实就是众多规则中的一个检查清单，每一条链中可以有一条或数条规则。当一个数据包到达一条链时，iptables 就会从链中第一条规则开始检查，看该数据包是否满足规则所定义的条件。如果满足，系统就会根据该条规则所定义的方法处理该数据包；否则 iptables 将继续检查下一条规则，如果该数据包不符合链中任一条规则，iptables 就会根据该链预先定义的默认策略来处理数据包。

iptables 采用表和链的分层结构。在 REHL4 中是 3 个表 5 条链。自 REHL5 后变成 4 个表 5 条链。

（1）规则表如下。

① filter 表——3 条链：INPUT、FORWARD、OUTPUT。

其作用是过滤数据包，内核模块为 iptables_filter。

② nat 表——3 条链：PREROUTING、POSTROUTING、OUTPUT。

其作用是进行网络地址转换（IP、端口），内核模块为 iptables_nat。

③ mangle 表——5 条链：PREROUTING、POSTROUTING、INPUT、OUTPUT、FORWARD。

其作用是修改数据包的服务类型、TTL，并且可以配置路由实现 QOS，内核模块为 iptables_mangle。

④ raw 表——2 条链：OUTPUT、PREROUTING。

其作用是决定数据包是否被状态跟踪机制处理，内核模块为 iptables_raw。

（2）规则链如下。

① INPUT——进来的数据包应用此规则链中的策略。

② OUTPUT——外出的数据包应用此规则链中的策略。

③ FORWARD——转发数据包时应用此规则链中的策略。

④ PREROUTING——对数据包作路由选择前应用此链中的规则。所有的数据包进来

的时候都先由这条链处理。

⑤ POSTROUTING——对数据包作路由选择后应用此链中的规则。所有的数据包出来的时候都先由这条链处理。

🖥 6. 规则表之间的优先顺序

规则链之间的优先顺序(分 3 种情况)如下。

(1)入站数据流向。从外界到达防火墙的数据包,先被 PREROUTING 规则链处理(是否修改数据包地址等),之后会进行路由选择(判断该数据包应该发往何处)。如果数据包的目标主机是防火墙本机(比如互联网用户访问防火墙主机中的 Web 服务器的数据包),那么内核将其传给 INPUT 规则链进行处理(决定是否允许通过等),通过以后再交给系统上层的应用程序(比如 Apache)进行响应。

(2)转发数据流向。来自外界的数据包到达防火墙后,首先被 PREROUTING 规则链处理,之后会进行路由选择。如果数据包的目标地址是其他外部地址(比如局域网用户通过网关访问 QQ 站点的数据包),则内核将其传递给 FORWARD 规则链进行处理(是否转发或拦截),然后再交给 POSTROUTING 规则链(是否修改数据包的地址等)进行处理。

(3)出站数据流向。防火墙本机向外部地址发送的数据包(比如在防火墙主机中测试公网 DNS 服务器时),首先被 OUTPUT 规则链处理,之后进行路由选择,然后传递给 POSTROUTING 规则链(是否修改数据包的地址等)进行处理。

🖥 7. iptables 的使用

iptables 的基本语法格式如下。

```
iptables [-t 表名] 命令选项 [链名] [条件匹配] [-j 目标动作或跳转]
```

说明:表名、链名用于指定 iptables 命令所操作的表和链;命令选项用于指定管理 iptables 规则的方式(比如插入、增加、删除、查看)等;条件匹配用于指定对符合哪些条件的数据包进行处理;目标动作或跳转用于指定数据包的处理方式(比如允许通过、拒绝、丢弃、跳转给其他链处理)。

iptables 命令的管理控制选项如下。

(1)-A:在指定链的末尾添加一条新的规则。

(2)-D:删除指定链中的某一条规则,可以按规则序号和内容删除。

(3)-I:在指定链中插入一条新的规则,默认在第一行添加。

(4)-R:修改、替换指定链中的某一条规则,可以按规则序号和内容替换。

(5)-L:列出指定链中所有的规则进行查看。

(6)-E:重命名用户定义的链,不改变链本身。

(7)-F:清空。

(8)-N:新建一条用户自定义的规则链。

(9)-X:删除指定表中用户自定义的规则链。

（10）-P：设置指定链的默认策略。

（11）-Z：将所有表的所有链的字节和数据包计数器清零。

（12）-n：使用数字形式显示输出结果。

（13）-v：查看规则表详细信息。

（14）-V：查看版本信息。

（15）-h：获取帮助。

防火墙处理数据包的 4 种方式如下。

（1）ACCEPT：允许数据包通过。

（2）DROP：直接丢弃数据包，不给任何回应信息。

（3）REJECT：拒绝数据包通过，必要时会给数据发送端一个响应的信息。

（4）LOG：在/var/log/messages 文件中记录日志信息，然后将数据包传递给下一条规则。

8. iptables 防火墙规则的保存与恢复

iptables-save 把规则保存到文件中，再由目录 rc.d 下的脚本（/etc/rc.d/init.d/iptables）自动装载。

使用命令 iptables-save 来保存规则。一般用

```
iptables-save >/etc/sysconfig/iptables
```

生成保存规则的文件 /etc/sysconfig/iptables。也可以用

```
service iptables save
```

把规则自动保存在/etc/sysconfig/iptables 中。当计算机启动时，rc.d 下的脚本将用命令 iptables-restore 调用这个文件，从而就自动恢复了规则。

9. iptables 防火墙常用的策略

（1）拒绝进入防火墙的所有 ICMP 数据包。

```
iptables -I INPUT -p icmp -j REJECT
```

（2）允许防火墙转发除 ICMP 以外的所有数据包。

```
iptables -A FORWARD -p ! icmp -j ACCEPT
```

说明：使用"!"可以将条件取反。

（3）拒绝转发来自 192.168.1.10 主机的数据，允许转发来自 192.168.0.0/24 网段的数据。

```
iptables -A FORWARD -s 192.168.1.11 -j REJECT
iptables -A FORWARD -s 192.168.0.0/24 -j ACCEPT
```

说明：注意要把拒绝的放在前面；否则不起作用。

（4）丢弃从外网接口（eth1）进入防火墙本机的源地址为私网地址的数据包。

```
iptables -A INPUT -i eth1 -s 192.168.0.0/16 -j DROP
iptables -A INPUT -i eth1 -s 172.16.0.0/12 -j DROP
iptables -A INPUT -i eth1 -s 10.0.0.0/8 -j DROP
```

（5）封堵网段（192.168.1.0/24），两小时后解封。

```
iptables -I INPUT -s 10.20.30.0/24 -j DROP
iptables -I FORWARD -s 10.20.30.0/24 -j DROP
at now 2 hours at> iptables -D INPUT 1 at> iptables -D FORWARD 1
```

说明：如果借助 crond 计划任务来完成策略，效果会更好。

（6）只允许管理员从 202.13.0.0/16 网段使用 SSH 远程登录防火墙主机。

```
iptables -A INPUT -p tcp --dport 22 -s 202.13.0.0/16 -j ACCEPT
iptables -A INPUT -p tcp --dport 22 -j DROP
```

说明：这个用法比较适合对设备进行远程管理时使用，比如位于分公司中的 SQL 服务器需要被总公司的管理员管理时。

（7）允许本机开放从 TCP 端口 20～1024 提供的应用服务。

```
iptables -A INPUT -p tcp --dport 20:1024 -j ACCEPT
iptables -A OUTPUT -p tcp --sport 20:1024 -j ACCEPT
```

（8）允许转发来自 192.168.0.0/24 局域网段的 DNS 解析请求数据包。

```
iptables -A FORWARD -s 192.168.0.0/24 -p udp --dport 53 -j ACCEPT
iptables -A FORWARD -d 192.168.0.0/24 -p udp --sport 53 -j ACCEPT
```

（9）禁止其他主机 Ping 防火墙主机，但是允许从防火墙上 Ping 其他主机。

```
iptables -I INPUT -p icmp --icmp-type Echo-Request -j DROP
iptables -I INPUT -p icmp --icmp-type Echo-Reply -j ACCEPT
iptables -I INPUT -p icmp --icmp-type destination-Unreachable -j ACCEPT
```

（10）禁止转发来自 MAC 地址为 00：0C：29：27：55：3F 和主机的数据包。

```
iptables -A FORWARD -m mac --mac-source 00:0C:29:27:55:3F -j DROP
```

说明：iptables 中使用"-m 模块关键字"的形式调用显示匹配。这里用-m mac –mac-source 来表示数据包的源 MAC 地址。

（11）允许防火墙本机对外开放 TCP 端口 20、21、25、110 以及被动方式 FTP 端口 1250～1280。

```
iptables -A INPUT -p tcp -m multiport --dport 20,21,25,110,1250:1280 -j ACCEPT
```

说明：这里用-m multiport -dport 来指定目的端口及范围。

（12）禁止转发源 IP 地址为 192.168.1.20～192.168.1.99 的 TCP 数据包。

```
iptables -A FORWARD -p tcp -m iprange --src-range 192.168.1.20-192.168.1.99 -
j DROP
```

说明：此处用-m iprange -- src-range 指定 IP 范围。

（13）禁止转发与正常 TCP 连接无关的非 -- syn 请求数据包。

```
iptables -A FORWARD -m state --state NEW -p tcp ! --syn -j DROP
```

说明：-m state 表示数据包的连接状态；NEW 表示与任何连接无关。

（14）拒绝访问防火墙的新数据包，但允许响应连接或与已有连接相关的数据包。

```
iptables -A INPUT -p tcp -m state --state NEW -j DROP
iptables -A INPUT -p tcp -m state --state ESTABLISHED,RELATED -j ACCEPT
```

说明：ESTABLISHED 表示已经响应请求或者已经建立连接的数据包；RELATED 表示与已建立的连接有相关性的，比如 FTP 连接等。

（15）只开放本机的 Web 服务（80）、FTP 服务（20、21、20450～20480），放行外部主机发往服务器其他端口的应答数据包，将其他入站数据包均予以丢弃处理。

```
iptables -I INPUT -p tcp -m multiport --dport 20,21,80 -j ACCEPT
iptables -I INPUT -p tcp --dport 20450:20480 -j ACCEPT
iptables -I INPUT -p tcp -m state --state ESTABLISHED -j ACCEPT
iptables -P INPUT DROP
```

14.2.3 SELinux

1. SELinux 简介

SELinux（Security-Enhanced Linux）是美国国家安全局（NSA）对于强制访问控制的实现，是 Linux 历史上杰出的安全子系统。NSA 在 Linux 社区的帮助下开发了一种访问控制体系，在这种访问控制体系的限制下，进程只能访问那些在它的任务中所需要文件。SELinux 默认安装在 Fedora 和 Red Hat Enterprise Linux 上，也可以作为其他发行版上容易安装的包得到。

SELinux 是 Linux 2.6 内核中提供的强制访问控制系统。SELinux 在类型强制服务器中合并了多级安全性或一种可选的多类策略,并采用了基于角色的访问控制概念。

2. DAC 与 MAC 的关键区别(root 用户)

未经修改过的 Linux 操作系统是使用自主访问控制的,用户可以自己请求更高的权限,由此恶意软件几乎可以访问任何它想访问的文件,而如果你授予其 root 权限,那它就无所不能了。

在 SELinux 中没有 root 这个概念,安全策略是由管理员来定义的,任何软件都无法取代它。这意味着那些潜在的恶意软件所能造成的损害可以被控制在最小。一般情况下只有非常注重数据安全的企业级用户才会使用 SELinux。

3. SELinux 的运行机制

当一个应用试图访问一个文件时,Kernel 中的策略执行服务器将检查 AVC(Access Vector Cache),在 AVC 中,应用和文件的权限被缓存。如果基于 AVC 中的数据不能做出决定,则请求安全服务器,安全服务器在一个矩阵中查找"应用+文件"的安全环境。然后根据查询结果允许或拒绝访问,拒绝消息细节位于/var/log/messages 中。

4. SELinux 的配置文件

配置 SELinux 有以下两种方式。

(1) 使用配置工具 Security Level Configuration Tool(system-config-selinux)。

(2) 编辑配置文件(/etc/selinux/config)。

/etc/selinux/config 文件的初始内容如图 14-1 所示。其中包含以下配置选项。

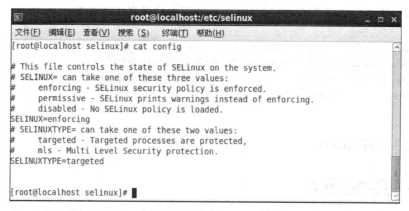

图 14-1 /etc/selinux/config 文件的初始内容

(1) 打开或关闭 SELinux。

(2) 设置系统执行哪一个策略。

(3) 设置系统如何执行策略。

5. 配置文件选项

1) SELINUX

```
SELINUX=enforcing(强制模式)|permissive(宽容模式是)|disabled(关闭)
```

说明：定义 SELinux 的高级状态。

2) SELINUXTYPE(安全策略)

```
SELINUXTYPE= targeted|strict
```

说明：指定 SELinux 执行哪一个策略。

(1) targeted。只有目标网络 daemon 保护。每个 daemon 是否执行策略，可通过 system-config-selinux 进行配置。保护常见的网络服务，为 SELinux 默认值。

可使用以下工具设置每个 daemon 的布尔值。

① getsebool -a。列出 SELinux 的所有布尔值。

② setsebool。设置 SELinux 布尔值，例如：

```
setsebool -P dhcpd_disable_trans=0      #-P 表示使用 reboot 之后,仍然有效
```

(2) strict。对 SELinux 执行完全的保护。为所有的应用和文件定义安全环境，且每一个 Action 由策略执行服务器处理。提供符合 Roles Based Access Control(RBAC)的策略。具备完整的保护功能，保护网络服务、一般指令及应用程序。

3) SETLOCALDEFS

```
SETLOCALDEFS=0|1
```

说明：控制如何设置本地定义(users and booleans)。

(1) 1：这些定义由 load_policy 控制。load_policy 来自文件/etc/selinux/<policyname>。

(2) 0：由 semanage 控制。

6. SELinux 工具

1) /usr/sbin/setenforce

该工具可以修改 SELinux 的运行模式。

(1) setenforce 1：SELinux 以强制(enforcing)模式运行。

(2) setenforce 0：SELinux 以警告(permissive)模式运行。

2) /usr/sbin/sestatus -v

该工具显示系统的详细状态，如图 14-2 所示。

3) /usr/bin/newrole

该工具在一个新的 context 或 role 中运行一个新的 Shell。

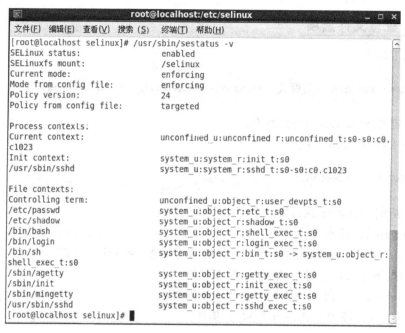

图 14-2　系统的详细状态

4）/sbin/restorecon

该工具通过为适当的文件或安全环境标记扩展属性，设置一个或多个文件的安全环境。

5）/sbin/fixfiles

该工具检查或校正文件系统中的安全环境数据库。

6）getsebool -a

该工具查看所有布尔值。setsebool -P 表示永久性设置布尔值

7）chcon -u[user] |-r[role]|-t[type]|-R

该工具修改文件、目录的安全上下文。

7. 类型强制的安全上下文

安全上下文是一个简单的、一致的访问控制属性，在 SELinux 中，类型标识符是安全上下文的主要组成部分，由于历史原因，一个进程的类型通常被称为一个域（Domain）。

SELinux 对系统中的许多命令做了修改，通过使用-Z 选项显示客体和主体的安全上下文。

系统根据 PAM 子系统中的 pam_selinux.so 模块设定登录者运行程序的安全上下文。

1）文件的安全上下文规则。

（1）rpm 包安装的文件：会根据 rpm 包内记录来生成安全上下文。

（2）手动创建的文件：会根据规则中规定的来设置安全上下文。

① cp：会重新生成安全上下文。

② mv：安全上下文不变。

③ id -Z：显示用户的 Shell 的安全上下文。

④ ps -Z：检查进程的安全上下文。

⑤ ls -Z：检查文件、目录的安全上下文。

2）安全上下文格式

在 SELinux 中，访问控制属性称为安全上下文。所有客体（文件、进程间通信通道、套接字、网络主机等）和主体（进程）都有与其关联的安全上下文。一个安全上下文由 3 部分组成：用户、角色和类型标识符。常常用下面的格式指定或显示安全上下文。

```
USER:ROLE:TYPE[LEVEL[:CATEGORY]]
```

（1）用户。user identity 类似 Linux 操作系统中的 UID，提供身份识别，用来记录身份，是安全上下文的一部分。3 种常见的 user 如下。

① user_u：普通用户登录系统后的预设。

② system_u：开机过程中系统进程的预设。

③ root：root 登录后的预设。

（2）角色。

① 文件、目录和设备的角色通常是 object_r。

② 程序的角色通常是 system_r。

③ 用户的角色类似系统中的 GID，不同角色具备不同的权限。用户可以具备多个角色，但是同一时间内只能使用一个角色。

使用基于 RBAC(Roles Based Access Control) 的 strict 和 mls 策略中，用来存储角色信息。

（3）类型标识符。它用来将主体和客体划分为不同的组，给每个主体和系统中的客体定义了一个类型，为进程运行提供最低的权限环境。

当一个类型与执行中的进程相关联时，其类型标识符也称为域。

14.2.4　NAT 技术

📺 1. NAT 简介

NAT(Network Address Translation，网络地址转换)是 1994 年提出的。当专用网内部的一些主机已经分配到了本地 IP 地址（仅在本专用网内使用的专用地址），但现在又想和互联网上的主机通信（并不需要加密）时，可使用 NAT 方法。

这种方法需要在专用网连接到互联网的路由器上安装 NAT 软件。装有 NAT 软件的路由器称为 NAT 路由器，它至少有一个有效的外部全球 IP 地址。这样，所有使用本地地址的主机在和外界通信时，都要在 NAT 路由器上将其本地地址转换成全球 IP 地址，才能和互联网连接。

另外，这种通过使用少量的外部 IP 地址代表较多的内部 IP 地址的方式，将有助于减缓可用的 IP 地址空间的枯竭。在 RFC 1632 中有对 NAT 的说明。

2. NAT 的功能

NAT 不仅解决了 IP 地址不足的问题,还能够有效地避免来自网络外部的攻击,隐藏并保护网络内部的计算机。

(1) 宽带分享:这是 NAT 主机的最大功能。

(2) 安全防护:NAT 之内的 PC 联机到互联网上时,所显示的 IP 是 NAT 主机的公共 IP 地址,所以客户机就具有一定程度的安全性了,外界在进行端口扫描的时候,就监测不到源客户机。

3. NAT 的实现方式

NAT 的实现方式有 3 种,即静态 NAT(Static NAT)、动态 NAT(Dynamic NAT)和端口多路复用(OverLoad)。

(1) 静态 NAT 是指将内部网络的内部 IP 地址转换为外部 IP 地址,IP 地址对是一对一的,是一成不变的,某个内部 IP 地址只转换为某个外部 IP 地址。借助于静态 NAT,可以实现外部网络对内部网络中某些特定设备(如服务器)的访问。

(2) 动态 NAT 是指将内部网络的内部 IP 地址转换为外部 IP 地址时,IP 地址是不确定的,是随机的,所有被授权访问连接互联网的内部 IP 地址可随机转换为任何指定的合法 IP 地址。也就是说,只要指定哪些内部地址可以进行转换,以及用哪些合法地址作为外部地址时,就可以进行动态转换。动态 NAT 可以使用多个合法外部地址集。当 ISP 提供的合法 IP 地址略少于网络内部的计算机数量时,可以采用动态 NAT 的方式。

(3) 端口多路复用是指改变外出数据包的源端口并进行端口转换,即端口地址转换(Port Address Translation,PAT)采用端口多路复用方式。内部网络的所有主机均可共享一个合法外部 IP 地址实现对互联网的访问,从而可以最大限度地节约 IP 地址资源。同时,又可隐藏网络内部的所有主机,有效避免来自互联网的攻击。因此,目前网络中应用最多的就是端口多路复用方式。

14.3 项目实施

任务 1 配置 iptables

1. 任务要求

由于服务器上安装了 Web 服务、FTP 服务、DNS 服务、Samba 服务、电子邮件服务,现需要开启 iptables 防火墙,为了这项服务的正常和安全运行,需要进行对应的基础设置。

2. 实施过程

(1) 启动 iptables。一般情况下 iptables 已经包含在 Linux 发行版中并且默认是启动的,如果未启动,使用 service 命令启动服务即可。

```
#service iptables start
```

（2）查看规则集。查看系统中现有的 iptables 规则集,如图 14-3 所示。

```
#iptables -L
```

图 14-3　iptables 规则集(1)

在使用过程中,如果需要查看所有命令和选项的完整说明,可以使用下列的命令。

```
#man iptables
```

或者

```
iptables --help
```

（3）增加规则。若要阻止来自特定 IP 范围内(192.168.2.0/24)的数据包,命令如下。

```
#iptables -t -filter -A -INPUT -s 192.168.2.0/24 -j DROP
```

也可以从所有方向来阻止,命令如下。

```
#iptables -t -filter -A -OUTPUT -d 192.168.2.0/24 -j DROP
```

设置完成后,查看 iptables 规则集,如图 14-4 所示。

从图 14-4 中可以看到 DROP all --192.168.2.0/24 anywhere。

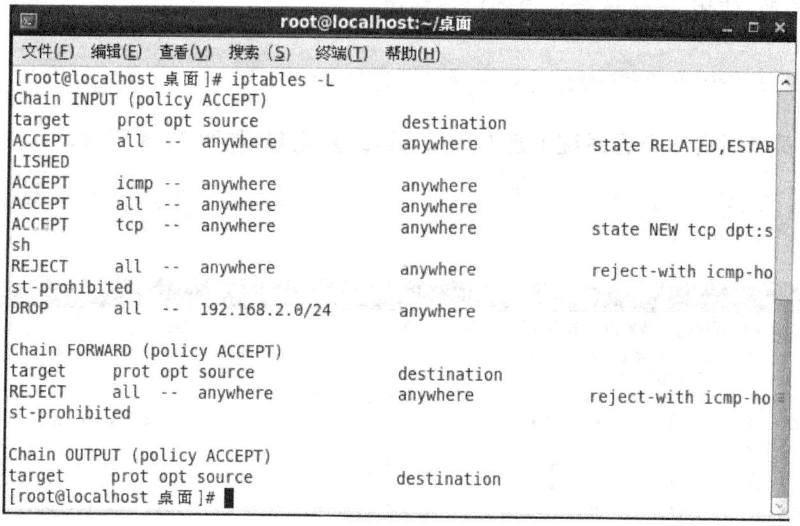


```
[root@localhost 桌面]# iptables -L
Chain INPUT (policy ACCEPT)
target     prot opt source               destination
ACCEPT     all  --  anywhere             anywhere            state RELATED,ESTAB
LISHED
ACCEPT     icmp --  anywhere             anywhere
ACCEPT     all  --  anywhere             anywhere
ACCEPT     tcp  --  anywhere             anywhere            state NEW tcp dpt:s
sh
REJECT     all  --  anywhere             anywhere            reject-with icmp-ho
st-prohibited
DROP       all  --  192.168.2.0/24       anywhere

Chain FORWARD (policy ACCEPT)
target     prot opt source               destination
REJECT     all  --  anywhere             anywhere            reject-with icmp-ho
st-prohibited

Chain OUTPUT (policy ACCEPT)
target     prot opt source               destination
[root@localhost 桌面]#
```

图 14-4 iptables 规则集(2)

(4) 删除规则。

```
#iptables -t -filter -D -OUTPUT -d 192.168.2.0/24 -j DROP
```

(5) 设置默认的策略。在此创建过滤规则主要是考虑控制流入的数据包，而对于流出的数据包则无须做过多的限制。为 filter 表的 3 条标准链的配置如下。

```
#iptables -P INPUT DROP
#iptables -P FORWARD DROP
#iptables -P OUTPUT ACCEPT
```

(6) 开放 HTTP 协议和 HTTPS 协议。为了开放 HTTP 协议和 HTTPS 协议，需要在 TCP 下分别打开 80 端口和 443 端口，在 INPUT 链中添加以下规则。

```
#iptables -A INPUT -p tcp --dport 80 -j ACCEPT
#iptables -A INPUT -p tcp --dport 443 -j ACCEPT
```

(7) 启用 FTP 服务。为了启用 FTP 服务，需要允许 TCP 协议的数据包在 21 端口对控制命令的传送，还要允许 TCP 协议的数据包在 20 端口进行数据传输。

```
#iptables -A INPUT -p tcp --dport 20 -j ACCEPT
#iptables -A INPUT -p tcp --dport 21 -j ACCEPT
```

(8) 启用 DNS 服务。DNS 服务所使用的协议有两个：TCP 和 UDP。TCP 协议负责 DNS 服务器之间区域数据文件的传输，UDP 协议用于客户端的域名解析请求。因此，需要分别在 TCP 协议和 UDP 协议下打开 53 端口。

```
#iptables -A INPUT -p tcp --dport 53 -j ACCEPT
#iptables -A INPUT -p udp --dport 53 -j ACCEPT
```

（9）启用电子邮件服务。电子邮件服务使用 SMTP 协议（25 端口）传输邮件，客户端使用 POP3（110 端口）协议接收邮件。因此，需要在 TCP 协议分别打开 25 端口和 110 端口。

```
#iptables -A INPUT -p tcp --dport 25 -j ACCEPT
#iptables -A INPUT -p tcp --dport 110 -j ACCEPT
```

（10）启用 Samba 服务。为了启用 Samba 服务，需要在 UDP 协议下分别打开 137、138 端口，还要在 TCP 协议下分别打开 139、445 端口。

```
#iptables -A INPUT -p udp --dport 137 -j ACCEPT
#iptables -A INPUT -p udp --dport 138 -j ACCEPT
#iptables -A INPUT -p tcp --dport 139 -j ACCEPT
#iptables -A INPUT -p tcp --dport 445 -j ACCEPT
```

（11）启用 Ping 功能。若允许外部主机 Ping 服务器，需要开放 ICMP 协议的数据包。

```
#iptables -A INPUT -p icmp --icmp-type 8 -j ACCEPT
```

（12）保存上述规则。

```
#iptables-save>/etc/iptables-script
```

当再次启动系统后，输入下面的命令将规则集从该脚本文件导入。

```
#iptables-restore</etc/iptables-script
```

任务 2　配置 SELinux

1. 任务要求

让 Apache 可以访问位于非默认目录下的网站文件。

2. 实施过程

（1）获知默认 /var/www 目录的 SELinux 上下文。

```
semanage fcontext -l | grep '/var/www'
/var/www(/.*)? all files system_u:object_r:httpd_sys_content_t:s0
```

从中可以看到 Apache 只能访问包含 httpd_sys_content_t 标签的文件。

假设希望 Apache 使用 /srv/www 作为网站文件目录，那么就需要给这个目录下的文件增加 httpd_sys_content_t 标签,分两步实现。

① 为 /srv/www 目录下的文件添加默认标签类型。

```
semanage fcontext -a -t httpd_sys_content_t '/srv/www(/.*)?'
```

② 用新的标签类型标注已有文件。

```
restorecon -Rv /srv/www
```

完成后 Apache 就可以使用该目录下的文件构建网站了。

其中,restorecon 在 SELinux 管理中很常见,起到恢复文件默认标签的作用。比如,当从用户主目录下将某个文件复制到 Apache 网站目录下时,Apache 默认是无法访问,因为用户主目录下的文件标签是 userhomet,此时就需要 restorecon 将其恢复为可被 Apache 访问的 httpd_sys_content_t 类型。

```
restorecon reset /srv/www/foo.com/html/file.html context
unconfined_u:object_r:user_home_t:s0->system_u:object_r: httpd_sys_content_t:s0
```

(2) 让 Apache 监听非标准端口。默认情况下 Apache 只监听 80 和 443 两个端口,若是直接指定其监听 888 端口,会在 service httpd restart 的时候报错。

```
Starting httpd: (13) Permission denied: make_sock: could not bind to address
[::]:888
(13)Permission denied: make_sock: could not bind to address 0.0.0.0:888
no listening sockets available, shutting down
Unable to open logs
```

这时,若是在桌面环境下,SELinux 故障排除工具应该已经弹出来报错了。若是在终端下,可以通过查看 /var/log/messages 日志,用 sealert -l 加编号的方式查看,或者直接使用 sealert -b 浏览。无论用哪种方式,都会得到类似以下的信息。

```
SELinux is preventing /usr/sbin/httpd from name_bind access on the tcp_socket
port 888.
***** Plugin bind_ports(92.2 confidence)suggests ***************************
If you want to allow /usr/sbin/httpd to bind to network port 888
Then you need to modify the port type.
Do

#semanage port -a -t PORT_TYPE -p tcp 888

'where PORT_TYPE is one of the following: ntop_port_t, http_cache_port_t, http_
port_t.'
***** Plugin catchall_boolean(7.83 confidence)suggests ********************
If you want to allow system to run with NIS
Then you must tell SELinux about this by enabling the 'allow_ypbind' boolean.
Do
```

```
setsebool -P allow_ypbind 1
***** Plugin catchall(1.41 confidence) suggests ******************************
If you believe that httpd should be allowed name_bind access on the port 888 tcp_
socket by default.
Then you should report this as a bug.
You can generate a local policy module to allow this access.
Do
allow this access for now by executing:

#grep httpd/var/log/audit/audit.log | audit2allow -M mypol
#semodule -i mypol.pp
```

可以看出 SELinux 根据 3 种不同情况分别给出了对应的解决方法。在这里,第一种情况是我们想要的。按照其建议输入以下命令。

```
semanage port -a -t http_port_t -p tcp 888
```

之后再次启动 Apache 就不会有问题了。

这里又可以见到 semanage 这个 SELinux 管理配置工具。它第一个选项代表要更改的类型,然后紧跟所要进行的操作。

(3)允许 Apache 访问创建私人网站。若是希望用户可以通过在~/public_html/下放置文件的方式创建自己的个人网站,那么需要在 Apache 策略中允许该操作执行。命令如下。

```
setsebool httpd_enable_homedirs 1
```

setsebool 是用来切换由布尔值控制的 SELinux 策略的,当前布尔值策略的状态可以通过 getsebool 来获知。

默认情况下 setsebool 的设置只保留到下一次重启之前,若是想永久生效的话,需要添加 -P 参数,比如:

```
setsebool -P httpd_enable_homedirs1
```

14.4 项目总结

(1)防火墙基础知识:什么是防火墙,防火墙的分类及原理。

(2)iptables:netfilter/iptables(简称为 iptables)组成 Linux 平台下的包过滤防火墙,与大多数的 Linux 软件一样,这个包过滤防火墙是免费的,它可以代替昂贵的商业防火墙解决方案,实现封包过滤、封包重定向和网络地址转换(NAT)等功能。

(3)SELinux:是一种基于域—类型模型的强制访问控制安全系统,它由 NSA 编写并设计成内核模块包含到内核中。SELinux 提供了比传统的 UNIX 权限更好的访问控制。

（4）NAT：NAT不仅能够解决IP地址不足的问题，还能够有效地避免来自网络外部的攻击，隐藏并保护网络内部的计算机。

习题

1. 选择题

（1）在CentOS中，提供包过滤功能的软件是（　　）。

    A. https   B. filter   C. iptables   D. firewall

（2）按实现原理的不同可将防火墙分为（　　）。

    A. 包过滤防火墙、代理服务器防火墙

    B. 包过滤防火墙、应用层网关防火墙和代理服务器防火墙

    C. 硬件防火墙、软件防火墙

    D. 包过滤防火墙、应用代理防火墙和状态监测

（3）iptables查看规则的参数是（　　）。

    A. -L   B. -P   C. -F   D. -I

（4）iptables删除规则的参数是（　　）。

    A. -L   B. -P   C. -F   D. -D

（5）iptables添加规则的参数是（　　）。

    A. -L   B. -P   C. -A   D. -D

（6）在filter表中不包括（　　）链。

    A. INPUT   B. OUTPUT   C. FORWARD   D. PREROUTING

（7）NAT是指（　　）。

    A. 网络地址转换   B. 网络地址   C. 防火墙   D. 通信接口

（8）（　　）不是iptables的操作。

    A. ACCEPT   B. DROP   C. REJECT   D. KILL

（9）关闭SELinux的参数是（　　）命令。

    A. enforcing   B. disabled   C. disable   D. close

（10）允许TCP协议的数据包在20端口进行数据传输的正确语句是（　　）。

    A. ＃iptables -A INPUT -p tcp --d port 20 -j ACCEPT

    B. ＃iptables -A INPUT -p tcp --d port 20 -j DROP

    C. ＃iptables -A INPUT -p tcp --d port 25 -j ACCEPT

    D. ＃iptables -A INPUT -p udp --d port 20 -j ACCEPT

2. 简答题

（1）什么是防火墙？

（2）简述防火墙的分类及原理。

（3）简述iptables的处理过程。

（4）简述NAT的功能。

参 考 文 献

[1] 王海宾,刘霞. Linux 应用基础与实训[M]. 北京：清华大学出版社,2015.

[2] 鸟哥. 鸟哥的 Linux 私房菜(基础学习篇)[M]. 北京：人民邮电出版社,2010.

[3] 钱峰. Linux 网络操作系统配置与管理[M]. 北京：高等教育出版社,2015.

[4] 潘军. Linux 6 服务器配置与管理[M]. 大连：东软电子出版社,2015.

[5] 张敬东. Linux 服务器配置与管理[M]. 北京：清华大学出版社,2014.

[6] 芮坤坤. Linux 服务器管理与应用[M]. 大连：东软电子出版社,2013.

[7] Blum R, Bresnahan C. Linux 命令行与 Shell 脚本编程大全[M]. 门佳,武海峰,译. 北京：人民邮电出版社,2016.

[8] 鸟哥. 鸟哥的 Linux 私房菜服务器(架设篇)[M]. 北京：机械工业出版社,2012.

[9] 张永周,杨学全. Red Hat Linux 服务器搭建与管理[M]. 北京：清华大学出版社,2010.

[10] 林天峰. Linux 服务器架设指南[M]. 2 版. 北京：清华大学出版社,2014.

[11] 余洪春. 构建高可用 Linux 服务器[M]. 北京：机械工业出版社,2012.

[12] 张栋. Red Hat Enterprise Linux 服务器配置与管理[M]. 北京：人民邮电出版社,2009.